Apache Kafka

分散メッセージングシステムの構築と活用

株式会社NTTデータ
佐々木 徹／岩崎正剛／猿田浩輔／都築正宜／吉田耕陽 著
下垣 徹／土橋 昌 監修

JN154735

SHOEISHA

本書内容に関するお問い合わせについて

このたびは翔泳社の書籍をお買い上げいただき、誠にありがとうございます。弊社では、読者の皆様からのお問い合わせに適切に対応させていただくため、以下のガイドラインへのご協力をお願い致しております。下記項目をお読みいただき、手順に従ってお問い合わせください。

●ご質問される前に

弊社Webサイトの「正誤表」をご参照ください。これまでに判明した正誤や追加情報を掲載しています。

　　　　正誤表　　　　https://www.shoeisha.co.jp/book/errata/

●ご質問方法

弊社Webサイトの「刊行物Q&A」をご利用ください。

　　　　刊行物Q&A　　　https://www.shoeisha.co.jp/book/qa/

インターネットをご利用でない場合は、FAXまたは郵便にて、下記"翔泳社 愛読者サービスセンター"までお問い合わせください。電話でのご質問は、お受けしておりません。

●回答について

回答は、ご質問いただいた手段によってご返事申し上げます。ご質問の内容によっては、回答に数日ないしはそれ以上の期間を要する場合があります。

●ご質問に際してのご注意

本書の対象を越えるもの、記述個所を特定されないもの、また読者固有の環境に起因するご質問等にはお答えできませんので、あらかじめご了承ください。

●郵便物送付先およびFAX番号

　　送付先住所　　〒160-0006　東京都新宿区舟町5
　　FAX番号　　　03-5362-3818
　　宛先　　　　　（株）翔泳社 愛読者サービスセンター

※本書に記載されたURL等は予告なく変更される場合があります。
※本書の出版にあたっては正確な記述につとめましたが、著者や出版社などのいずれも、本書の内容に対してなんらかの保証をするものではなく、内容やサンプルに基づくいかなる運用結果に関してもいっさいの責任を負いません。
※本書に掲載されているサンプルプログラムやスクリプト、および実行結果を記した画面イメージなどは、特定の設定に基づいた環境にて再現される一例です。
※本書に記載されている会社名、製品名はそれぞれ各社の商標および登録商標です。

はじめに

「Kafka」は 2011 年に米 LinkedIn からリリースされ、2012 年に Apache ソフトウェア財団の Incubation プロジェクトとして「Apache Kafka」(以降、本章のなかでは Kafka と呼びます) としてリリースされました。それ以降、大規模なメッセージングシステムを実現するためのオープンソースソフトウェアとして人気になっており、数多くのユースケースが生まれています。日本においても 2015 年あたりから複数の公の事例が見られるようになったため、名前を聞く機会も増えたのではないでしょうか。2016 年にはサンフランシスコで初の Kafka Summit が開催され、多様な事例や知見が世界的に公開されるようになりました。本書を執筆している 2018 年 9 月現在、バージョンは 2.0.0 となっており、さまざまな改善、機能追加が行われてきました。今では、元々のメッセージングシステムの機能に加え、データロードやデータ処理のための機能を内包するようになり、統合的なデータ処理プラットフォームになろうとしています。

本書は Kafka の基本や実現できることを知りたい方、とくに Kafka に初めて触れる技術者に向けた入門書です。Kafka はコンセプトがシンプルである一方、とても柔軟に動作を設定できたり、高い性能を実現できるように作られています。そのため、さまざまなシステムで多様な使われ方をしています。その結果、「何が特徴で」、「何ができるのか」の点がぼやけてしまい、その全体像をまとめて理解するのは難しいかもしれません。そこで本書の第 1 部では Kafka の「生まれた背景」、「大まかな仕組み」、「基本的な動かし方」に関して説明し、全体像を理解できるようにしました。また、本書の第 2 部では、いくつかのユースケースについて実際にデータを投入して動かす例を載せました。これにより、Kafka の動作イメージを体感的に理解できるようになっています。

ここでは、各章の概要を紹介します。まず、第 1 章では Kafka が生まれた背景として、LinkedIn における動機、当時の関連技術、要求仕様を紹介します。また特徴であるメッセージングモデルとスケールアウト型アーキテクチャについて説明し、Kafka の概要を理解することを目標とします。また第 2 章では Kafka の基本として、Message 送受信の仕組み、システム構成、分散メッセージングのための仕組み、部分故障が生じたときにデータが直ちに失われないようにするためのレプリケーションの仕組みを説明します。

第 3 章では実際に Kafka のディストリビューションである Confluent Platform を利用した Kafka クラスタの構築方法を紹介します。ここでは手軽に動作確認するための「1 台構成」、さらに本来の分散での動作を想定した「複数台構成」の両方を説明します。第 4 章では構成した Kafka の環境上で Java API を用いたアプリケーションを作成し、実行する流れを説明します。Maven によるプロジェクトの作成に始まり、Message を送信／受信する方法、データ型、ビルドとアプリケーションの実行までひととおり紹介し、Kafka へのデータの入出力を体験します。

第 5 章では第 1 章で紹介した Kafka の要求仕様や特徴を基として、代表的なユースケースを考察します。さらに Kafka の機能／特徴が各ユースケースでどのように活かされているのかを説明し、活用のポイントを理解することを目指します。また第 6 章では、第 7 章以降で紹介するユースケースに基づくサンプルや動作確認で必要となる前提知識を説明します。

第 7 章から第 10 章では、第 5 章で紹介した代表的なユースケースのうちの 4 つをピックアップし、動作確認可能なサンプルを通じて、Kafka の動作イメージを理解することを目標とします。まず、第 7 章では

典型的なユースケースのひとつである「データハブ」アーキテクチャについて説明し、複数システムのあいだでデータを流通させる例を説明します。ここではデータ入出力を補助するツールとして Kafka Connect を用いました。Kafka のプロジェクトに含まれる機能だけでデータハブが実現されていくのを体験していただけると思います。

第 8 章では「ストリーム処理」について簡単に説明し、ストリーム処理を実装するためのライブラリ Kafka Streams を用いた例を紹介します。これによりメッセージングシステムとストリーム処理の両方に Kafka を用いる方法を体験できます。なお、第 8 章でのデータ投入には Fluentd を用いるようにしました。すでに世の中で広く使われているツールとの組み合わせも理解できるようになっています。

第 9 章では Kafka と Apache Spark（以降、本章のなかでは Spark と呼びます）を組み合わせて用いる方法を説明します。とくに昨今急速に開発が進んでいる Structured Streaming を用いた例を紹介し、Spark から Kafka のデータが読み出されて処理される流れを体験していただけます。人気の処理エンジンとの組み合わせを理解する第一歩となるでしょう。第 10 章では、これまでの説明の総まとめとして IoT の例を紹介します。第 9 章までに説明されたライブラリやツールを利用して動作確認するなかで、それぞれのポイントを振り返ることができます。なお、各章で紹介されたサンプルには、応用的な機能をご自身で発展させられるようになっているものもあります。本書を読んだあとにご自身で拡張することでさらに理解が深まるでしょう。

第 11 章は、それまでの章では詳しく紹介しきれなかった活用のためのポイントを紹介します。第 5 章から第 10 章までの各章と合わせて読んでいただけると理解が深まるでしょう。なお、本書の付録には、コミュニティ版の Kafka をビルドして用いる方法、SQL ライクな表現でストリーム処理を実現できる KSQL の解説が含まれています。さらにダウンロードコンテンツとして、Spark の Structured Streaming の応用例を Web サイト（https://www.shoeisha.co.jp/book/present/9784798152370）から取得できるようにしています。これらは Kafka をさらに踏み込んで理解したり、活用するための参考としてください。

本書を通じて、Kafka の基本を理解し、利用するために必要な知識を身につけていただければ幸いです。なお、本書の出版に先立ち、レビューに協力いただいた山岸裕樹さんには大いに助けられました。また翔泳社編集部には執筆者一同の遅筆のため大変ご苦労をおかけしたにも関わらず、最後までお付き合いいただいたこと、まことに感謝申し上げます。

2018 年 9 月 執筆者一同

Message From Jun Rao
PMC Chair of Apache Kafka / co-founder of Confluent

Apache Kafka was originally developed at LinkedIn in 2010 to solve the data integration problem. The value of LinkedIn is in its data. The more data LinkedIn has, the more analytics it can do to derive new insights. Those new insights can then be leveraged to build better products, which will attract more users. Such data includes not only transactional records, but also business metrics such as click streams, operational metrics, application logs, etc. We needed a system that can collect all this data and deliver it to down stream consumers in real time. Traditional messaging systems failed at this task since they were mostly designed for processing transactional data. However, non-transactional types of data can be two to three orders magnitude larger. That's how Kafka was born. The initial version of Kafka focused on building a high throughout pub/sub system. Once Kafka was deployed at LinkedIn, it democratized the data at LinkedIn. Any developer, data scientist, or product manager could use the same Kafka API to access all the data that they want for various analytical experiments.

In the last few years, we have added two other components in Apache Kafka to complement the pub/sub part. The first component is Connect. Many enterprises have data originated in different data sources such as Oracle, MySQL, MQ Series, files, etc. Connect makes the integration of those data sources into Kafka easier by (1) providing a public API for building customized connectors and (2) providing a distributed runtime where connectors can be executed. Similarly Connect can also help exporting Kafka's data into various data sinks such as S3, elastic search and HDFS. Currently, more than 100 connectors have been built by the community.

The second component is Streams. Once the data is available in Kafka, users often need to process the data in real time. For example, one may want to transform the data from one format to another so that it's more suitable for another application. One may want to enrich a click stream by joining it with a user table so that more detailed user information such as gender and location can be included in a derived stream. One may also want to aggregate the data per minute. Kafka Streams is a library that provides a high level DSL for making the above kinds of processing on streaming data more convenient.

Going forward, we envision Kafka as a data streaming platform. It's a system that can transport high volume data in real time, integrate smoothly with other eco-systems, and processing the data in a stream fashion. The adoption of Kafka has been strong since it's open sourced in 2011. It has been used in production in almost every industry such as financial institutes, telecommunications, retailers, travel agencies, government, etc. We are at a time where every industry is being revolutionized by software. Every enterprise needs to be good at leveraging all types of data, in real time. Kafka is a critical system for this mission.

This book by Dobashi-san and others is unique in that it talks about not only how to use Kafka's APIs, but also how to use all the three components in Kafka together to solve end-to-end problems. Their experience in this space makes this book valuable. The adoption of Kafka is not only across industry, but also across geographical locations. I hope all the Japanese readers will enjoy this book. Happy streaming!

Jun Rao氏からのメッセージ

Apache Kafka Project Management Committee 会長／米 Confluent 共同設立者

　もともと、Apache Kafka は米 LinkedIn のデータ統合上の問題を解決するために 2010 年に開発されました。LinkedIn の価値、それは同社が持つデータにあります。より多くのデータを持ち、より多くの分析を行うことで、LinkedIn は新しい知見を得られるようになります。こうした新しい知見は、より多くのユーザーを惹きつける良いプロダクトの実現を可能にしてくれます。データは、たんなるトランザクションの記録に留まらず、ページ遷移データや運用に関する情報、アプリケーションログなどのビジネスにおける指標も含まれます。これらのデータを集めてリアルタイムで利用者に提供できるシステムが必要ですが、伝統的なメッセージングシステムはこの任には堪えません。というのも、それらは多くの場合、トランザクショナルデータを扱うように設計されていたからです。しかし、非トランザクション型のデータの規模はその 100 倍から 1000 倍に達することもあるでしょう。これが Kafka が誕生した背景なのです。初期の Kafka は高スループットの Pub/Sub システムの実現を目指していました。そして、LinkedIn では Kafka がデプロイされた結果、自由にデータを扱えるようになりました。どんな開発者も、データサイエンティストも、プロダクトマネージャも、さまざまな分析の実験を行うためのデータにアクセスするのに、同じ Kafka API を使えました。

　ここ数年で、私たちは Apache Kafka の Pub/Sub の仕組みを補完する 2 つのコンポーネントを加えました。1 つ目は Kafka Connect です。多くの企業が、Oracle、MySQL、MQ Series、ファイルその他に由来するさまざまなデータを所有しています。Kafka Connect は「1. 誰もが独自のコネクターを作ることができる API を提供すること」、そして「2. それらのコネクターが動作するための分散で動作するランタイムを提供すること」によって、データ統合をより簡単に実現できるようにしました。同様に、Kafka Connect は Kafka 内のデータを S3 や Elasticsearch、HDFS などのさまざまな提供先に送り出すことも可能です。現在では、コミュニティによって 100 種類を超えるコネクターが開発されています。

　もうひとつのコンポーネントは、Kafka Streams です。データが Kafka で利用できるようになると、ユーザーはそのデータをリアルタイムに処理できないかと考えるようになります。たとえば、ある人はデータをある形式からほかのアプリケーションに適合した別の形式に変換したいと望むかもしれません。ある人は、Web サイトのページ遷移データとユーザー名簿と結び付け、性別やロケーションなどの詳細な情報を含んだ遷移データを作ろうとするかもしれません。ある人は、データを 1 分ごとに集約してみようとするかもしれません。Kafka Streams は、このようなストリーミングデータの処理をより便利に実現できる、高レベルの DSL（Domain Specific Language）を提供するライブラリです。

さらに進んで、私たちはKafkaをデータストリーミングプラットフォームであると位置づけています。そのシステムは、大量のデータをリアルタイムに処理でき、他のエコシステムとスムーズに統合でき、データのストリーム処理が可能です。Kafkaは、オープンソース化された2011年から採用事例が増えており、金融機関／通信／小売業／旅行業／公共機関を含むほとんどすべての分野で利用されています。私たちは、あらゆる業界がソフトウェアによって革命的な変化を遂げる時代に差し掛かっています。企業はあらゆる形式のデータをリアルタイムに上手に活用できる必要があり、Kafkaはその実現に際し、必要不可欠なシステムです。

　土橋さんをはじめとしたメンバーによって書かれた本書は、Kafka APIをどう使うかだけでなく、Kafkaの3つのコンポーネントをどのように使って、エンドツーエンドで課題解決するかについても語っている点でユニークです。彼らの経験の豊かさが、本書を価値あるものにしているでしょう。Kafkaは多くの業界で採択されているだけでなく、国や地域を越えて使われています。日本の多くの読者が本書を楽しんで読んでくれることを期待しています。Happy streaming!

目次

第1部 導入 Apache Kafka　　1

1 Apache Kafka の概要　　3
- 1.1 本章で行うこと　　4
- 1.2 Apache Kafka とは　　4
- 1.3 Kafka 誕生の背景　　5
  - 1.3.1 LinkedIn のユースケース　　5
  - 1.3.2 Kafka 誕生前のプロダクト　　8
- 1.4 Kafka による要求仕様の実現　　13
  - 1.4.1 メッセージングモデルとスケールアウト　　14
  - 1.4.2 Kafka におけるメッセージングモデル　　18
  - 1.4.3 データのディスクへの永続化　　19
  - 1.4.4 分かりやすい API の提供　　20
  - 1.4.5 送達保証　　21
- 1.5 Kafka の広がり　　24
  - 1.5.1 Kafka のリリース　　24
  - 1.5.2 開発体制　　25
  - 1.5.3 Kafka の利用企業　　26
- 1.6 本章のまとめ　　26

2 Kafka の基本　　27
- 2.1 本章で行うこと　　28
- 2.2 Message 送受信の基本　　28
- 2.3 システム構成　　29
- 2.4 分散メッセージングのための仕組み　　33
  - 2.4.1 Message の送受信　　35
  - 2.4.2 Consumer のロールバック　　37
  - 2.4.3 Message 送信時のパーティショニング　　39
- 2.5 データの堅牢性を高めるレプリケーションの仕組み　　42
  - 2.5.1 レプリカの同期の状態　　44
  - 2.5.2 レプリケーション済み最新 Offset（High Watermark）　　44
  - 2.5.3 Producer の Message 到達保証レベルの調整　　45
  - 2.5.4 In-Sync Replica と Ack=all、書き込み継続性の関係　　45
- 2.6 本章のまとめ　　47

3 Kafka のインストール　　49
- 3.1 本章で行うこと　　50
- 3.2 本書で構築する Kafka クラスタの環境　　50
  - 3.2.1 クラスタ構成　　50
  - 3.2.2 各サーバーのソフトウェア構成　　52
  - 3.2.3 Kafka のパッケージとディストリビューション　　53
- 3.3 Kafka の構築　　53

　　　　3.3.1　OS のインストール（共通） 54
　　　　3.3.2　JDK のインストール（共通） 54
　　　　3.3.3　Confluent Platform のリポジトリの登録（共通） 55
　　　　3.3.4　Kafka のインストール（共通） 57
　　　　3.3.5　Broker のデータディレクトリの設定（共通） 57
　　　　3.3.6　複数台で動作させるための設定（複数台の場合のみ） 58
　　3.4　Kafka の起動と動作確認 60
　　　　3.4.1　Kafka クラスタの起動 60
　　　　3.4.2　Kafka クラスタの動作確認 60
　　　　3.4.3　Kafka クラスタの停止 65
　　3.5　本章のまとめ 65

4　Kafka の Java API を用いたアプリケーションの作成　　67

　　4.1　本章で行うこと 68
　　4.2　アプリケーションの開発環境の用意 68
　　　　4.2.1　環境の前提 68
　　　　4.2.2　Apache Maven のインストール 68
　　　　4.2.3　Apache Maven によるプロジェクトの作成 69
　　　　4.2.4　ビルド情報の記載 71
　　4.3　Producer アプリケーションの作成 73
　　　　4.3.1　Producer アプリケーションのソースコード 74
　　　　4.3.2　Producer アプリケーションのビルドと実行 75
　　4.4　作成した Producer アプリケーションのポイント 77
　　　　4.4.1　KafkaProducer オブジェクトの作成 78
　　　　4.4.2　Message を送信する 80
　　4.5　Consumer アプリケーションの作成 82
　　　　4.5.1　Consumer アプリケーションのソースコード 82
　　　　4.5.2　Consumer アプリケーションのビルドと実行 83
　　4.6　作成した Consumer アプリケーションのポイント 85
　　　　4.6.1　KafkaConsumer オブジェクトの作成 85
　　　　4.6.2　Message を受信する 87
　　4.7　本章のまとめ 89

第 2 部　実践 Apache Kafka　　91

5　Kafka のユースケース　　93

　　5.1　本章で行うこと 94
　　5.2　Kafka で実現するユースケース 94
　　　　5.2.1　Kafka の代表的なユースケース 94
　　　　5.2.2　Kafka が持つ特徴のおさらい 95
　　　　5.2.3　Kafka が持つ特徴とユースケースの対応 96
　　5.3　データハブ 97
　　　　5.3.1　データハブで実現したいこと 97
　　　　5.3.2　データハブで解決すべき課題 97
　　　　5.3.3　データハブを Kafka で実現する 99
　　5.4　ログ収集 100

		5.4.1 ログ収集で実現したいこと	101
		5.4.2 ログ収集で解決すべき課題	101
		5.4.3 ログ収集を Kafka で実現する	102
	5.5	Web アクティビティ分析	103
		5.5.1 Web アクティビティ分析で実現したいこと	103
		5.5.2 Web アクティビティ分析で解決すべき課題	104
		5.5.3 Web アクティビティ分析を Kafka で実現する	105
	5.6	IoT	107
		5.6.1 IoT で実現したいこと	107
		5.6.2 IoT を実現するにあたっての課題と Kafka の適用	108
	5.7	イベントソーシング	109
		5.7.1 イベントソーシングとは	109
		5.7.2 CQRS とは	109
		5.7.3 イベントソーシングと CQRS で解決すべき課題	110
		5.7.4 イベントソーシング + CQRS に Kafka を用いる	110
	5.8	Kafka の公開事例	111
		5.8.1 Uber	111
		5.8.2 ChatWork	113
		5.8.3 Yelp	114
	5.9	本章のまとめ	118

6 Kafka を用いたデータパイプライン構築時の前提知識　119

	6.1	本章で行うこと	120
	6.2	Kafka を用いたデータパイプラインの構成要素	120
		6.2.1 データパイプラインとは	120
		6.2.2 データパイプラインの Producer 側の構成要素	121
		6.2.3 データパイプラインの Consumer 側の構成要素	125
	6.3	データパイプラインで扱うデータ	128
		6.3.1 データパイプラインにおける処理の性質	128
		6.3.2 Message のデータ型	129
		6.3.3 スキーマ構造を持つデータフォーマットの利用	131
		6.3.4 スキーマエボリューション	131
		6.3.5 データの表現方法	132
	6.4	本章のまとめ	134

7 Kafka と Kafka Connect によるデータハブ　135

	7.1	本章で行うこと	136
	7.2	Kafka Connect とは	136
	7.3	データハブアーキテクチャへの応用例	137
		7.3.1 データハブアーキテクチャが有効なシステム	137
		7.3.2 データハブ導入後の姿	139
	7.4	環境構成	142
	7.5	EC サイトに実店舗の在庫情報を表示する	143
		7.5.1 Kafka と Kafka Connect の準備	144
		7.5.2 データの準備	144
		7.5.3 Kafka Connect の実行	145
	7.6	毎月の販売予測を行う	152

	7.6.1	ECサイトの準備	152
	7.6.2	POSの準備	155
	7.6.3	販売予測システムの準備	159
	7.6.4	Kafka Connectの実行	160
7.7	データ管理とスキーマエボリューション		168
	7.7.1	スキーマエボリューション	168
	7.7.2	スキーマの互換性	169
	7.7.3	Schema Registry	170
	7.7.4	Schema Registryの準備	170
	7.7.5	Schema Registryの使用	171
7.8	本章のまとめ		181

8 ストリーム処理の基本　　183

8.1	本章で行うこと		184
8.2	Kafka Streams		184
8.3	コンピュータシステムのメトリクス		185
8.4	Kafka Brokerのメトリクスを可視化する		185
	8.4.1	メトリクス処理の流れ	185
	8.4.2	Kafkaのセットアップ	186
	8.4.3	Jolokiaの設定	187
	8.4.4	Fluentd（td-agent）のセットアップ	189
	8.4.5	Kafka Streamsによるデータ処理	191
	8.4.6	InfluxDBへのデータロード	195
	8.4.7	Grafanaのセットアップ	198
8.5	サンプルプログラムの解説		204
	8.5.1	Streams DSL	204
	8.5.2	ストリーム処理のエラーハンドリング	206
8.6	ウィンドウ処理		207
	8.6.1	ウィンドウ処理のサンプルプログラム	208
	8.6.2	メッセージのタイムスタンプ	208
	8.6.3	タイムウィンドウ集計	210
	8.6.4	集計データの書き出し	211
	8.6.5	サンプルの実行	212
8.7	Processor API		213
8.8	メトリクスの種類		213
8.9	Kafka Streamsを利用するメリット		215
8.10	本章のまとめ		215

9 Structured Streamingによるストリーム処理　　217

9.1	本章で行うこと		218
9.2	Apache SparkとStructured Streaming		218
	9.2.1	Apache Spark	218
	9.2.2	Sparkのデータ処理モデル	219
	9.2.3	DataFrame/Dataset	220
	9.2.4	Structured Streaming	221
	9.2.5	Structured Streamingのデータ処理モデル	222
9.3	サンプルアプリケーション動作環境		225

xi

	9.3.1 サンプルアプリケーションの構成	225
	9.3.2 サンプルアプリケーションの実行環境	226
9.4	Apache Spark のセットアップ	228
	9.4.1 Apache Spark のインストール	228
	9.4.2 メタデータディレクトリの作成	230
9.5	Tweet Producer	231
	9.5.1 Tweet Producer の作成	232
	9.5.2 Tweet Producer のビルド	235
	9.5.3 設定ファイルの配備	237
	9.5.4 Tweet Producer の起動／停止と動作確認	238
9.6	Kafka と Structured Streaming の連携の基本	239
	9.6.1 Spark Shell の起動	239
	9.6.2 Dataset の生成	240
	9.6.3 クエリの記述	244
	9.6.4 出力の設定とストリーム処理の開始	248
	9.6.5 集約処理を含むストリーム処理	253
9.7	本章のまとめ	257

10 Kafka で構成する IoT データハブ   259

10.1	本章で行うこと	260
10.2	IoT に求められるシステム特性と Kafka	260
	10.2.1 想定するユースケース	261
10.3	センサーデータ向けデータハブの設計	262
	10.3.1 実現する機能について	262
	10.3.2 センサーデータの受信機能の設計	265
	10.3.3 データのエンリッチメント機能の設計	267
10.4	センサーデータ向けデータハブの構築	269
	10.4.1 本章で構築するセンサーデータ向けデータハブの環境	269
	10.4.2 データの流れ	270
	10.4.3 センサーデータ受信機能の実現	271
	10.4.4 エンリッチメント機能の実現	276
10.5	実際のセンサーデータの投入とデータ活用に向けて	282
	10.5.1 Raspberry Pi からのセンサーデータの送信	283
	10.5.2 センサーデータの活用パターン	284
10.6	高度なデータ連携基盤を実現する場合の課題とアイデア	286
10.7	本章のまとめ	287

11 さらに Kafka を使いこなすために   289

11.1	本章で行うこと	290
11.2	Consumer Group	290
	11.2.1 Consumer Group とは	290
	11.2.2 各 Consumer への Partition の割り当て	291
11.3	Offset Commit	293
	11.3.1 Offset Commit とは	293
	11.3.2 Auto Offset Commit	294
	11.3.3 Manual Offset Commit	296
	11.3.4 Auto Offset Reset	298

11.4 Partition Reassignment 298
　　11.4.1　Partition Reassignment とは 298
　　11.4.2　Partition Reassignment の方法 299
11.5 Partition 数の考慮 303
　　11.5.1　Kafka クラスタの Message 送受信 303
　　11.5.2　Consumer Group の割り当て 304
　　11.5.3　Broker が利用するディスク 305
11.6 Replication-Factor の考慮 306
　　11.6.1　min.insync.replicas の設定 306
　　11.6.2　Topic を作成する際の Live Broker の台数 306
11.7 本章のまとめ 307

Appendix　309

付録A　コミュニティ版 Kafka の開発中のバージョンの利用 310
付録B　KSQL を利用したストリーム処理 314

索引 324

サンプルコードダウンロードのご案内

本書の中で紹介したサンプルコードおよび特典コンテンツは、次のサイトからダウンロードいただけます。

■サンプルコード

https://www.shoeisha.co.jp/book/download/9784798152370

■ダウンロードコンテンツ

「イベントタイムとウォーターマークを利用したストリーム処理」
https://www.shoeisha.co.jp/book/present/9784798152370

第1部

導入 Apache Kafka

Chapter

1

Apache Kafka の概要

CHAPTER 1　Apache Kafka の概要

1.1　本章で行うこと

本章では Apache Kafka がどのようなものであるか概要を説明します。Apache Kafka について、

- どのようなことが実現できるか
- どのような背景で生まれてきたのか
- 現在どのような広がりを見せているのか

を説明します。なお、Apache Kafka を用いたユースケースは第 5 章で紹介します。

1.2　Apache Kafka とは

Apache Kafka（以降では、Kafka）は複数台のサーバーで大量のデータを処理する分散メッセージングシステムです。送られてくるメッセージ（データ）を受け取り、受け取ったメッセージを別のシステムやデバイスに送るために使われます。複数存在するシステムやデバイスをつなぐための重要な役割を果たします。

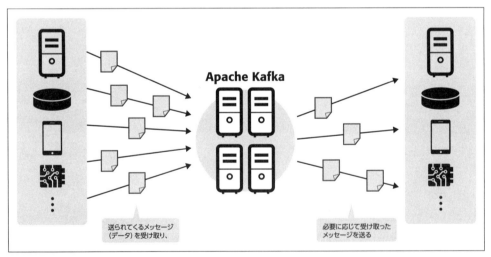

図 1.1　Apache Kafka とは

「ビッグデータ」「IoT」「AI」といったトレンドの変遷からも分かるとおり、データの活用の重要性が高まっており、同時にデータを「いかに受け渡すか」も注目されるようになってきました。

Kafka は大量のデータを「高スループット」かつ「リアルタイム」に扱うためのプロダクトで、次の 4 つを実現できます。

- 複数サーバーにより「スケールアウト構成」をとれる。このため、扱うデータ量に応じてシステムをスケールさせられる
- 受け取ったデータを「ディスクに永続化」できるため、任意のタイミングでデータを読み出せる
- 「連携できるプロダクトが多く存在する」ため、プロダクト間あるいはシステム間をつなぐハブとして機能する
- 「メッセージの送達保証」ができるため、データロストを心配しなくて済む

Kafka はもともと高スループットでリアルタイムにデータを扱うという処理性能の高さにフォーカスしたプロダクトでしたが、その有用性が理解されるにつれて機能や信頼性が向上し、現在では包括的なストリーム処理[1]のための基盤になっています。

また、Kafka は「オープンソースソフトウェア」として公開されており、複数の企業に所属するエンジニアによるコミュニティで開発が進められています。エンタープライズで利用されるオープンソースプロダクトにありがちな「コミュニティ版とは異なる別のエンタープライズ版のブランチ」が存在せず、コア部分はコミュニティ版しか存在しないというのも分かりやすいポイントです。

1.3 Kafka 誕生の背景

Kafka がどのような場面で使われるプロダクトなのかを理解するために、その誕生の背景を説明します。

1.3.1 LinkedIn のユースケース

Kafka は 2011 年に米 LinkedIn からリリースされました[2]。

Kafka はもともと LinkedIn の Web サイトで生成されるログを処理し、Web サイト上のアクティビティをトラッキングすることを目的に開発されています。Web サイト上のアクティビティにはユーザーによるページビューや検索時のキーワード、広告の利用状況といったものも含まれます。Web システム上で生成される大量[3]のログを解析することでユーザーの Web 上の活動をモニタリングし、サービスの改善に役立てます。ビッグデータ活用が大きなムーブメントとなった当時は、多くの Web 企業で Web サイト

---

[1] 本書での定義では、時々刻々と生成されるデータを「ストリームデータ」と呼び、そのデータを逐次処理することを「ストリーム処理」と呼びます。

[2] https://blog.linkedin.com/2011/01/11/open-source-linkedin-kafka

[3] たとえば 2009 年頃、米 Facebook では非圧縮のログで 1 日 6TB のデータを収集していたそうです。LinkedIn が当時 1 日にどの程度のログを収集していたかは分かりませんが、当時の Web サービスがどのくらいのサイズのデータを収集しようとしていたかの参考にはなります。https://www.slideshare.net/prasadc/hive-percona-2009

CHAPTER 1 Apache Kafka の概要

で生成されるログの活用が始まっていました。そのような当時の状況下を振り返りながら、まずはKafkaが誕生した経緯を見てみましょう。

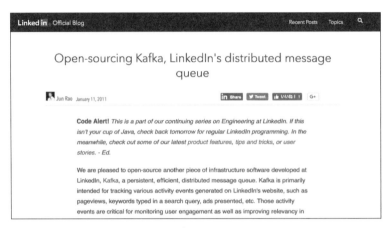

図1.2 　LinkedIn Blog でのKafka のリリースアナウンス（https://blog.linkedin.com/2011/01/11/open-source-linkedin-kafka）

LinkedInが実現したかったことをリストアップするとおおむね次のようになります。

1. 高いスループットでリアルタイムに処理したい
2. 任意のタイミングでデータを読み出したい
3. 各種プロダクトやシステムとの接続を容易にしたい
4. メッセージをロストしたくない

以降で、順に見ていきましょう。

■ 1. 高いスループットでリアルタイムに処理したい

世界中のユーザーのアクセスを扱うので、前述のとおりそのデータ量は膨大です。膨大なデータを捌くためにはスループットに優れていなければなりません。また、ユーザーの活動をすばやく把握する、あるいはユーザーのアクションに応じて即時にフィードバックを返すためには、ユーザーのアクション単位でリアルタイムに処理できなければなりません。ここでいう「リアルタイム」な処理[4]とは、収集から数百

---

[4] コンピューターシステムにおける「リアルタイム（Real time）」という用語は、「リアルタイムシステム」や「リアルタイムOS」というときに意図される「実時間」に基づく制御を指す場合もありますが、ここで述べているようなデータ活用の場での「リアルタイム」は「即時に」や「同時に」といった意味合いで使われています。さらにこの「即時に」や「同時に」もコンピューターとして厳密にというよりは「人間が知覚できる程度で即時に／同時に」くらいの意味で、結果として数百ミリ秒〜数秒程度をイメージしていることが多いです。またそのような意図をこめて「準リアルタイム処理」と表現されることもあります。

ミリ秒〜数秒でデータが処理される処理方式のことをイメージしています。

■ 2. 任意のタイミングでデータを読み出したい

リアルタイムに処理したいというニーズの一方、LinkedInでは既存の基盤を用いて集めたアクセスログを一定時間ごとにバッチ処理的に扱いたいというニーズもありました。データを利用するタイミングが必ずしも同時ではなく、利用目的に応じて異なる可能性があり、膨大なデータを受け渡す際のバッファとしての役割も求められました。

■ 3. 各種プロダクトやシステムとの接続を容易にしたい

LinkedInではデータの発生元となるデータソース側のシステムが単一ではなく、複数のシステムからのデータを受け取る必要がありました。また、利用側も、目的ごとにデータベース、データウェアハウス、あるいはApache Hadoop（以下、Hadoop）[5]といった基盤が複数存在していたようです。

当時大量のデータを処理できる基盤としてHadoopの有用性が認識され、LinkedInでも利用されていましたが、ほかのデータベースやデータウェアハウスで行われている処理をすべてHadoopに移植することは現実的ではなかったようです。既存資産を活かすために、Hadoopとだけ接続できればよいというのではなく、データベースやデータウェアハウスなどほかのプロダクトとの接続を容易にしたいというニーズがありました。

■ 4. メッセージをロストしたくない

扱うメッセージが膨大であったとしてもメッセージをロストするようなことは極力避けたいとの思いがありました。ただ、当初の利用目的がWeb上のユーザーのアクティビティのトラッキングなので、1件1件のアクションを厳格に管理したいというより、多少の重複があったとしてもメッセージを失いさえしなければよいだろうと考えていたようです。1件ごとの厳格な管理を行うと処理のオーバーヘッドが大きくなることは認識されており、「高いスループットでリアルタイムに」という要件とのバランスを加味して、現実的な落とし所を探っていたようです。

---

[5] http://hadoop.apache.org/

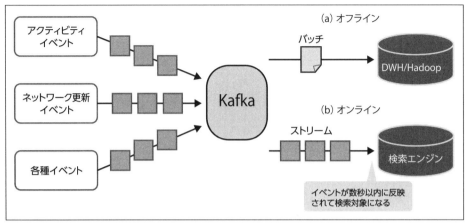

図1.3 LinkedInのユースケース

1.3.2 Kafka誕生前のプロダクト

このようなニーズの一方で、当時存在していたプロダクトの状況はどうだったでしょうか。ニーズを部分的に満たすプロダクトはあったかもしれませんが、包括的に解決できるプロダクトはありませんでした。「データを受け渡す」あるいは「データをロードする」ときに登場するプロダクト群には大きく次のようなものがあります。

- メッセージキュー
- ログ収集
- ETLツール

これらのプロダクトがどのような性質を持っており、どうしてニーズを満たせなかったかを考えてみましょう。

■ メッセージキュー

「1件のレコード単位で」「リアルタイムに」というと思い浮かぶのがメッセージキューです。メッセージキューのプロダクトとしては、IBMのWebSphere MQ[6]や、JMS（Java Messaging System）の仕様に沿っているとされるApache ActiveMQのほかRabbitMQがあります。

---

[6] 「IBM WebSphere MQ」はKafkaがリリースされた2011年当時の名称です。2014年に「IBM MQ」と改称されています。

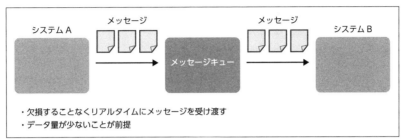

図1.4 既存のプロダクト例：メッセージキュー

　プロダクトごとに違いはありますが、メッセージキューのカテゴリで扱われるプロダクトが想定している機能はおおむね次のようなものです。いずれも、LinkedInで想定する要求とは合致しませんでした。

強力な送達保証がオーバースペックだった

　IBM WebSphere MQにはメッセージ単位でトランザクションをサポートする機能があります。1つのメッセージが正確に一度だけ届いたことを保証できます。JMSにも仕様として規定されており、アプリケーション上で`commit()`や`rollback()`と記述すればそれぞれコミット／ロールバックができます。

　しかしながらLinkedInで扱うログの性質を考えると厳密なトランザクション管理はややオーバースペックであり、それよりも「高いスループット」の実現のほうが優先度が高い状況でした。メッセージはロストしたくはないものの、送達保証を重視しすぎるあまりにスループットが出ないのは望ましくないというのが当時の状況でした。

スケールアウトが容易なプロダクトではなかった

　「高いスループット」への着目に関連しますが、大量のメッセージを処理するのに1台のサーバーのみで対応するのは限度があります。そのため、始めから複数台を用いて捌くことを前提とする必要がありました。メッセージキューのプロダクトにもクラスタ構成を取るものはありますが、どちらかというと可用性を高めるための冗長構成に主眼が置かれています。処理性能を高める目的で、あとからのノード追加も容易になるようなスケールアウト構成を前提にしたプロダクトは当時はなかったといえるでしょう。

メッセージが大量に溜め込まれることを想定していなかった

　Kafka登場以前のメッセージキューでは、メッセージを溜めることはできましたが、キューに溜め込まれたメッセージはすぐに利用されることを想定しており、長時間に渡って大量に蓄積することは想定されていませんでした。

　LinkedInのユースケースではリアルタイムの処理に加え、メッセージをバッチ的に利用することも想定されていました。一定量のデータを一定期間ごとに塊で受け取ってデータウェアハウスで処理をするためにはデータの蓄積時間はずっと長くなければなりませんが、旧来のメッセージキューの実装ではそれに

耐えることができませんでした[7]。

■ ログ収集システム

続いて、リアルタイムにデータを集めるという観点で思いつくのは、ログ収集のためのミドルウェアです。おもに Web サーバーなどのフロントエンドのサーバー群のログを集約するためのものです。当時このカテゴリのプロダクトとして存在していたのが、米 Facebook が開発した Scribe や米 Cloudera が開発した Flume です。

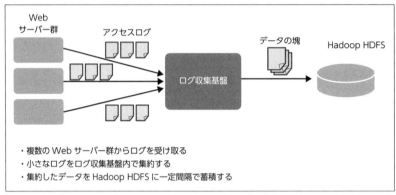

図 1.5　既存のプロダクト例：ログ収集基盤

各フロントエンドのサーバーがログを中継用のサーバーに送信し、そこでログを集約して、データベースや分散ファイルシステム HDFS（Hadoop Distributed File System）に蓄積します[8]。もともと大量のログを扱うことを想定しているため、分散環境で複数サーバー構成することについても想定されています。

しかしながら、これらのプロダクトを LinkedIn で利用するには次の問題がありました。

■ HDFS への蓄積とバッチ処理が前提

これらのプロダクトは、扱う大量のログを HDFS に蓄積し、Hadoop MapReduce でバッチ処理することに主眼が置かれていました。LinkedIn でも Hadoop は利用していましたが、同時にデータウェアハウスを利用したデータの解析も行っており、すべて Hadoop 上で動作するようにアプリケーションを書き換えるのは現実的ではなかったようです。

---

[7] メッセージキューもデータをディスクに蓄積できるため、高価なストレージシステムで永続化を実現すれば……などと考えればこの議論は程度問題と捉えられるかもしれません。しかし、メッセージキューで扱うデータ量がそれほど多くないことを前提とすると、「ストレージシステム」としての振る舞いまでを期待したものではないと考えるのが一般的であり、Kafka が打ち出す「Kafka as a Storage」とは趣を異にしているといえるでしょう。

[8] ログ収集基盤もデータベースや Hadoop とだけではなく、多様なプロダクトとの連携が進んでいった経緯があります。たとえばこの頃から開発が始まった Fluentd などもこうしたプロダクトの一種です。

1.3 Kafka 誕生の背景

また、扱うデータはバッチ処理的に利用するだけではなく、リアルタイムに処理したいというニーズもありました。そのため、HDFSを前提にするログ集約の仕組みでは不十分であり、同じログデータを多目的に活用できる必要がありました。

■ 分かりやすい API がない

Kafka以前に存在していた当時のプロダクトは、ミドルウェア内での実装仕様が分かっていないと利用しづらかったと指摘しています[9]。データの送信元／データの転送先の多様なプロダクトとの連携を実現するためには、送信側／受信側にとって利用しやすいAPIを必要としていました。

■ 受信側が任意のタイミングでメッセージを受け取りづらい

ログを中継し集約するサーバーから後続の受信側システムへのメッセージの受け渡しについて、既存のプロダクトでは中継サーバーからの「push」によって受信者にメッセージが送られるアーキテクチャになっていました。しかし、LinkedInではメッセージのさまざまな利用が想定されることから、各受信側が自分の処理速度や処理の頻度に合わせて受信できることが必要でした。

そのため、中継サーバーが後続の受信側システムの受け取り可否をモニタリングしながら「push」するより、受信側システムがメッセージを取りにいく「pull」型のほうが使いやすいと考えられました[10]。

■ ETL ツール

もうひとつが、データの発生元からデータを抽出し、必要に応じて変換し、データベースやデータウェアハウスにロードする機能を備えているETLツール（図1.6）です[11]。ここで「ETLツール」といっているプロダクトの例としては、DataStage、Interstage、Cosminexus、Informatica PowerCenter、Talendといったプロダクトが挙げられます。しかし、ETLツールは次の点が要件に合致しませんでした。

■ ファイル単位での取り扱いを主軸とすること

Kafka登場以前において、「大量のデータを高いスループットで受け渡す」には、データをファイルなどで固めてバッチ的に転送するのが一般的でした。これを実現するためにETLツールが存在しています。ただし、LinkedInは「1件のレコード単位で」「リアルタイムに」といったニーズがあり、ETLツールではこのニーズを満たせませんでした。

---

[9] たとえばFlumeでメッセージを扱うのであれば、必要な概念である「minuteファイル」の意味が分かっていないと利用できない、といったことを当時の開発者は挙げています。たしかに意味を理解すればよいのですが、通常の利用者にとっては直感的ではないということを指摘しているようです。https://www.microsoft.com/en-us/research/wp-content/uploads/2017/09/Kafka.pdf

[10] push型で送信する場合も、受信側に十分なキャパシティがあれば問題にはなりません。結局のところ、どこでキャパシティを担保するのかという議論ではありますが、後続がスケーラブルなシステムではない可能性もあることを考えると、Kafka自体をスケーラブルにし、受信側からのpull型とするほうが全体としてはコントロールしやすいと主張しているようです。

[11] ETL（Extract（抽出）、Transform（変換）、Load（ロード））という単語がある意味抽象的であり、KafkaもETLに属すると理解することもできます。しかし、ここではKafka以前から存在し、バッチ的にETLを行うプロダクト群の総称として「ETLツール」という名称を扱うものとします。

CHAPTER 1 Apache Kafka の概要

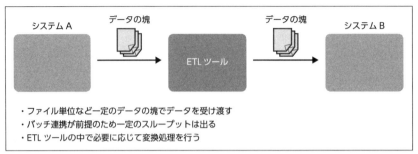

図 1.6　既存のプロダクト例：ETL ツール

■ 受信側が任意のタイミングでメッセージを受け取りづらい

　ログ収集と同様の議論が ETL ツールでも成立します。ETL ツールはデータを抽出／変換して別のデータストアに渡すことを主軸としており、任意のタイミングでデータを読み出せるようにするための中継の役割を主軸としているわけではありませんでした。

　ここまでで述べたように当時それまでに存在していたメッセージキュー、ログ収集システム、ETL ツールの存在は理解しつつも、LinkedIn で求められるユースケースには合致しませんでした（表 1.1）。

表 1.1　LinkedIn での要件と 2009 年頃の Kafka 誕生前に存在していたプロダクトでの実現可否

要件	メッセージキュー	ログ収集システム	ETL ツール	Kafka が目指す姿
リアルタイム（メッセージ単位でのやり取りを行う）	○	○	×（バッチ／ファイルなど一定の塊での転送のみ）	○
スケールアウト構成	×	○	○	○
永続化	△（長期保存は想定外）	×（自身がストレージを持つのではなく NFS や HDFS と連携）	×	○
多様な接続先	○	△（HDFS 接続が中心）	○	○
送達保証	○（トランザクション管理が可能）	△（トランザクション管理機能は提供されていない）	○（前後のシステムと連携して実現）	○（メッセージのロストは許容しない／トランザクション管理は後に実装）

　また、それぞれの仕組みには強みがあるものの、たとえば ETL ツールの「豊富なデータ変換の仕組み」のように、LinkedIn の当時のユースケースにはリッチすぎる面もあったのではないかと想像されます。

1.4 Kafka による要求仕様の実現

2009 年頃に存在していたプロダクトでは LinkedIn のニーズが満たせないことが分かり、Kafka の開発が始まります。以降では、Kafka が要件に対してどのような手段で実現したかを見ていきます。

▎要件

1. 高いスループットでリアルタイムに処理したい
2. 任意のタイミングでデータを読み出したい
3. 各種プロダクトやシステムとの接続を容易にしたい
4. メッセージをロストしたくない

▎実現手段

1. メッセージングモデルとスケールアウト型のアーキテクチャ
2. データのディスクへの永続化
3. 分かりやすい API の提供
4. 送達保証

おもな対応関係を図示すると図 1.7 のようになります。

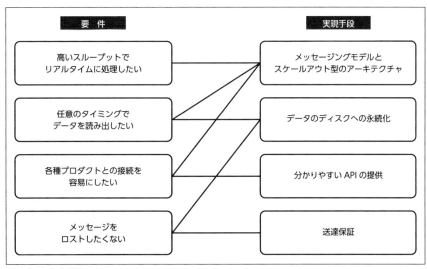

図 1.7 要求仕様と実現手段の対応

必ずしも、要件と実現手段が 1 対 1 に対応するものではありませんが、中核となるのは「メッセージングモデルとスケールアウト型のアーキテクチャ」であり、あわせて「データのディスクへの永続化」もポイントであるといえます。

以降では、これらの実現手段に着目して Kafka の特徴を見ていきましょう。

1.4.1 メッセージングモデルとスケールアウト

Kafka では、

- 1. 高いスループットでリアルタイムに処理したい
- 2. 任意のタイミングでデータを読み出したい
- 3. 各種プロダクトやシステムとの接続を容易にしたい

という要件を満たすために、アーキテクチャに工夫があります。メッセージ単位でリアルタイムに処理を行いたいことから、Kafka ではメッセージングモデルを採用しました。

一般的に、メッセージングモデルは次の 3 つの要素で成り立ちます。

Producer：メッセージの送信元
Broker：メッセージの収集／配信役
Consumer：メッセージの配信先

簡単に図示すると図 1.8 の関係になります。

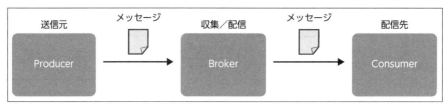

図 1.8　Producer/Broker/Consumer

Kafka のメッセージングモデルを説明するにあたり、既存のメッセージングモデルである「キューイングモデル」「Publish-Subscribe メッセージングモデル」（以降、Pub/Sub メッセージングモデル）の 2 つを見てみましょう。Kafka は、この 2 つの特徴を併せ持つようなかたちで作られています。

1.4 Kafkaによる要求仕様の実現

■ キューイングモデル

Broker内にキューを用意し、Producerからのメッセージがキューに溜め込まれ、Consumerがキューからメッセージを取り出します。1つのキューに対してConsumerが複数存在することを考えます。このモデルは、Consumerを複数用意することでConsumerによる処理をスケールさせられます。一方で、Consumerが一度メッセージを受け取ってしまうとほかのConsumerはそのメッセージを受け取ることができません。

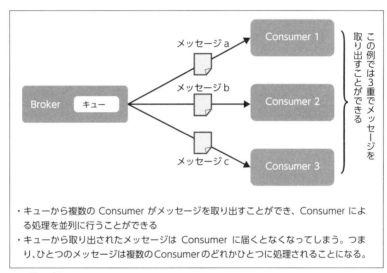

- キューから複数のConsumerがメッセージを取り出すことができ、Consumerによる処理を並列に行うことができる
- キューから取り出されたメッセージはConsumerに届くとなくなってしまう。つまり、ひとつのメッセージは複数のConsumerのどれかひとつに処理されることになる。

図1.9 キューイングモデル

■ Pub/Sub メッセージングモデル

このモデルではメッセージの送信元であるProducerを「Publisher」、メッセージの配信先にあたるConsumerを「Subscriber」と呼びます。

PublisherがSubscriberに対して直接メッセージを送るのではなく、Brokerを介した配信になります。Publisherは誰がそのメッセージを受信するかを知ることなく、Brokerのなかにある Topic と呼ばれるカテゴリ内にメッセージを登録します。

CHAPTER 1　Apache Kafka の概要

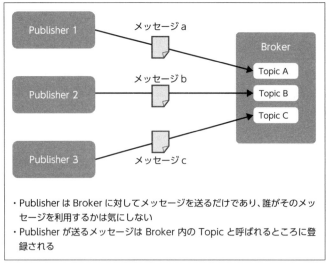

図 1.10　Publisher と Broker

一方で Subscriber は複数存在する Topic のうちの 1 つを選択しメッセージを受け取ります。複数の Subscriber が同一の Topic を購読すると決めていれば、この複数の Subscriber 群は同一のメッセージを受け取ります。また、異なる Topic からは異なるメッセージを受け取ることができます。

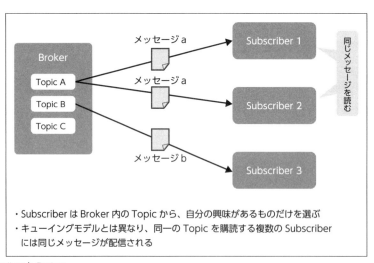

図 1.11　Subscriber と Broker

Producer/Consumer 間に Broker を挟むメリット

キューイングモデルにせよ、Pub/Sub メッセージングモデルにせよ、いずれも Broker をあいだに挟むかたちのモデルとなっています。このモデルを用いることでシステムアーキテクチャを変更に強いものにできるという利点があります。

■ Producer/Consumer ともに接続先を「1つ」にできる（数を減らせる）

Producer は、誰に対してメッセージを送信すればよいかを常に考える必要がなくなり、Broker に送信するだけで済みます。同様に、Consumer もたんに Broker からのみ受信すれば済むようになります。Broker が存在しない場合、Producer が Consumer にメッセージを送信するには、複数存在する Producer と Consumer をすべてつなぐ必要が生じます。そのためにはシステム内のトポロジーをすべて理解する必要があるうえ、構成変更の際には個別の作り込みが生じることになります。Broker の存在は「N * M」となるシステム構成を「N + M」にすることでシンプルにしています。

■ Producer/Consumer の増減に対応できる（ネットワークトポロジーの変更に強い）

Producer/Consumer ともに互いの存在を知らなくて済むため、増減に対して柔軟に対応できます。Producer を増加させるには Broker にのみつなぎに行けばよいですし、Consumer も Broker につなぎに行くだけで新たな受信を開始できます。Producer/Consumer の接続関係に変更があったとしても、既存の Producer/Consumer は影響を受けません。接続開始のための実装負荷が低いこと、既存への影響が出ないことの両面で「変更に強い」といえるでしょう。

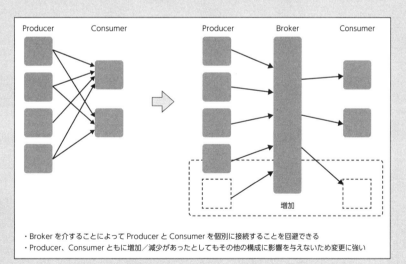

・Broker を介することによって Producer と Consumer を個別に接続することを回避できる
・Producer、Consumer ともに増加／減少があったとしてもその他の構成に影響を与えないため変更に強い

図 1.12　構成の変更に強いアーキテクチャ

Pub/Sub メッセージングモデルはテレビやラジオの電波の受信をイメージすると分かりやすいでしょう。テレビ局やラジオ局は個々の家庭の誰が受信しているかを考えずに放送電波を発信していますし、個々の家庭は自分が見たい番組だけを選択して放送を受信します。これにより、発信側と受信側の接続が柔軟になる利点が挙げられます。これと同様の仕組みをシステム間で実現しようとしていると考えられます。システムアーキテクチャにおいて、この送信者と受信者のやりとりを仲介する Broker が存在することで、Pub/Sub メッセージングモデルが形成されます。

1つの Topic に着目した場合、キューイングモデルと対比すると、複数存在するすべての Subscriber は同一のメッセージを受け取ることになります。並列に動作する複数の Subscriber に配信できるという利点はありますが、同じメッセージに対する処理であるため、Broker の Topic に蓄積されているメッセージ群からすると処理能力を高める効果はありません。

このように、キューイングモデルと Pub/Sub メッセージングモデルにはそれぞれ利点と欠点があります。

1.4.2 Kafka におけるメッセージングモデル

高いスループットを実現するためには、いかにスケーラビリティがある構成にできるかがポイントです。そのため Kafka ではキューイングモデルで実現した「複数 Consumer が分散処理でメッセージを消費していく」モデルと Pub/Sub メッセージングモデルで実現した「複数の Subscriber に同じメッセージを配信する」「Topic ベースで配信内容を変える」を併せ持つモデルになっています。このモデルを実現するために、「Consumer Group」という概念を導入し、Consumer をスケールアウト構成にできるように設計しています。

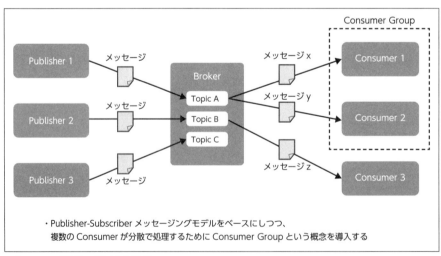

図 1.13 Consumer のスケールアウト構成

複数のConsumerが同一のトピックから分散しながらメッセージを読み出すことで、処理のスケーラビリティを持たせています[12]。ただし、システム構成上、Brokerが1台だとここがボトルネックになることが容易に想像できます。さらに長期間に渡り任意のタイミングでデータを読み出せるようにするには、1台だけでは保持できる量が足りないかもしれません。そのため、Brokerも複数台構成で動作するようになっており、これにより全体としてスケールアウト構成をとっていることになります。

1.4.3 データのディスクへの永続化

次に、

- 2. 任意のタイミングでデータを読み出したい
- 4. メッセージをロストしたくない（ただし後述のとおり、厳密には故障による直近メッセージの損失を回避する目的ではない）

という要求に応えるために、KafkaではBrokerに送られたメッセージをディスクに永続化しています。メッセージキューでもデータの永続化を行うプロダクトがありますが、リアルタイムでの接続のみに主眼を置いていることが多く、基本的に長期保存は想定されていません。バッチ的な処理のケースでは、データを一定期間ごとにまとめて必要とすることから、データをメモリ上だけで保持することは容量的に不可能と考えられます。そのため、Kafkaにおけるメッセージの永続化はディスク上に行われます。Kafkaは「ディスクに永続化するにもかかわらず高いスループットを実現できる」という点で特徴があります。

また、次々とやってくるデータを受け止めながら一塊とし、長期保存を目的として永続化できることから、Kafkaを「ストレージシステム」とみなすこともできます。このような特徴を活かす例としては、処理順にログを次々残していくような「コミットログを蓄積するためのストレージシステム」などが挙げられます。

Kafkaにおける永続化の目的

一般的にデータの永続化というと「データを失わないこと」すなわちデータそのものに対する耐障害性の向上を実現するための手段として語られることが多いと思いますが、Kafkaとしては「Brokerのメモリに載ったら送信完了（メモリからディスクへのflushはOSに任せる）」という思想を持っており、Kafkaにおけるデータの永続化は耐障害性を必ずしも意識したものではないと理解できます。Kafkaは、単一Brokerの故障により直ちにデータ喪失につながらないようにレプリケーションの仕組みを備えています。そのため、Broker内での直近データの喪失回避はメッセージのレプリケーショ

---

[12] Consumer Groupが具体的にTopicからどのようにメッセージを受信するかについては、第2章「Kafkaの基本」や第11章「さらにKafkaを使いこなすために」で説明していますのでそちらを参照してください。

CHAPTER 1 Apache Kafka の概要

> ンで実現していると捉えるほうが自然です。第 2 章で説明するとおり Broker 内でのメッセージのレプリケーションについては、最低いくつのレプリケーション数が存在していればそのメッセージを Consumer で利用可能とするかといった設定ができます。
>
> なお、ディスクへの flush 間隔を OS に完全に任せずに Kafka のパラメータで指定する機能もあります。耐障害性をどこまで求めるかは利用用途に強く依存するため、このあたりの設定はユーザーのニーズに柔軟に応えるものになっています。

1.4.4 分かりやすい API の提供

続いて、

- 3. 各種プロダクトやシステムとの接続を容易にしたい

という要件に関係し、Kafka からのデータの出し入れを容易にする API について説明します。

Kafka は、Producer と Consumer のそれぞれとの接続を容易にするために「Connect API」を用意しています。それぞれがこの API を利用することで、各種外部システムとの接続を実現します。また、API をベースに Kafka に接続するためのフレームワークとして「Kafka Connect」が用意されています。

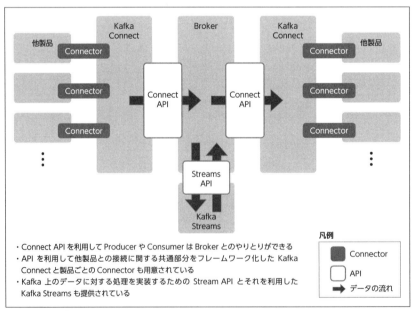

図 1.14 Kafka Connect と Kafka Streams

Kafka Connectと接続するためのプラグインとしてConnectorが開発されており、データベース／キーバリューストア／サーチインデックス／ファイルシステムなどの外部システムと接続ができます。Connectorにはいくつか種類があります。現在米ConfluentがConnectorとしては、ActiveMQ、IBM MQ、JMS、HDFSとの接続を実現するものや、JDBCを用いて接続するもの、各種製品の開発元が開発してConfluentが認定しているもの、コミュニティによって開発されているものなどがあります。システム間あるいはプロダクト間の接続を個々の開発者が作ることは非効率であるため、再利用性や品質の向上のためにもこれらのコネクタの存在は大きな助けになります。

また、Kafka 上に存在しているデータをストリーム処理する「Streams API」を用意しており、これをライブラリ化したKafka Streamsと呼ばれるクライアントライブラリが用意されています。これにより「Kafkaのライブラリを内部で利用するJavaアプリを1個書いてそれを動かす」といったことができるため、Kafkaを入力や出力に利用するストリーム処理アプリケーションを比較的簡単に実装できます。

1.4.5 送達保証

最後に、

- 4. メッセージをロストしたくない

という、メッセージを受け渡す基盤としてごく自然な要求に対し、Kafkaは送達保証の機能を用意しています。送達保証は一般的に「At Most Once」「At Least Once」「Exactly Once」と呼ばれる3つの実現レベルがあります。

表1.2 送達保証の3つのレベル

種類	概要	再送の有無	重複除去の有無	備考
At Most Once	1回は送達を試みる	×	×	メッセージは重複しないがロストする可能性がある
At Least Once	少なくとも1回は送達する	○	×	メッセージが重複する可能性があるがロストはしない
Exactly Once	1回だけ送達する	○	○	重複もロストもせず確実にメッセージが届くが、性能を出しがたい

前述のとおり、メッセージキューではExactly Onceの実現を主眼に置かれていることが多いです。そのため、トランザクション管理のための機構が備わっています。しかしながらKafka開発当初は性能を重視する、すなわち「高スループットであること」を実現したかったために、Exactly Onceレベルの実現はいったん先送りにし、最低でも「メッセージはロストしない」ことを実現するために、At Least Onceのレベルでの送達保証の実現を目指しました。

At Least Onceを実現するためにAckとOffset Commitという概念を導入しています。AckはBrokerがメッセージを受け取った際にProducerに対して受け取ったことを示す応答を返すことです。これにより、ProducerがAckを受け取らなかった場合に再送するべきだと判断できます。

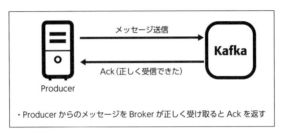

図1.15 Producerに対してAckを返す

また、ConsumerがBrokerからメッセージを受け取る際に、Consumerがどこまでメッセージを受け取ったかを管理するためのオフセットがあり、これを用いた送達範囲の保証の仕組みをOffset Commitといいます。メッセージを受け取って正常に処理が完了したあとでオフセットを更新することで、何らかの異常が生じてメッセージの再送を行う際においても、どこから再送すればよいかを判断できます。

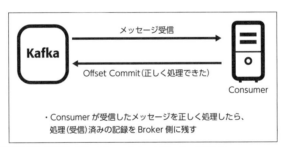

図1.16 Consumerからの読み出し記録をOffset CommitとしてBrokerに残す

■ Exactly Onceの実現

初期のKafkaはAt Least Onceレベルの送達保証を実現したプロダクトとしてリリースされましたが、Kafkaの有用性が高まるにつれ、KafkaでExactly Onceレベルの送達保証を実現したいというニーズが高まります[13]。そこでKafkaに対してトランザクションの概念を導入し、送達保証の実現に着手しています。

---

[13] 2012年にApache KafkaとしてはじめてリリースされたバージョンÊ0.7ではExactly Onceレベルの送達保証は実装されていませんでした。

Exactly Onceレベルでは、ProducerとBrokerのやり取りで実現すべきものと、BrokerとConsumerのやり取りで実現すべきものの双方が必要です。Producerに対しては、Brokerとのあいだでシーケンス番号の管理を双方で行い、その状態を管理することで重複ぶんを排除する仕組みを用意しています[14]。

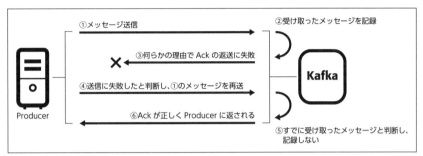

図1.17 Kafkaが上流から重複したメッセージを除去する仕組み

Consumerに対しては、トランザクションのスコープを解釈し、トランザクションのアボートに対して途中までの処理を破棄するための機能が備わっています。

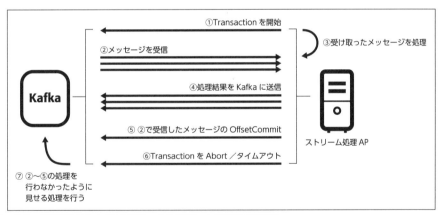

図1.18 Kafkaが下流からのトランザクションのアボートを解釈する様子

Exactly Onceレベル送達保証を実現するためには、Kafkaだけではなく、Producerにあたる上流システムおよびConsumerにあたる下流システム側にも状態の管理を求めることになります。そのため、Kafka単体で送達保証を実現するものではありませんが、すくなくともKafkaのなかにトランザクション

---

[14] べき等性を保つProducerという意味で「Idempotent Producer」と名付けられています。

を管理するための機構を備えているため、上流および下流システム側とのあいだで必要とする状態管理のための条件が揃えば、送達保証が実現可能となるように開発されています。

1.5 Kafka の広がり

Apache Kafka は 2011 年にバージョン 0.7 がリリースされました。以後、Kafka は着実にバージョンアップを重ねています。また、Kafka の存在はクラウドサービスにも影響を与えています。クラウド環境においてメッセージを配信するためのマネージドサービスとして AWS では Amazon Kinesis があり、GCP では Google Pub/Sub や Kafka のマネージドサービスがあります。これらが Kafka の影響を受けているだろうことは想像に難くありません。

1.5.1 Kafka のリリース

Apache ソフトウェア財団の Incubator プロジェクトとして Apache Kafka が公開されたのが 2012 年のことで、このときのバージョンは 0.7.0 でした。Incubator を卒業したのはバージョン 0.8.0 です。

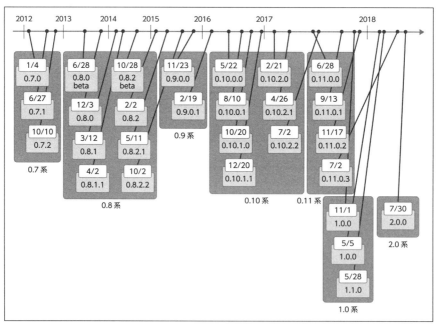

図 1.19　Kafka のリリースの歴史

2015年頃までは年に4回ほどのリリースだったのが、2016年以降急速にリリース回数が増えます。その後バージョン0系は0.10まで進み、1.0へとブランチが切られています。また、0系は0.11もリリースされており、0.11.0.3が2018年7月リリースされるなど、メンテナンスが続いています。2018年7月30日に、最新版であるバージョン2.0.0がリリースされました。執筆時点の2018年7月現在において、0.11系、1.0系、1.1系および2.0系の4ブランチがアクティブになっています。

バージョン1.0のリリース

　オープンソースのプロダクトで、バージョン1.0のリリースは象徴的なできごとだと捉えられることが多いです。一定の利用ユーザーが獲得でき、コミュニティとしても成熟したところで0.xから1.0に昇格させることが多くあります。多くのプロダクトでは「安定性の向上が図られたので1.0をリリースする」ということが多いのですが、Apache Kafkaは「想定していたビジョンが完成した」ということを1.0リリースの理由に挙げています。

　「想定していたビジョン」として、本章で挙げている4つの要件を満たす機能の実現を指しているようです。

1.5.2　開発体制

　開発コミュニティには複数の企業のエンジニアが参加しています。コミッタやPMC（Project Management Committee）メンバーは次の企業や大学に所属しています。22名のコミッタが名前を連ねています。うち12名がPMCとして活動しています。22名中12名が米Confluentに所属しています。米Confluentやもともとの開発元である米LinkedIn以外にも、米Uberや中Alibabaといったユーザー企業や、Hadoopの開発の中心企業のひとつである米Cloudera のメンバーの名前もあります[15]。

- 米 Confluent
- 米 LinkedIn
- 米 Uber
- 中 Alibaba
- 米 Cloudera
- 米 Lucidworks
- 米 OfferUp
- 米 Carnegie Mellon University
- 米 Bridgewater Associates

　GitHubによると、現在コントリビュータとして447名の名前があります。2013年から2014年頃に多

---

[15] https://kafka.apache.org/committers

く活動していたメンバーには米 Confluent の founder が多いです。2015 年後半からコミット量が急激に増えており、この頃からコミッタの人数も増加し、代替わりが進んでいます。日本企業では NTT データのコントリビューションもあります。

1.5.3 Kafka の利用企業

Kafka を利用する企業は広がりを見せています。LinkedIn での利用はもちろんですが、Yahoo!、Verizon、Walmart、Dropbox、Netflix、Cisco、Goldman Sachs、Twitter、Pinterest、Salesforce、Uber、Microsoft などが利用企業としてイベントでの登壇実績があります。

2018 年に開かれた Kafka のイベントである Kafka Summit London 2018 で登壇した企業には Google や Apple、IBM のほか、Yelp、Zalando、BBC、Spotify といった、Web 系／メディア系／EC サイト系企業や、ヨーロッパの原子力研究機関の CERN、金融機関では ING、Sberbank といった銀行もいました。Kafka のユースケースについては第 5 章で紹介します。

1.6 本章のまとめ

本章では Kafka の概要に続き、Kafka が生まれた背景を説明しました。とくに、LinkedIn で開発が始まったころの背景や動機を紐解き、もともと Kafka が有していた特徴と照らし合わせて紹介しました。スケールアウトによる高スループットの実現を目指しつつ、キューイングモデルや Pub/Sub メッセージングモデルを組み合わせた柔軟な仕組みとなっていることが理解できたかと思います。さらに、Kafka の開発系譜や体制について触れ、多くの企業／組織が活用していることも紹介しました。

次章以降は、Kafka のアーキテクチャに触れつつ、基本的な仕様を紹介します。

Chapter

2

Kafkaの基本

CHAPTER 2 Kafka の基本

2.1 本章で行うこと

本章では、Kafka の基本である Message 送受信の仕組みや、Kafka を利用するうえで知るべき基本用語について説明します。Kafka は複数の構成要素により成り立つために、個別の構成要素を押えるだけでは全体像をつかむのが難しいと感じることもあるでしょう。概要部分から内部挙動にブレイクダウンしながら、次のステップで説明します。

1. Message 送受信の基本
2. システム構成
3. 分散メッセージングのための仕組み
4. データの堅牢性を担保するレプリケーションの仕組み

本章で紹介する項目は Kafka を利用するうえでは基本的な事柄ですが、読者が Kafka を利用したアプリケーション実装者やツールの利用者であれば 1〜3 の内容をメインに、Kafka を用いたプラットフォームを設計／構築／運用するエンジニアである場合は 4 の内容も含めて把握するとよいでしょう。

2.2 Message 送受信の基本

まずは Kafka の基本となる、データ中継のためのシステム論理構成について説明します。システム構成や内部動作など物理構成は次節以降で説明になりますので、まずは論理構成や基本用語を押さえましょう。
Kafka の概要図を図 2.1 に示します。

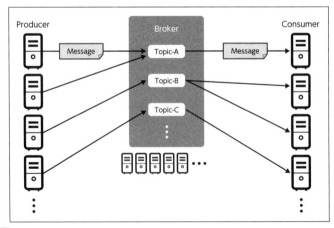

図 2.1　Kafka 概要図

主要な構成要素は次の5つです。

- Broker
  データを受信／配信するサービス[1]

- Message
  Kafka内で扱うデータの最小単位。Kafkaが中継するログの1行1行やセンサーデータなどがこれにあたる。MessageにはKeyとValueを持たせられ、後述するMessage送信時のパーティショニングで利用される

- Producer
  データの送信元となり、BrokerへMessageを送信するアプリケーション

- Consumer
  BrokerからMessageを取得を行うアプリケーション

- Topic
  Messageを種別（トピック）ごとに管理するためのストレージ。Broker上に配置され、管理される。ProducerやConsumerは特定のTopicを指定してMessageの送受信を行うことで、単一のKafkaクラスタで多種類のMessageの中継を実現する[2]

上で紹介したKafkaの用語の多くは第1章で説明したPub/Subメッセージングモデルの呼称に準じています。

2.3 システム構成

ここまでメッセージ送達までの各コンポーネントの論理構成について説明しました。これらのコンポーネントを動作させるために必要なシステム構成は図2.2のようになります。
以降では、各要素についてすこし詳しく説明していきましょう。

■ Broker

Brokerは1サーバー（またはインスタンス）あたり1つのデーモンプロセスとして動作し、Messageの受信／配信リクエストを受け付けます。それらを複数台のクラスタ構成とすることが可能で、「Broker

---

[1] KafkaではBroker発でConsumerに対してデータを送信するのではなく、Consumerのデータの取得に応答してデータを渡すため、ここでは受信に対して「送信」ではなく「配信」と記載することとし、Brokerから主体的にデータが送られるニュアンスを軽減させました。なお、この仕組みについて本章のコラム「PUSH型、PULL型」（P. 32）で説明します。
[2] たとえば、「システムAのシステムログ」「WebサービスBのアクセスログ」のような単位でTopicを作成し、データを受信／配信します。

CHAPTER 2　Kafka の基本

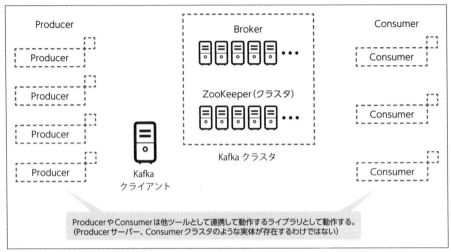

図 2.2　Kafka システム構成図

の台数（リソース）を追加することで受信／配信のスループット向上（スケールアウト）が可能」です。Broker で受信したデータはすべてディスクへの書き出し（永続化）が行われ、ディスクの総容量に応じて長期間のデータ保持が可能です。

■ Producer API / Consumer API

Producer/Consumer を実現する機能は、Broker へのデータ送信、Broker からのデータ受信を実装するための「ライブラリ」として提供されます。Producer を実現するための API、Consumer を実装するための API がそれぞれ「Producer API」「Consumer API」です。Producer、Consumer は、Broker のようにサービス（デーモンプロセス）として動作するプログラムではありません。それぞれの API は Java で提供されます。

■ Producer

Broker へデータを送信するための、Producer API を利用して実装したアプリケーションです。実際のユースケースとしては各種ログ送信やミドルウェアと連携して動作するため、Producer API を内包したツール、ミドルウェアを通しての利用という形式も多いでしょう。

実際に Producer としての機能をビルトインまたはサードパーティのプラグイン連携により提供している OSS、ツールの例を示します。

- Apache Log4j（Kafka Appender）
  Kafka Appender（https://logging.apache.org/log4j/2.x/manual/appenders.html）

- Apache Flume
  Kafka Sink（https://flume.apache.org）

- Fluentd
  fluent-plugin-kafka（https://github.com/fluent/fluent-plugin-kafka）

- Logstash
  logstash-output-kafka（https://github.com/logstash-plugins/logstash-output-kafka）

■ Consumer

　Brokerから Message を取得する役割を担う Consumer API を利用し、実装されたアプリケーションです。Brokerは先述のとおり Message をディスクに永続化するため、「Brokerに到達したらすぐにConsumerが取得しなければならない」といった制約はなく、ディスクに保持されているあいだは Messageの取得が可能です。一定期間データを蓄積してのストレージへのデータ書き出し、リアルタイム処理のためのアプリケーションのデータ入力口などとして利用されます。

　Producerと同様に、Kafka連携のためのConsumer機能を備えた既存のプロダクトも多く存在します。とくにApache Spark（Streaming）、Apache Storm、Apache Flinkなどの分散ストリーム処理OSSにおいてはKafkaの備えるスケーラビリティが有用なケースが多く、標準ライブラリとして提供されています。

- Apache Spark
  Spark Streaming + Kafka Integration Guide（https://spark.apache.org/docs/latest/streaming-kafka-integration.html）

- Apache Samza
  （http://samza.apache.org）

- Apache Flink
  （https://flink.apache.org）

- Apache Flume
  Kafka Source（https://flume.apache.org）

- Fluentd
  fluent-plugin-kafka（https://github.com/fluent/fluent-plugin-kafka）

- Logstash
  logstash-input-kafka（https://github.com/logstash-plugins/logstash-input-kafka）

CHAPTER 2 Kafkaの基本

> ## PUSH型、PULL型
>
> 　Kafkaシステム内でのMessageはProducer→Broker→Consumerの流れで移動しますが、2つのノード間でのMessageの受け渡しを、どちらが起こすのかについて理解しておくとよいでしょう。Producer→BrokerのMessageの送信はProducerが主体となってBrokerに対して送信する「PUSH型」で行われます。一方、Broker→Consumerのデータの流れにおいてはMessageの送信リクエストはConsumerからのフェッチリクエストを契機としてMessageが送信されます。言い換えると、Brokerから見た場合「PULL型」であり、Kafkaような分散メッセージングの仕組みをシステムに組み込むうえで重要な概念です。
>
> 　Broker→Consumerの送信をConsumerからのPULL型とすることのシステム運用上の大きなメリットとして、Consumer側のシステムが故障やメンテナンスで停止した場合にもBrokerへの影響が少ないことが挙げられます。BrokerがPUSH型だった場合、Consumerのサービス停止時の対応を都度Broker側で行わなければなりません。Kafkaを経由するMessageや後続システムが多くなればなるほどシステムの運用負荷や性能負荷が増大するでしょう。また、Brokerの「Consumerのリクエストを待ち受ける」「リクエストに応じてMessageを送信する」という仕組み、および「Offsetに基づく進捗管理（後述）」のおかげで、後続システムが動的に増減したとしても、中継役であるBrokerはConsumerごとの個別対応が少なくなります。Consumer自身が主体的にデータを受信、進捗管理するからです。これにより後続システムの拡張／縮小が容易になります。

■ ZooKeeper

　KafkaのBrokerにおける分散処理のための管理ツールとして、Apache ZooKeeper（以下、ZooKeeper）が必要となります。ZooKeeperはApache Hadoopなどの並列分散処理向けOSSにおける設定管理、名前管理、同期のためのロック管理などを行う仕組みとしてよく利用されます[3]。Apache Kafkaにおいては、分散メッセージングにおけるメタ情報（Topicや後述するPartitionなど）を管理するためのコンポーネントとして機能します。

　ZooKeeperクラスタ（ZooKeeperアンサンブルとも呼ばれます）の仕組み上、3台、5台……といった奇数台で構成されることが一般的です。

■ Kafkaクライアント

　Topic作成など、Kafkaの動作や運用上必要になる操作を実行するサーバーです。Messageの送受信が行われるサーバーではありません。

---

[3] たとえばHadoopにおいては、HA構成（Active-Standby）時における「現在のActiveなマスターノード」を管理する役割などで利用されます。

■ Kafka クラスタ

上述のとおり、Apache Kafka とは複数台の Broker サーバー、ZooKeeper サーバーのクラスタリングによるメッセージ中継機能と、メッセージ送受信のためのライブラリ群（Producer API / Consumer API）により構成されます。本書では説明のため、前者の Broker、ZooKeeper により構成されたクラスタシステムを「Kafka クラスタ」と定義します。

2.4 分散メッセージングのための仕組み

前節の概要説明から一段深掘りし、Kafka の分散メッセージングの仕組みについて説明します。Kafka の Message 管理のイメージは図 2.3 のとおりです。

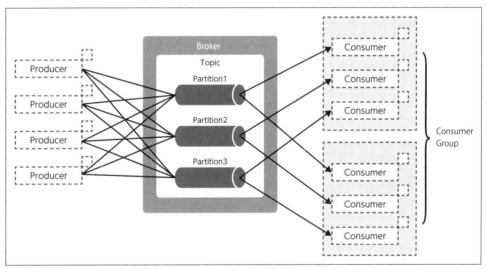

図 2.3 分散 Message 管理のイメージ

以降では、それぞれの要素について説明します。

■ Partition

Topic に対する大量の Message 入出力を支えるため、Broker 上のデータの読み書きは「Partition」と呼ばれる単位で分割されています。Topic を構成する Partition は Broker クラスタ中に分散して配置され、Producer からの Message 受信、Consumer への配信を分散して行うことで、1 つの Topic についての大規模なデータ受信／配信を支えます。

各 Partition を Broker へどう配置しているかの情報は Broker 側で保持されます。また、Producer API/Consumer API がそれらを隠蔽し通信を行うため、Producer/Consumer からは Topic のみを指定し、実装時に送信先 Partition を意識する必要はありません[4]。

■ Consumer Group

Kafka は後続システムでの分散ストリーム処理も想定して設計されています。単一のアプリケーションのなかで複数の Consumer が単一 Topic かつ複数 Partition から Message を取得する仕組みとして「Consumer Group」と呼ばれる概念が存在します。

Kafka クラスタ全体でグローバルな ID を Consumer Group 全体で共有し、複数の Consumer は自身の所属する Consumer Group を識別し、読み込む Partition の振り分けやリトライ制御を行います。

■ Offset

各 Partition で受信した Message にはそれぞれ連番が付与され、Partition 単位でメッセージの位置を示す「Offset」と呼ばれる管理情報を用いて Consumer が取得するメッセージの範囲やリトライを制御します。制御に用いられる Offset には次のようなものがあります。

Log-End-Offset（LEO）：Partition のデータ[5]の末尾を表す
Current Offset：Consumer がどこまで Message を読んだかを示す
Commit Offset：Consumer がどこまで Commit したかを示す

LEO は Broker により Partition に関する情報として管理／更新されます。Commit Offset は Consumer Group ごとに保持され、管理、更新されます。Current Offset は Consumer からのデータ取得を契機に更新されます。

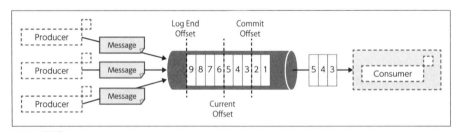

図 2.4　Offset 管理

---

[4] 特定の Partition を指定した送信および受信も可能です。
[5] 後述のとおり、Kafka には Partition を複数の複製（Replica と呼びます）で構成する機能があり、その Replica が管理するデータです。

Commit Offset は Consumer からの「ここまでの Offset は処理した」ということを確定させる「Offset Commit」[6]リクエストを契機に更新されます。ある Topic に対して複数の Consumer Group が Message を取得する場合は Partition に対する Commit Offset も Consumer Group の数ぶんだけ存在します。

2.4.1 Message の送受信

Partition や Offset の仕組みについて解説したうえで、改めて Producer や Consumer の Message 送受信の動作を説明します。Kafka における Message 送信は必ずしも 1 つ 1 つの Message 単位で送受信を行うわけではなく、送受信のスループットを高めるためにある程度 Message を蓄積してバッチ処理[7]で送受信する機能を備えています。

■ Producer の Message 送信

Producer は送信する Message を送信対象となる Topic の Partition に送信しますが、送信時にある程度の Message を Producer のメモリ上に蓄え、まとめて送信することができます。データの送信については、「1. 指定したサイズまで Message が蓄積される」、「2. 指定した待ち時間に達する」[8]のいずれかをトリガーとして送信されます。

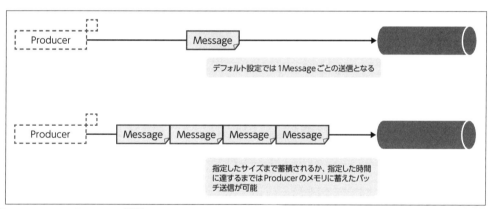

図 2.5 Producer の Message 送信

デフォルトの設定では 1 つの Message につき 1 回の送信となりますが、数バイト〜数十バイトの細か

---

[6] Offset Commit については第 11 章で解説します。
[7] 「バッチ処理」というと数分〜数時間程度の処理をイメージするかもしれませんが、Kafka では Message 単一の送受信ではない処理を総じて「バッチ」と表現しています。たとえば、数ミリ秒のごく僅かな時間の処理でもバッチ処理とされます。
[8] トリガーとなるサイズや時間はそれぞれ Producer の設定値である batch.size、linger.ms で制御します。

なMessageを大量にBrokerに送信するといった状況下ではネットワークのレイテンシがスループットに影響するケースもあり、Messageをバッチで送信することでスループットが向上するケースもあるでしょう。サイズの大きなテキストファイルやログファイルに含まれる各レコードを1行1行Brokerに送信するようなケースでも、複数行まとめてのバッチ送信とすることでスループットを向上する効果が出ると考えられます。

■ ConsumerのMessage取得

Consumerは取得対象のTopicおよびPartitionに対して、Current Offsetで示される位置にある最後に取得したMessageから、Brokerで保持する最新のMessageまでまとめてリクエスト／取得を行い、それを繰り返すことで継続的なMessageの取得を繰り返します。つまり、Messageの流入頻度が同一の場合はConsumerのBrokerへのリクエスト間隔が長いほど、まとまったMessageの取得になります。

▌細かいスパンでのリクエストの場合

リクエストで1つのMessageを取得する場合、1つのMessageごとにCurrent Offsetを更新します。

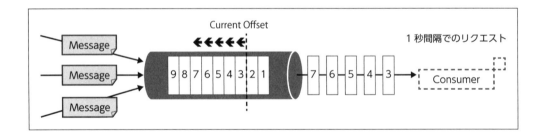

▌一定の間隔を置いてリクエストする場合

1リクエストで5つのMessageを取得する場合、5つのMessageぶんCurrent Offsetを更新します。

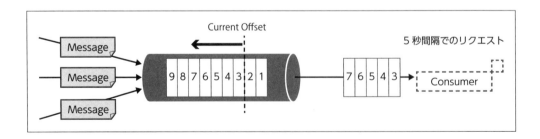

Producer、Consumerにおいても、ある程度Messageをまとめてバッチ処理とすることでスループット向上の効果は期待できるものの、Producerの送信〜Consumerの受信の処理のレイテンシは増加します。扱うデータやシステムによってはミリ秒〜秒単位のレイテンシも好ましくないケースもあるでしょう。バッチ処理の間隔については、スループットとレイテンシのトレードオフを考慮した設計が必要になります。

2.4.2 Consumerのロールバック

　Consumerは上述のとおりOffsetを進めながら継続的にMessageを取得しますが、Offset Commitの仕組みによりConsumerの処理失敗、故障時のロールバック、Message再取得を実現しています。以下に、Message読み込み時にConsumerが故障した際のリトライの流れを示します。本例は、継続的にProducerからMessageが送信される状況でConsumerによるデータ取得が2回生じるシナリオで、2回目の取得時に故障が生じたときの挙動を説明します。

▎1. Offset 2 まで取得し Offset Commit が済んだ段階で Offset 3、4、5 の Message を取得する

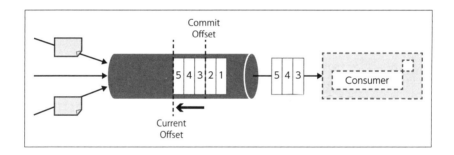

▎2. Consumer 側の処理が済み、Offset Commit を行い、Commit Offset を 5 まで進める

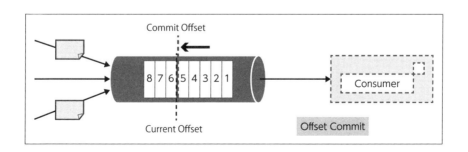

ここまでは正常な動作の例です。Message を引き続き取得します。

3. Consumer 側での処理中に Offset Commit を実行する前に Consumer で故障発生

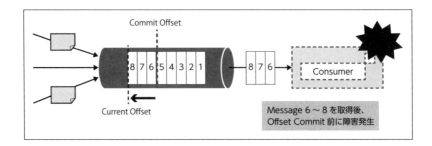

4. 故障が検知され Consumer が復旧した際、「Commit Offset から再開」する

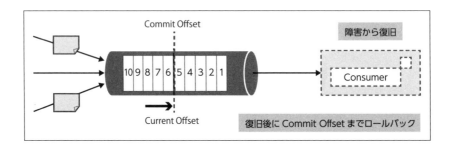

5. Message を再取得する

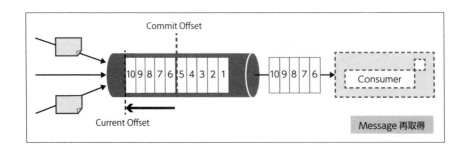

上記の例で注意すべきポイントとして「Commit Offset まで巻き戻ったオフセット間の Message についての対処は後続アプリケーション側に委ねられる」点が挙げられます。

メッセージを処理済みで Commit Offset 更新直前の故障の場合は同一のメッセージが再送されることとなり、メッセージ重複の対処（あるいは重複を許容すること）が必要になります。

このリトライは、Exactly Once（漏れなく重複のない送信）ではなく、At Least Once（最低でも 1 度）の送信を実現する仕組みです。また、故障の検知／復旧についても Kafka 側で提供されるわけではないため、Consumer API を利用したアプリケーション側での対処が必要になります。もっとも、Spark Streaming など Kafka 連携機能を提供する分散処理フレームワークの多くは、Consumer の故障検知と再実行の機構を持っているため、通常のユーザーが検知／再実行まで含めて実装するケースは多くはないでしょう。

2.4.3 Message 送信時のパーティショニング

Producer から送信する Message をどの Partition に送信するかを決定するパーティショニングの機能が提供されています。

送信する Message に含まれる Key と Value のうち、Key の明示的な指定の有無により次の 2 パターンのロジックによる送信となります。

- **Key のハッシュ値を用いた送信**
  Message の Key を明示的に指定することで Key に応じて送信先 Partition を決定するロジックとなる。同一の Key を持つ Message は同一の ID を持つ Partition[9] へ送信される

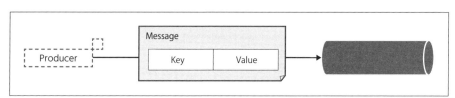

図 2.6　Key のハッシュ値を用いたパーティショニング

- **ラウンドロビンによる送信**
  Message の Key の指定せず Null とした場合、複数の Partition への Message 送信をラウンドロビン方式で行う

---

[9] Partition クラスには partitionId というメンバ変数があり、ID によって管理されています。

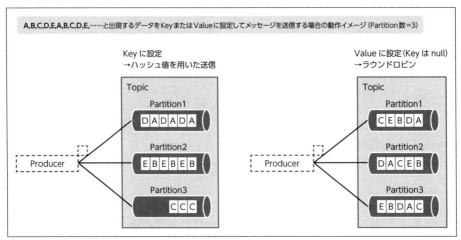

図2.7　ラウンドロビンとハッシュによるパーティショニング

　たとえば、Webのアクセスログを送信する際にアクセス元IPアドレスに応じてPartitionに投げ分ける場合は、ログ中の「アクセス元IPアドレス」をKeyとして設定し送信することで実現可能です。

　ハッシュによるパーティショニングを用いることで、たとえば同一のKeyを持つMessageは同一のConsumerで取得／処理を行うといった制御が可能となります。しかし、パーティショニングを利用する場合はデータの偏りに伴うPartitionの偏りにも十分注意を払うべきです。極端なケースとして、用意したPartitionの数に対して出現するKeyの種類が十分でない場合はPartitionに偏りが発生し、リソースを部分的に使い切れない状態となります。

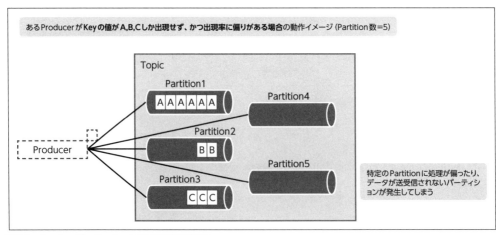

図2.8　ハッシュパーティショニング利用時の偏り

また、上述のパーティショニングのロジックは Kafka においては DefaultPartitioner というクラスを用いて実現されていますが、Producer API で提供される Partitioner インターフェイスを実装することで、Key や Value の値に応じた送信ロジックをカスタム実装することも可能です。

Broker のデータ保持期間

Kafka は受信した Message をディスクに永続化し、Consumer は Broker で保持されていれば過去のデータを遡って読み出すことが可能です。それでは、Publish され Broker が受信した Topic のデータはいつまで保存されるのでしょうか？また、どのように削除されるのでしょうか？現実的な問題としてストレージ容量には制限があるため、期間無制限で読み出せるようにするわけにはいきません。次の2種類をポリシーとしてデータ削除の設定が可能です。

■ 古い Message を削除する

蓄積された Message のうち、古いものから削除されます。削除の契機については、Message 取得からの経過時間、データサイズの2種類の設定が可能です。

- データの取得からの経過時間を契機：時間、分、ミリ秒などで指定可能で、指定の時間より古くなったデータが削除される（デフォルト：168 時間（1週間））
- データサイズを契機：蓄積したデータが指定のデータサイズより大きくなった場合にデータが削除される（デフォルト：-1（サイズ制限なし））

上記設定に応じた時刻やデータサイズに達したタイミングで古いデータが削除され、削除されたデータの再取得は不可能となります。

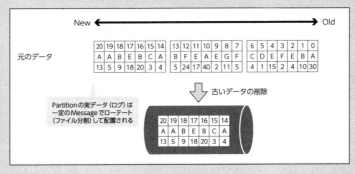

図 2.9　ログ削除のイメージ

Brokerクラスタを構成するストレージの総容量や想定されるデータの流量、データ利用のユースケース、SLAに応じて設計する要素となります。

■ コンパクション

最新のKeyのデータを残し、重複するKeyの古いMessageが削除されます。同一Keyにおいては、常に最新のValueだけ取得できればいい、といった状況で利用可能です。

利用シーンの例として、RDBMSのINSERTやUPDATEされるレコードをKafkaでも受信する、という場合を想定します。UPDATEにより行更新された場合UPDATE後の最新の値のみ取得できればよいというケースでは「古いデータを削除する」設定ではなくコンパクションの設定にすることで、ディスク容量やI/Oを効率的に利用しつつ、各Keyの最新あるいは最新を含む一定のレコードを保持し続けられます。

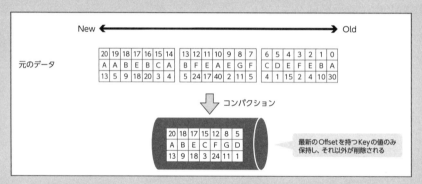

図2.10 コンパクションのイメージ

古いMessageを削除する、またはコンパクションについては、Brokerのパラメータである `cleanup.policy` で `delete` または `compact` といった値を設定することができます。

2.5 データの堅牢性を高めるレプリケーションの仕組み

KafkaはMessageを中継するとともに、サーバーが故障した際に受信したメッセージを失わないためのレプリケーションの仕組みを備えています。

図2.11はレプリケーション動作のイメージ図になります。なお、簡略化のためにTopic数＝1、Partition数＝1の図としています。実際に利用する場合はTopicやPartitionは複数あることが一般的で、複数台のBrokerにTopicを構成するPartitionおよびReplicaが配置されます。

2.5 データの堅牢性を高めるレプリケーションの仕組み

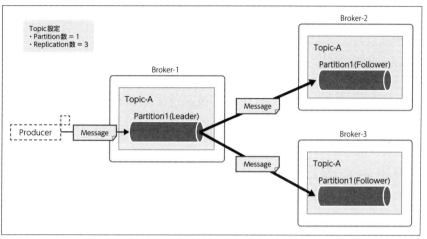

図 2.11　レプリケーション概要

　Partition は、単一もしくは複数の Replica で構成され、Topic 単位で Replica 数を指定可能です。また Replica のうち 1 つは Leader であり、そのほかは Follower と呼ばれます。Follower はその名のとおり、Leader からメッセージを継続的に取得して複製を保つように動作します。また、Producer/Consumer とのデータのやり取りは Leader が受け持ちます。

Message の順序保証

　これまでの説明で、Kafka における分散メッセージングの仕組みを説明しました。さて、Kafka において「Producer が Message を送信した順序で、Consumer で取得／処理を行いたい」という要求があった場合に実現可能でしょうか。もちろん、単一 Partition に限定すればメッセージを受信した順序で取得可能です。しかし、Kafka では基本的には Partition は複数で構成されることになり（単一 Partition による構成は Kafka の強みであるスケーラビリティを犠牲にすることになります）、Consumer の取得タイミングによってはメッセージの生成タイミングや Producer の送信に対して順序が前後する場合があります。

　この場合の Message の順序保証の実現案のひとつとして、Message 全体の順序ではなく Producer やデバイス ID などのカテゴリごとの順序制御を目指し、先述したハッシュによるパーティショニングなどを組み合わせた実装が考えられます。しかし、各種コンポーネント障害を考慮した完全なソートは実装難易度が高く、また Consumer の実装が Producer のデータ送信ロジックに強く依存するのは Kafka 前後のシステム的な分離にも制限を加えるものです。本当に Broker を通したソートが必要か検討しつつ、後続アプリケーション（Consumer 側）も含めたシステム全体で検討すべきでしょう。

2.5.1 レプリカの同期の状態

Leader Replicaの複製状態を保っているReplica[10]はIn-Sync Replicaに分類されます。In-Sync ReplicaはKafkaのドキュメントやコンソール出力ではISRと省略されることもあります。すべてのReplicaがIn-Sync Replicaとなっていないパーティションを Under Replicated Partitionsと呼びます。また、レプリケーション数とは独立で最小ISR数 (`min.insync.replica`) の設定が可能で、故障などによる一時的な同期遅れを許容し全体の読み書きを継続することが可能です。

2.5.2 レプリケーション済み最新Offset（High Watermark）

レプリケーション利用時のOffset管理においては、前節で紹介したLEO (Log End Offset) に加えて「High Watermark」と呼ばれる概念が存在します。High Watermarkはレプリケーションが完了してるOffsetとなり、その性質から必ずLog End Offsetと同一または古いOffsetを示します。ConsumerはHigh Watermarkまで記録されたメッセージを取得できます[11]。

In-Sync ReplicaやHigh Watermarkの概念を図示すると図2.12となります。

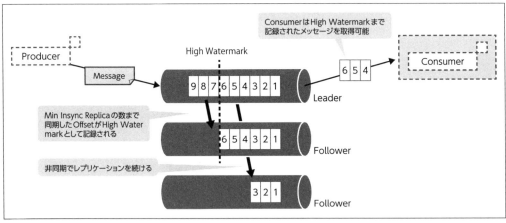

図2.12　レプリケーション詳細

---

[10] パラメータ `replica.lag.time.max.ms` で定めた時間よりも長いあいだ複製のリクエストや複製が行われないと、複製状態を保てていないものとみなされます。

[11] LEOに記されてレプリケーションが完了しない（つまりHigh Watermarkに記されない）Messageが取得できた場合、Leader Replicaを持つBrokerがReplicationを完了していないタイミングで故障してしまうとそのあいだに取得したMessageが2度と取得できない状態となります。

2.5.3　ProducerのMessage到達保証レベルの調整

レプリケーションに関する重要な設定要素として、ProducerのMessage送信時のAck設定について説明します。BrokerからProducerへ、Messageが送信されたことを示すAckをどのタイミングで送信するかを制御することは、性能と耐障害性（Brokerサーバー故障時のデータロスト耐性）に大きく影響します。Ackは表2.1の3種類の設定が可能です。

表2.1　Ack設定

Ack設定	説明
0	ProducerはMessageを送信時、Ackを待たずに次のメッセージを送信する
1	LeaderのReplicaが書き込まれたらAckを返す
all	すべてのISRの数までレプリケーションされたらAckを返す

Producerはタイムアウト設定を持ち、Ackが返らずにタイムアウトになったSend処理を「送信に失敗した」と検知します。

またAckの設定を1またはallにした場合の重要な点として、各レプリケーションが「書き込まれた」と判断しAckを返すタイミングはMessageがメモリ（OSのバッファ）に書き込まれたタイミングとなります。ディスクにflushする（永続化する）タイミングは別のプロパティで制御されます。

2.5.4　In-Sync ReplicaとAck=all、書き込み継続性の関係

レプリケーション数と別に、最小ISR数を制御することで、書き込みにどのような制御ができるのでしょうか。ISRとAckの設定に応じたProducerの書き込み時の挙動の例を次の2パターンで説明します。両パターンともにBrokerは4台、Replica数は3で、Broker1台が故障しレプリケーションが1つ失われた場合を例に比較します。

■ 1. `min.insync.replicas=3`（Replica数と同一）、 Ack=allの場合

Brokerサーバーが1台故障した場合、Producerは異常状態とみなし、失われたReplicaがISRとして復帰するまでデータを書き込めなくなります（図2.13）。

■ 2. `min.insync.replicas=2`、Ack=allの場合

Brokerサーバーが1台故障した場合でもAckを返却し、処理を継続します。処理が継続する点においては1のケースより優れている一方で、あとから追加されたPartitionがレプリケーションを完了しISR

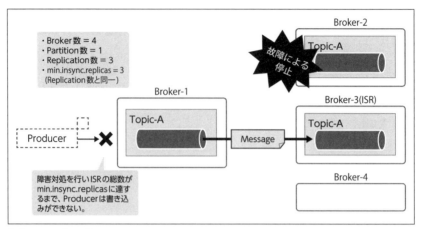

図 2.13　min.insync.replicas=3

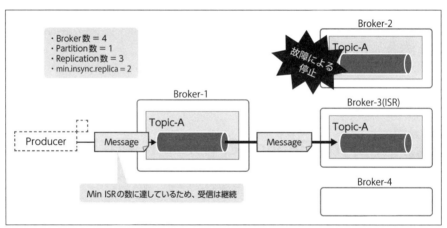

図 2.14　min.insync.replicas=2

に昇格するまではレプリケーション数が 2 となります。復旧前にさらに 2 台が故障した場合は、処理中の Message を消失するリスクが高くなります（図 2.14）。

　上述のとおり `min.insync.replicas` の設定は、サーバー故障時において「データ（Message）を失わないこと」と「メッセージングシステムを含むシステム全体の処理を継続すること」のあいだのトレードオフを調整する設定項目といえます。例とした 2 つのケースはどちらが優れているというものではなく、システム要件や制約によって決定されるべき点にご注意ください。

2.6 本章のまとめ

改めて、本章で説明したProducer、Broker、Topic、Partition、Consumerの概念図をまとめます。

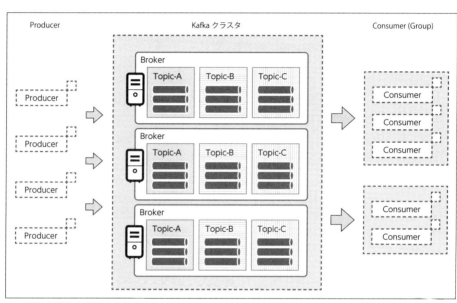

図2.15 本章で説明した項目のまとめ

ここまで説明した内容を踏まえて、改めてKafkaの特徴、利点についてまとめます。

- スケールアウト構成
  Messageを中継するBrokerが複数台構成が可能で、台数を増加することでクラスタ全体のスループットを増加させることが可能

- データのディスクへの永続化
  Brokerで受信したMessageはディスクに書き込まれ永続化される。ディスク容量に応じて、長期間の過去データを保存、再取得することが可能

- 連携できるプロダクトが多く存在
  Producer/Consumerを実装するためのAPIが提供され、それらを実装したOSSが数多く存在する

- メッセージの到達保証
  AckやOffset Commitの仕組みで、Messageが正しく送信／受信されたことの確認や失敗時のリト

CHAPTER 2　Kafka の基本

ライを可能にする

　本章では Kafka の基本について概要から内部動作について説明しました。次章以降、実際のクラスタ構築やアプリケーションの実行の手順について説明していきます。

Chapter

3

Kafka のインストール

CHAPTER 3 Kafka のインストール

3.1 本章で行うこと

本章では Kafka のディストリビューションである Confluent Platform を利用した Kafka クラスタの構築方法を紹介します。

第 2 章で説明したとおり、Kafka クラスタは 1 台以上の Broker から構成されます。これを踏まえ、本章では Kafka クラスタにサーバーを 1 台のみ利用する場合と複数台を利用する場合のそれぞれの構築方法を紹介します。なお、次章以降に掲載のサンプルなどで利用する Kafka クラスタは本章の手順と構成で構築した Kafka クラスタの利用を想定しています。

3.2 本書で構築する Kafka クラスタの環境

3.2.1 クラスタ構成

Kafka は 1 台以上の Broker からなる Kafka クラスタ、Producer、Consumer、Kafka クラスタの運用に関する操作を行う Kafka クライアントから構成されます。Kafka クライアントは Kafka クラスタの状態管理や運用のための各種操作をユーザーが実施するために利用します。本章では複数台のサーバーで Kafka クラスタを構築する例として、Kafka クラスタに 3 台[1]のサーバーを用いる場合と、1 台のサーバーのみにすべてをインストールする場合のそれぞれの手順を紹介します。

Kafka クラスタに 3 台のサーバーを利用する場合とサーバー 1 台のみにすべてをインストールする場合とで表 3.1、表 3.2 のようにマシンを利用します。

表 3.1 3 台のサーバーを用いて Kafka クラスタを構築する際の動作環境

ホスト名	役割	説明
kafka-broker01	Broker	このサーバー 3 台で Kafka クラスタを構築する
kafka-broker02	Broker	
kafka-broker03	Broker	
producer-client	Producer	Kafka に Message を送信する処理を行う
consumer-client	Consumer	Kafka から Message を受信する処理を行う
kafka-client	Kafka クライアント	Kakfa クラスタの状態管理や運用のため各種操作を実施する

表 3.1 では Producer と Consumer はそれぞれ 1 台ずつとしていますが、利用するアプリケーション

---

[1] ここでは 3 台で Kafka クラスタを構成しますが、実際には性能や耐障害性を考慮して台数を決定する必要があります。

のフレームワークの仕様や耐障害性の考慮などによって複数台が必要になることもあります[2]。

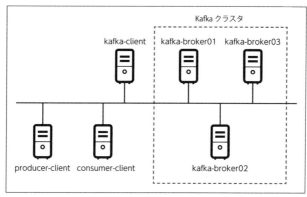

図 3.1　3 台のサーバーで Kafka クラスタを構築する

すべてのサーバーはネットワークに接続され、互いに通信が可能であり、各自のホスト名の名前解決ができるようになっている必要があります。表 3.2 はサーバー 1 台のみで Kafka クラスタを構築する場合です。

表 3.2　サーバー 1 台のみで Kafka クラスタを構築する際の動作環境

ホスト名	役割	説明
kafka-server	Kafka クラスタ／クライアント	Broker、Producer、Consumer、Kafka クライアントのすべての役割を担う

図 3.2　サーバー 1 台のみで Kafka クラスタを構築する

---

[2] たとえば、Consumer として並列分散処理エンジンである Apache Spark を用いる場合、複数台のサーバーが必要になるケースがあります。Apache Spark を Consumer として利用する例は第 9 章で紹介します。

CHAPTER 3　Kafkaのインストール

　こちらはBroker、Producer、Consumer、Kafkaクライアントをすべて同居させる構成[3]としています。こちらの構成では、本来Kafkaが有するスケールや耐障害性の仕組みを活かせないため、テスト環境などこれらの制約が許容される環境でのみ使用してください。

　また、本章の説明の手順にはインターネットに接続していることを前提としている箇所があります。インストール作業の際は環境中の全台がインターネットに接続された状態にしておいてください。

3.2.2　各サーバーのソフトウェア構成

　第2章で説明したとおり、Kafkaクラスタは1台以上のBrokerとZooKeeperから構成されています。本章で構築するKafkaクラスタではBrokerとZooKeeperを同居させる構成とします。また、Producer、Consumer、Kafkaクライアントには動作に必要なライブラリやツールをインストールします。Producer、Consumerに必要なソフトウェアは利用するミドルウェアなどによって異なります。

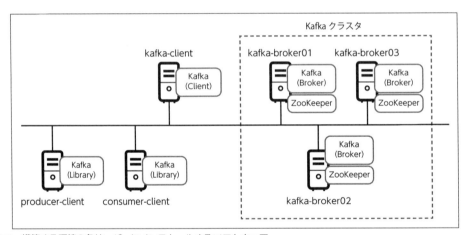

図3.3　構築する環境の各サーバーにインストールするソフトウェア

　ここではクラスタを構成する3台すべてにKafka BrokerとZooKeeperをインストールします。ZooKeeperはサービス継続のために常に過半数が動作している必要[4]があります。この性質から、ZooKeeperは奇数台のノード数であることが望ましいとされています。詳しくはZooKeeperのドキュメントを参照してください。

　なお、実際の利用シーンにおいてBrokerとZooKeeperを同居させるかどうかはシステムの要件などによって異なります。必要なサーバー数を減らすために同居させる、Hadoopなどのほかのミドルウェア

---

[3] この場合、すべてを1台のサーバー上で実行させるために、サーバーに十分なリソースが存在することが前提となります。
[4] ZooKeeperはデータの書き込みが過半数のサーバーに対して成功した際に書き込み成功とみなすためです。

と共用させるために別に構築するなど、それぞれの事情を考慮して決定してください。

Kafkaクライアントサーバーには Kafka クラスタの操作に必要なツールなどをインストールします。また、Producer と Consumer は実行するアプリケーションによっては Kafka のライブラリを必要とするケースもあり、そのような場合はあらかじめインストールしておきます。本章では、Kafka クラスタの動作確認のために Producer、Consumer それぞれのサーバーで Kafka 付属のツールを利用するため、インストールします。

3.2.3 Kafkaのパッケージとディストリビューション

Kafka は開発元の Apache Software Foundation が配布しているコミュニティ版のパッケージのほか、米 Confluent、米 Cloudera、米 Hortonworks などが配布しているディストリビューションに含まれるパッケージでも利用できます。表 3.3 に代表的な Kafka のディストリビューションを示します。

表3.3 Kafkaの代表的なディストリビューション

パッケージ／ディストリビューション	配布元	URL
コミュニティ版	Apache Software Foundation（開発コミュニティ）	http://kafka.apache.org
Confluent Platform	米 Confluent	http://www.confluent.io
Cloudera's Distribution of Apache Kafka（CDK）	米 Cloudera	http://www.cloudera.com
Hortonworks Data Platform (HDP)	米 Hortonworks	http://hortonworks.com

各社のディストリビューションはコミュニティ版のリリース後に独自のツールを加えたり、ディストリビューションに含まれる他ツールとの連携のためのカスタマイズを行ったりしています。そのため、Kafka を Apache Spark などのほかのミドルウェアと組み合わせて利用する場合など、利用シーンに応じて選択する必要があります。また、ディストリビューションによってはリリースサイクルの違いなどから、コミュニティ版の最新バージョンに相当するバージョンが含まれるまでにすこし間が空くものもあります。

本書では米 Confluent が配布している Confluent Platform の OSS 版を利用し、以降の Kafka クラスタの構築を行います。

3.3 Kafkaの構築

本節では Kafka の動作環境を構築する手順を紹介します。以降の手順は、複数台のサーバーで Kafka クラスタを構築する手順と、1 台のサーバーのみで構築する場合の手順を区別して紹介します。複数台のサーバーで構築する際は次の手順のうち「共通」と「複数台の場合のみ」の両方の手順を実施し、1 台のみで構築する場合は「共通」の手順のみを実施してください。

CHAPTER 3　Kafkaのインストール

3.3.1　OSのインストール（共通）

KafkaおよびConfluent PlatformはLinuxおよびMacOS[5]で動作します。Windowsでの動作は現在のところサポートされていません。

本書ではCentOS 7[6]の64bit版を使用します。インストール手順などは環境により異なるため、本書では説明を割愛します。

本書の通常の操作は一般ユーザーで実施しますので、OSのインストール後に必要に応じてユーザーを作成してください。一部root権限が必要な操作についてはsudoコマンドを利用して実行しますので、適切なユーザーに権限を付与しておいてください。また、複数台のサーバーで環境を構築する場合は、サーバー間で互いのホスト名で名前解決して通信ができるように /etc/hosts に必要な記載を行うなどのネットワークの設定も実施しておきます。

3.3.2　JDKのインストール（共通）

Kafkaの動作にはJDK（Java Development Kit）が必要になるため、各サーバーにインストールします。JDKには米Oracleが提供するJDK（以下Oracle JDKと記載します）やオープンソースのOpenJDKなどが存在します。

JavaおよびJDKにはいくつかのバージョンが存在しますが、本書執筆時点でKafkaがサポートしているのはバージョン8のみ[7]です。本書ではOracle JDKの本書執筆時点で最新版であるJava SE 8u181を利用します。次のサイトからOracle JDKをダウンロードします。

http://www.oracle.com/technetwork/java/javase/downloads/index.html

当該のバージョンのLinux x64のrpmパッケージを選択、ダウンロードします。ダウンロードにはライセンスアグリーメントへの同意が必要です。ここではダウンロードしたファイルは各サーバーの /tmp に配置します。ダウンロードしたrpmパッケージを次のコマンドでインストールします。

```
$ sudo rpm -ivh /tmp/jdk-8u181-linux-x64.rpm
警告: /tmp/jdk-8u181-linux-x64.rpm: ヘッダー V3 RSA/SHA256 Signature、鍵 ID ec551f03: NOKEY
準備しています...                ################################# [100%]
更新中 / インストール中...
   1:jdk1.8-2000:1.8.0_181-fcs       ################################# [100%]
Unpacking JAR files...
```

---

[5] MacOSでの動作は開発および試験目的での利用のみサポートされています。
[6] https://www.centos.org/
[7] JDKバージョン9については将来的に対応する予定となっているものの、現時点ではまだサポートされていません。

```
        tools.jar...
        plugin.jar...
        javaws.jar...
        deploy.jar...
        rt.jar...
        jsse.jar...
        charsets.jar...
        localedata.jar...
```

　JDKのインストール後に、関連する環境変数を設定します。/etc/profile.d/java.shというファイルを作成し、次のように記載します（このファイルの作成と記載はroot権限で行う必要があります）。

```
export JAVA_HOME=/usr/java/default
export PATH=$PATH:$JAVA_HOME/bin
```

　ファイル作成後に、次のコマンドで記載内容を環境に反映させます。

```
$ source /etc/profile.d/java.sh
```

　環境変数が正しく反映され、Javaコマンドが正しく利用できることを確認します。

```
$ echo $JAVA_HOME
/usr/java/default    ← 環境変数が正しく表示されるかどうかを確認する

$ java -version
java version "1.8.0_181"    ← JDKのバージョンが正しく表示されることを確認する
Java(TM) SE Runtime Environment (build 1.8.0_181-b13)
Java HotSpot(TM) 64-Bit Server VM (build 25.181-b13, mixed mode)
```

3.3.3　Confluent Platformのリポジトリの登録（共通）

　インストールのために、Confluent PlatformのYumリポジトリを登録します。本書では執筆時点で最新のバージョンである5.0.0を利用します。利用バージョンが異なる場合、一部の手順が異なることがあります。
　まず、Yumリポジトリの利用のためにConfluentが提供している公開鍵の登録を行います。

```
$ sudo rpm --import https://packages.confluent.io/rpm/5.0/archive.key
```

次に、/etc/yum.repos.d/confluent.repo というファイルを作成し、次のように記載します（このファイルへの記載は root 権限で行う必要があります）。

```
[Confluent.dist]
name=Confluent repository (dist)
baseurl=https://packages.confluent.io/rpm/5.0/7
gpgcheck=1
gpgkey=https://packages.confluent.io/rpm/5.0/archive.key
enabled=1

[Confluent]
name=Confluent repository
baseurl=https://packages.confluent.io/rpm/5.0
gpgcheck=1
gpgkey=https://packages.confluent.io/rpm/5.0/archive.key
enabled=1
```

ここまでの手順で Yum リポジトリへの登録は完了です。最後に既存のキャッシュを削除します。

```
$ yum clean all
```

Yum で利用可能なパッケージ一覧に Confluent Platform のものが含まれているかどうかを確認します。

```
$ yum list | grep confluent
（省略）
confluent-kafka-2.11.noarch                2.0.0-1        Confluent
confluent-kafka-connect-elasticsearch.noarch              ↑ Confluent のパッケージを確認する
confluent-kafka-connect-hdfs.noarch        5.0.0-1        Confluent
confluent-kafka-connect-jdbc.noarch        5.0.0-1        Confluent
（省略）
```

3.3.4 Kafka のインストール（共通）

登録した Confluent Platform のリポジトリから Kafka を実行するために必要となるパッケージをインストールします。次のコマンドで `confluent-platform-oss-2.11` というパッケージをインストールします。

```
$ sudo yum install confluent-platform-oss-2.11
```

Confluent Platform には細かく区分されたいくつかのパッケージが存在していますが、この `confluent-platform-oss-2.11` はそのうち Confluent Platform OSS 版のパッケージをまとめてインストールするためのものです。これをインストールすることで必要なパッケージがすべてインストールされます。こちらのパッケージの詳細は Confluent Platform のドキュメント[8]を参照してください。

3.3.5 Broker のデータディレクトリの設定（共通）

Kafka のパッケージのインストールのあとに、Broker のデータディレクトリの設定を行います。`/etc/kafka/server.properties` を開き、次のとおり修正します。

```
（省略）
log.dirs=/var/lib/kafka/data    ← すでに記載されているものを修正
（省略）
```

ここで設定している `log.dirs` は Broker が利用するデータディレクトリを設定する項目です。Confluent Platform のデフォルトでは `/var/lib/kafka` が設定されていますが、Oracle JDK を利用する場合はこちらを変更する必要があります[9]。ここでは `/var/lib/kafka/data` を利用することとします。

ここでは 1 つのディレクトリを指定していますが、`log.dirs` には複数のディレクトリを指定することもできます。複数のディレクトリを指定する場合は、ディレクトリのパスを「,（カンマ）」でつないで記載します。

次に Broker が利用するデータディレクトリを作成します。ここでは `/var/lib/kafka/data` を利用することとしていましたので、このディレクトリを作成します。後述の Confluent Platform 付属のスクリプトで Broker を起動させる手順では、Broker の起動ユーザーが `cp-kafka` になりますので、ディレクト

---

[8] https://docs.confluent.io/current/installation/available_packages.html#component-packages

[9] Oracle JDK は Java アプリケーションを起動させた際に起動ユーザーのホームディレクトリ（ここでは `/var/lib/kafka` です）に実行情報を記録するディレクトリを作成しますが、Broker はデータディレクトリに Broker に関連のないファイルやディレクトリが存在すると起動に失敗するためです。

リの所有者もこちらに合わせて変更しておきます。

```
$ sudo mkdir /var/lib/kafka/data
$ sudo chown cp-kafka:confluent /var/lib/kafka/data
```

ここまでで Broker のデータディレクトリの作成と設定の作業は完了です。サーバー 1 台のみで Kafka 環境を構築している場合、ここまでの手順で Kafka 環境構築のすべての作業が完了となります。

3.3.6 複数台で動作させるための設定（複数台の場合のみ）

Confluent Platform の Kafka のパッケージにはインストール後に最低限の設定が含まれており、サーバー 1 台で動作させるのであれば、ここまでの手順のみで実行させられます。しかし、ZooKeeper および Kafka クラスタを複数台のクラスタとして動作させるためにはいくつかの追加設定が必要です。

まずは ZooKeeper の追加設定を行います。

ZooKeeper の設定ファイルである `/etc/kafka/zookeeper.properties` に次の内容を追記します。

```
initLimit=10
syncLimit=5

server.1=kafka-broker01:2888:3888
server.2=kafka-broker02:2888:3888
server.3=kafka-broker03:2888:3888
```

`initLimit` と `syncLimit` は ZooKeeper クラスタの初期接続および同期のタイムアウト値を設定しています。これのタイムアウトは `tickTime` というパラメータを単位として計算されます。`tickTime` のデフォルト値は 3000 ミリ秒です。このとき、`initLimit=10` は 30 秒（30,000 ミリ秒）、`syncLimit=5` は 15 秒（15,000 ミリ秒）を意味します。

`server.1=kafka-broker01:2888:3888` の部分については、クラスタを組むサーバー群の情報を記載しています。こちらは次のフォーマットでクラスタを構成する全サーバーぶん記載します。

```
server.<myid>=<サーバーのホスト名>:<サーバー通信用のポート1>:<サーバー通信用のポート2>
```

`myid` とは ZooKeeper のクラスタ内で各サーバーにユニークに付与するサーバー番号です。ここでは `kafka-broker01` が 1、`kafka-broker02` が 2、`kafka-broker03` が 3 となっています。

各サーバーに割り当てた `myid` は各サーバーの `/var/lib/zookeeper/myid` に記載しておく必要があります。`myid` はサーバーごとに異なるため、作成のために実行するコマンドもサーバーごとに異なりま

す。Confluent Platformが提供する起動方法ではZooKeeperとKafkaは`cp-kafka`というユーザーで実行されますので、このファイルもこのユーザーの所有となるように作成します。

`kafka-broker01`（myid=1）では次のコマンドを実行します。

```
(kakfa-broker01)$ echo 1 | sudo -u cp-kafka tee -a /var/lib/zookeeper/myid
```

`kafka-broker02`（myid=2）では次のコマンドを実行します。

```
(kafka-broker02)$ echo 2 | sudo -u cp-kafka tee -a /var/lib/zookeeper/myid
```

`kafka-broker03`（myid=3）では次のコマンドを実行します。

```
(kafka-broker03)$ echo 3 | sudo -u cp-kafka tee -a /var/lib/zookeeper/myid
```

次にBrokerの追加設定を行います。`/etc/kafka/server.properties`を開き、次のとおり修正します。

```
（省略）
broker.id=<サーバーごとに定めたBroker ID>   ← すでに記載されているものを修正する
broker.id.generation.enable=false   ← 新たに記載する
（省略）
zookeeper.connect=kafka-broker01:2181,kafka-broker02:2181,kafka-broer03:2181
（省略）                                    ↑ すでに記載されているものを修正する
```

前述のとおり`log.dirs`の設定を変更していますが、ここではそのファイルにさらに複数台のサーバーで動作するための設定を行うことになります。

`broker.id`はBroker IDを設定するための設定項目となります。Brokerも、ZooKeeperのmyidと同じく、BrokerごとにユニークなIDを付与する必要があります。このBrokerごとに付与されるユニークなIDをBroker IDといい、整数値を設定します。このBroker IDはZooKeeperのmyidと同じものにする必要はありませんが、ここでは`kafka-broker01`を1、`kafka-broker02`を2、`kafka-broker03`を3として設定します。

このBroker IDはユーザーが明示的に指定せずに、Kafkaで自動的に付与することもできます。Broker IDを自動的に付与する場合は、`broker.id`を設定せず、`broker.id.generation.enable`に`true`を設定します。上記の設定では、`broker.id.generation.enable`を`false`に設定してこの機能を無効とし、手動でBroker IDを設定しています。

`zookeeper.connect`はBrokerがZooKeeperへ接続する際の接続情報を設定しています。<ZooKeeperのホスト名>:<接続に利用するポート番号>のフォーマットで記載します。接続するサーバーが複数存在す

る場合は、上述のとおり「, (カンマ)」でつなぎ複数を指定します。

ここまでで複数台のサーバーを利用する際の Kafka のインストール作業および設定作業は完了です。

3.4 Kafka の起動と動作確認

3.4.1 Kafka クラスタの起動

構築した Kafka クラスタを起動させます。ZooKeeper と Broker を起動させますが、起動は先に ZooKeeper を起動させ、その後 Broker を起動させる必要があります。

まずは ZooKeeper を起動させます。起動のために次のコマンドを実行します。複数台のサーバーで Kafka クラスタを構築している場合は ZooKeeper 全台で実行します。複数台のサーバーでコマンドを実行する際に、ZooKeeper サーバー間でのコマンドの実行順序の指定はとくにありません。

```
$ sudo systemctl start confluent-zookeeper
```

次に Broker を起動させます。起動のために次のコマンドを実行します。複数台のサーバーで Kafka クラスタを構築している場合は Broker を全台で起動します。こちらも Broker 間でのコマンドの実行順序の指定はとくにありません。

```
$ sudo systemctl start confluent-kafka
```

ZooKeeper のログは /var/log/kafka/zookeeper.out、Broker のログは /var/log/kafka/server.log に出力されます。正しく起動しなかった場合はこちらのログを確認して原因を特定し、対処してください。

3.4.2 Kafka クラスタの動作確認

最後に、起動させた Kafka クラスタの動作を確認します。

ここでは、Kafka に付属のツール Kafka Console Producer と Kafka Console Consumer を用いて実際に Message を送受信し、Kafka クラスタが正しく Message を送受信するかどうかを確認してみます[10]。

---

[10] なお、本項で登場する Topic、Partition、Replica 等の概念については第 2 章で紹介していますので、ここでは Kafka の内部情報と考えて読み進めてください。

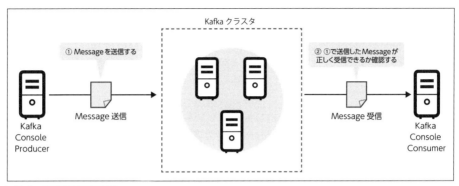

図 3.4　Kafka の動作確認の方法

　まずは動作確認のための Message を送受信するための Topic を作成します。Kafka クライアント上で次のコマンドを実行します。ここでは `first-test` という名前の Topic を作成しています。ZooKeeper の接続情報が異なるため、構成したサーバー台数によってコマンドが若干異なります。次のコマンドはサーバー 3 台でクラスタを作成した場合のものです。

■ サーバー 3 台でクラスタを構築した場合

```
(kafka-client)$ kafka-topics --zookeeper kafka-broker01:2181,kafka-broker02:2181, \
> kafka-broker03:2181 --create --topic first-test --partitions 3 --replication-factor 3
Created topic "first-test".
```

コマンドのオプションの意味を見ていきましょう。

■ --zookeeper

　Kafka クラスタを管理している ZooKeeper への接続情報を指定します。Kafka の設定ファイルと同様に <ホスト名>:<接続ポート番号> のフォーマットで指定し、複数存在する場合はカンマでつないで指定します。
　サーバー 1 台のみで Kafka 環境を構築した場合は、次のように指定します。

```
--zookeeper kafka-server:2181
```

■ --create

　Topic を作成します。`--create` のほかに、Topic の一覧を確認する `--list`、Topic の削除を行う `--delete` などがあります。

▌--topic

作成する Topic 名を指定します。ここでは Topic 名として `first-test` を指定しています。Topic 名には「_（アンダースコア）」と「.（ピリオド）」を使用しないことが推奨されています。

▌--partitions

作成する Topic の Partition の数を指定します。ここでは Partition 数を 3 にしています。Partition 数の決定については第 11 章の 11.5 節「Partition 数の考慮」を参照してください。

▌--replication-factor

作成する Topic の Replica（複製）[11]の数（Replication-Factor）を指定します。上記のサーバーを複数台利用する場合のコマンドでは 3 を指定しています。

Replication-Factor は Kafka クラスタの Broker 数以下である必要があります。たとえばサーバー数 1 の Kafka クラスタに対して Replication-Factor に 3 を指定するとエラーになります。そのため、サーバー 1 台のみで Kafka 環境を構築した場合は、次のように指定します。

```
--replication-factor 1
```

Topic の作成後に、Topic が正しく作成されたかを確認します。次のコマンドで指定した Topic の情報を確認できます。こちらも Topic 作成時と同様に ZooKeeper の接続情報の違いでコマンドが異なります。次のコマンドはサーバー複数台でクラスタを作成した場合のものです。

```
(kafka-client)$ kafka-topics --zookeeper kafka-broker01:2181,kafka-broker02:2181, \
> kafka-broker03:2181 --describe --topic first-test
Topic:first-test        PartitionCount:3        ReplicationFactor:3     Configs:
    Topic: first-test       Partition: 0    Leader: 1       Replicas: 1,2,3 Isr: 1,2,3
    Topic: first-test       Partition: 1    Leader: 2       Replicas: 2,3,1 Isr: 2,3,1
    Topic: first-test       Partition: 2    Leader: 3       Replicas: 3,1,2 Isr: 3,1,2
```

Topic の作成時に指定したオプションの `--create` が `--describe` に代わっています。これは指定した Topic の詳細情報を表示するためのオプションです。

作成時に Topic が存在し、指定したとおりの Partition 数、Replication-Factor となっていれば、Topic は正しく作成されています。

表示された出力の各項目の意味は次のとおりです。

---

[11]Partition のデータは複製して持てます。

▊`Topic、PartitionCount、ReplicationFactor`

指定した Topic の名前、Partition 数、Replication-Factor が表示されています。

▊`Leader`

各 Partition の現在の Leader Replica がどの Broker に存在しているかが表示されます。ここに表示される番号は各 Broker に設定した Broker ID です。

▊`Replicas`

各 Partition のレプリカを保持している Broker のリストが表示されます。

▊`Isr`

In-Sync Replicas の略で、レプリカのうち Leader Replica と正しく同期が行われているレプリカを保有している Broker 一覧が表示されます。障害が発生している Broker が保持していたり、何らかの理由で Leader Replica への同期が追い付いていない Replica は In-Sync Replicas には含まれません。Leader Replica 自身も In-Sync Replicas に含まれます。

次に、Producer サーバーで Message を送信するための Kafka Console Producer を起動させます。Kafka Console Producer は Kafka に付属のツールで、コンソールに入力したデータを Message として Kafka に送信します。

次のコマンドで Kafka Console Producer を起動させます。

```
(producer-client)$ kafka-console-producer --broker-list kafka-broker01:9092, \
> kafka-broker02:9092,kafka-broker03:9092 --topic first-test
    >
```

指定しているオプションの意味は次のとおりです。

▊`--broker-list`

Message を送信する Kafka クラスタの Broker のホスト名とポート番号を指定します。<ホスト名>:<ポート番号> のフォーマットで指定し、複数存在する場合[12]はカンマでつなげます。Kafka が通信に利用するポートのデフォルトは 9092 です。サーバー 1 台のみの環境の場合はこちらを適宜修正してください。

▊`--topic`

Message 送信先となる Topic を指定します。

---

[12] ここで示したホスト名とポート番号は Kafka Console Producer が Kafka クラスタに最初に接続する際の情報として利用されます。接続後にクラスタの情報を取得するため、全台を指定する必要はありませんが、複数台を指定しておくと障害などであるサーバーに接続できないときに別にサーバーに接続を試みます。

CHAPTER 3　Kafkaのインストール

　さらに、ConsumerサーバーでMessageを受信するためのKafka Console Consumerを起動させます。Kafka Console ConsumerはKakfa Console Producer同様、Kafkaに付属のツールで、受信したMessageをコンソールに表示します。

　Consumerサーバーで以下のコマンドを実行し、Kafka Console Consumerを起動させます。サーバー1台のみでKafka環境を構築している場合は、Kafka Console Producerを起動したものとは別のコンソールを開いて実行します。

```
(consumer-client)$ kafka-console-consumer --bootstrap-server kafka-broker01:9092, \
> kafka-broker02:9092,kafka-broker03:9092 --topic first-test
```

　指定しているオプションの意味は次のとおりです。

■ `--bootstrap-server`

　Messageを受信するKafkaクラスタのBrokerのホスト名とポート番号を指定します。指定方法はKafka Console Producerの`--broker-list`と同じです。

■ `--topic`

　Messageを受信するTopicを指定します。

　それでは実際にMessageを送信して、動作を確認してみましょう。起動させておいたKafka Console Producerに送信するMessageを入力します。

```
(producer-client)$ kafka-console-producer --broker-list （省略）
> Hello Kafka!　　←Messageとして送る文字列を入力して［Enter］
```

　送信したMessageが起動させておいたKafka Console Consumerに表示されることを確認します。

```
(consumer-client)$ kafka-console-consumer --bootstrap-server （省略）
Hello Kafka!　　←受け取ったMessageが表示されることを確認
```

　Kafkaクラスタを介して、期待どおりにMessageのやり取りを確認できました。複数のMessageをKafka Console Producerから送信しても、同様にKafka Console Consumerで受信され、表示されるはずです。確認が完了したら、Kafka Console Producer、Kafka Console Consumerともに［Ctrl］＋［C］で終了させます。

3.4.3 Kafka クラスタの停止

動作が確認できたら、最後に起動させている Kafka クラスタを停止させます。停止させる際は起動時とは逆に、まず Broker を、次に ZooKeeper をそれぞれ停止させます。

まずは Broker を停止させます。停止は起動の際と同じく `systemctl` コマンドを利用し、次のコマンドを実行します。複数台のサーバーで Broker を構築している場合は、Broker 全台で実行します。複数台の Broker で実行する際の Broker 間でのコマンドの実行順序の指定はとくにありません。

```
$ sudo systemctl stop confluent-kafka
```

次に ZooKeeper を停止させます。こちらも `systemctl` コマンドを利用し、次のコマンドを実行します。複数台のサーバーで ZooKeeper を構築している場合は ZooKeeper 全台で実行します。こちらも、複数台のサーバーで実行する際のサーバー間でのコマンドの実行順序の指定はありません。

```
$ sudo systemctl stop confluent-zookeeper
```

ここまでで、起動させていた Kafka クラスタが停止します。再度クラスタを起動させる際は本章の Kafka クラスタの起動の手順を再び実施してください。次章以降の本書のサンプルなどを実行する際は Kafka クラスタがあらかじめ起動していることを前提としていますので、開始前に起動させておいてください。

3.5 本章のまとめ

本章では Confluent Platform を利用した Kafka のインストール方法と動作確認方法を紹介しました。以降の章ではこの環境を使いながら、Kafka の使い方を紹介していきます。

Chapter

KafkaのJava APIを用いた
アプリケーションの作成

Kafka の Java API を用いたアプリケーションの作成

4.1 本章で行うこと

本章では Kafka の Java API を用いたアプリケーションの作成方法を説明します。Kafka には Java API が用意されており、これを利用することで Kafka と Message を送受信するアプリケーションを作成できます。Kafka の Java API には Producer 用と Consumer 用のそれぞれの API が用意されています。本章ではそれぞれのアプリケーションを作成して、送信から受信までの一連の流れを理解します。

4.2 アプリケーションの開発環境の用意

4.2.1 環境の前提

本書では Linux 上の開発環境でアプリケーションを開発することを想定します[1]。

Kafka の Java API を用いたアプリケーションの開発には JDK が必要になります。本書では Oracle JDK8 を利用することを想定します。第 3 章の内容を参考にしてあらかじめ開発環境にインストールしておいてください。

また本章の手順ではアプリケーションのビルドに必要なライブラリをインターネットから取得します。開発環境はビルド時にはインターネットに接続された状態にしておいてください。

本章ではこの開発環境のホスト名を dev としてコマンドの箇所などに記載します。また、本章では前章で構築した Kafka 環境を用いてアプリケーションを動作させます。これらのサーバーで実行するコマンドを記載している箇所に示しているサーバーのホスト名は前章の複数台のサーバーで構成した Kafka 環境のホスト名に準じています。

4.2.2 Apache Maven のインストール

本書では Java アプリケーションの開発に Apache Maven[2]（以下 Maven）を利用します。Maven は Kafka と同じく Apache Software Foundation で開発されているソフトウェアプロジェクト管理ツールです。本書では執筆時点での最新版であるバージョン 3.5.4 を利用します。

Maven のサイトから、ダウンロードのページを開き、「Binary tar.gz archive」をダウンロードします。ここではダウンロードしたファイルは /tmp に配置することとします。このファイルを次のコマンドで /opt 以下に展開します。

---
[1]アプリケーションの開発自体は必要なツールがインストールされていれば MacOS や Windows でも行えます。
[2]http://maven.apache.org

```
(dev)$ sudo tar zxvf /tmp/apache-maven-3.5.4-bin.tar.gz -C /opt
```

次に必要な環境変数を定義します。/etc/profile.d/maven.sh を作成し、次のように記載します。

```
export MAVEN_HOME=/opt/apache-maven-3.5.4
export PATH=$PATH:$MAVEN_HOME/bin
```

設定した環境変数を反映させます。

```
(dev)$ source /etc/profile.d/maven.sh
```

Maven が正しく動作するか確認しましょう。表示される内容は実行環境によって異なる場合があります。

```
(dev)$ mvn --version
Apache Maven 3.5.4 (1edded0938998edf8bf061f1ceb3cfdeccf443fe; 2018-06-18T03:33:
14+09:00) ← バージョンが正しく表示されることを確認する
Maven home: /opt/apache-maven-3.5.4
（省略）
```

4.2.3 Apache Maven によるプロジェクトの作成

アプリケーションを作成するために、まずは Maven でプロジェクトを作成します。Maven のプロジェクトにはアプリケーションのソースコードのほか、アプリケーションのビルドに必要な情報なども含まれます。本節ではプロジェクトのディレクトリはユーザーのホームディレクトリ直下に作成します。

カレントディレクトリをユーザーのホームディレクトリとし、Maven でプロジェクトを作成します。

```
(dev)$ mvn archetype:generate -DarchetypeGroupId=org.apache.maven.archetypes \
> -DarchetypeArtifactId=maven-archetype-simple -DgroupId=com.example.chapter4 \
> -DartifactId=firstapp -Dversion=1.0-SNAPSHOT -DinteractiveMode=false
（省略）
[INFO] ----------------------------------------------------------------------
[INFO] Using following parameters for creating project from Archetype: maven-arc
hetype-simple:1.3
[INFO] ----------------------------------------------------------------------
[INFO] Parameter: groupId, Value: com.example.chapter4
```

CHAPTER 4 Kafka の Java API を用いたアプリケーションの作成

```
[INFO] Parameter: artifactId, Value: firstapp
[INFO] Parameter: version, Value: 1.0-SNAPSHOT
[INFO] Parameter: package, Value: com.example.chapter4
[INFO] Parameter: packageInPathFormat, Value: com/example/chapter4
[INFO] Parameter: package, Value: com.example.chapter4
[INFO] Parameter: version, Value: 1.0-SNAPSHOT
[INFO] Parameter: groupId, Value: com.example.chapter4
[INFO] Parameter: artifactId, Value: firstapp
[INFO] Project created from Archetype in dir: /home/sasakitoa/firstapp
[INFO] ------------------------------------------------------------------------
[INFO] BUILD SUCCESS
[INFO] ------------------------------------------------------------------------
[INFO] Total time: 51.646 s
[INFO] Finished at: 2018-08-07T19:44:52+09:00
[INFO] ------------------------------------------------------------------------
```

正しく実行されるとユーザーのホームディレクトリ直下に図4.1のような構造でファイルとディレクトリが作成されます。

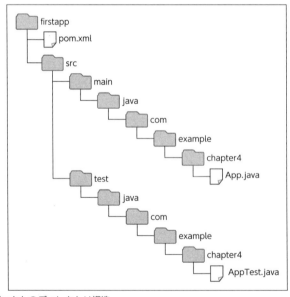

図4.1 Maven のプロジェクトのディレクトリ構造

このうち、`App.java`と`AppTest.java`は本章の内容では不要なので、削除しておきます。

```
(dev)$ rm ~/firstapp/src/main/java/com/example/chapter4/App.java
(dev)$ rm ~/firstapp/src/test/java/com/example/chapter4/AppTest.java
```

4.2.4 ビルド情報の記載

次にMavenのビルド情報を記載します。KafkaのJava APIを利用するためには必要なライブラリがいくつかあるため、依存関係として設定する必要があります。Mavenでは`pom.xml`に依存関係などのビルド情報を記載します。

本書ではKafkaの環境を構築するためにConfluent Platform[3]を利用しました。そのため、ビルドする際に利用するライブラリも米ConfluentがConfluent Platformに合わせて提供しているものを利用します。ここではそのライブラリを利用するためにConfluentが提供するリポジトリ[4]の情報を追加します。

さきほど作成したファイルのなかの`pom.xml`に、次のとおりConfluentのリポジトリ情報を追記します。この情報は`project`タグ中に記載します。すでに`repositories`タグが`pom.xml`に存在している場合は、`repository`タグとその内容を既存の`repositories`タグ中に追記してください。

```xml
  <repositories>
    <repository>
      <id>confluent</id>
      <url>https://packages.confluent.io/maven/</url>
    </repository>
  </repositories>
```

次に必要なKafkaのライブラリへの依存関係を記載します。リポジトリ情報と同様に`pom.xml`の`project`タグのなかに次の内容を追記します。`dependencies`タグがすでに存在している場合は、次の`dependency`タグとその内容を既存の`dependencies`タグのなかに追記してください。

```xml
  <dependencies>
    <dependency>
```

---

[3] 詳細は第3章を参照してください。
[4] 詳細は https://docs.confluent.io/current/installation/clients.html#maven-repository-for-jars を参照してください。

CHAPTER 4 Kafka の Java API を用いたアプリケーションの作成

```
        <groupId>org.apache.kafka</groupId>
        <artifactId>kafka_2.11</artifactId>
        <version>2.0.0-cp1</version>
    </dependency>
  </dependencies>
```

　本章では、ビルドしたアプリケーションを実行しやすいように依存関係のライブラリをすべて含めた jar ファイル（Fat JAR）を作成します。pom.xml の project タグのなかに Far JAR 作成のためのプラグインの設定を追加します。ここまでの記載と同様に、build タグなどの既存のタグが存在する場合はそのなかに追記してください[5]。

```
  <build>
    <plugins>
      <plugin>
        <groupId>org.apache.maven.plugins</groupId>
        <artifactId>maven-assembly-plugin</artifactId>
        <version>2.6</version>
        <configuration>
          <descriptorRefs>
            <descriptorRef>jar-with-dependencies</descriptorRef>
          </descriptorRefs>
        </configuration>
        <executions>
          <execution>
            <phase>package</phase>
            <goals>
              <goal>single</goal>
            </goals>
          </execution>
        </executions>
      </plugin>
    </plugins>
  </build>
```

[5] なお、環境によっては build タグ中に pluginManagement タグがあらかじめ記載されている場合がありますが、上記のプラグインの設定は pluginManagement タグ中に記載するのではなく、build タグ中に直接記載する必要があります。

Fat JAR は利用するフレームワークによっては利用できない場合や利用が推奨されない場合があります。そのような場合はこちらの設定は記載せず、フレームワークなどの使い方に沿ってクラスパスの設定などを行って実行してください。

ここまででアプリケーションの開発環境の用意は完了です。

コミュニティ版の Kafka のライブラリを使ったアプリケーションのビルド

ここまでの説明では利用する Kafka クラスタの環境に合わせ、Confluent が提供している Kafka のライブラリを用いてアプリケーションをビルドしましたが、Kafka の開発コミュニティ（Apache Software Foundation）が提供しているライブラリを用いてビルドすることもできます。そちらを利用する場合は依存関係（`dependencies` タグのなか）に次のように記載します。

```xml
<dependencies>
  <dependency>
    <groupId>org.apache.kafka</groupId>
    <artifactId>kafka_2.11</artifactId>
    <version>2.0.0</version>
  </dependency>
<dependencies>
```

`version` タグは利用する Kafka のバージョンに合わせて適宜変更してください。なお、Confluent Platform のバージョンとコミュニティ版の Kafka のバージョンは同じではないので注意してください。また、ほかの Confluent が提供しているライブラリを利用しない場合は本項冒頭で紹介した `repositories` タグへの Confluent のリポジトリ情報の記載は不要です。

4.3　Producer アプリケーションの作成

本節では Kafka の Java API を用いて、Producer となるアプリケーションを作成します。ここでは簡単なサンプルとして、1 から 100 までの数値を文字列に変換したものを Message として送信するアプリケーションを作成します。

4.3.1 Producerアプリケーションのソースコード

Producerアプリケーションのソースコードを作成します。プロジェクトディレクトリ中の`src/main/java/com/example/chapter4`のなかに`FirstAppProducer.java`というファイルを作成し、リスト4.1のように記載します。なお、記載の`kafka-broker01`などのサーバー名は第3章で構成した複数台のKafkaクラスタの環境を想定したものを記載しています（各環境に合わせて変更してください）。

リスト4.1　FirstAppProducer.java

```java
package com.example.chapter4;

import org.apache.kafka.clients.producer.*;

import java.util.Properties;

public class FirstAppProducer {

    private static String topicName = "first-app";

    public static void main(String[] args) {

        // 1. KafkaProducerに必要な設定
        Properties conf = new Properties();
        conf.setProperty("bootstrap.servers", "kafka-broker01:9092,kafka-broker02:9092,
            kafka-broker03:9092");
        conf.setProperty("key.serializer",
            "org.apache.kafka.common.serialization.IntegerSerializer");
        conf.setProperty("value.serializer",
            "org.apache.kafka.common.serialization.StringSerializer");

        // 2. KafkaクラスタにMessageを送信（produce）するオブジェクトを生成
        Producer<Integer, String> producer = new KafkaProducer<>(conf);

        int key;
        String value;
        for(int i = 1; i <= 100; i++) {
            key = i;
            value = String.valueOf(i);

            // 3. 送信するMessageを生成
            ProducerRecord<Integer, String> record = new ProducerRecord<>(topicName, key, value);

            // 4. Messageを送信し、Ackを受け取ったときに行う処理（Callback）を登録する
            producer.send(record, new Callback() {
```

```
                @Override
                public void onCompletion(RecordMetadata metadata, Exception e) {
                    if(metadata != null) {
                        // 送信に成功した場合の処理
                        String infoString = String.format("Success partition:%d, offset:%d",
                            metadata.partition(), metadata.offset());
                        System.out.println(infoString);
                    } else {
                        // 送信に失敗した場合の処理
                        String infoString = String.format("Failed:%s", e.getMessage());
                        System.err.println(infoString);
                    }
                }
            });
        }

        // 5. KafkaProducerをクローズして終了
        producer.close();
    }
}
```

4.3.2 Producer アプリケーションのビルドと実行

作成したアプリケーションをビルドして動作させましょう。プロジェクトのルートディレクトリ（ホームディレクトリ以下に作成されている `firstapp` というディレクトリ）にカレントディレクトリを移動し、次のコマンドでアプリケーションをビルドします。

```
(dev)$ mvn package -DskipTests
（省略）
[INFO] Building jar: /home/sasakitoa/firstapp/target/firstapp-1.0-SNAPSHOT.jar
[INFO] ------------------------------------------------------------------------
[INFO] BUILD SUCCESS
[INFO] ------------------------------------------------------------------------
[INFO] Total time: 01:30 min
[INFO] Finished at: 2018-07-11T00:57:13+09:00
[INFO] ------------------------------------------------------------------------
```

　初回のビルドはビルドに必要なライブラリをインターネットからダウンロードしながら行うため、時間がかかることがあります。

CHAPTER 4　Kafka の Java API を用いたアプリケーションの作成

正しくビルドが行われると、プロジェクトのルートディレクトリの `target` ディレクトリ以下に 2 つの jar ファイルが作成されています。

- `firstapp-1.0-SNAPSHOT.jar`
- `firstapp-1.0-SNAPSHOT-jar-with-dependencies.jar`

このうち、`jar-with-dependencies` とファイル名に入っているほうが Fat JAR です。こちらの JAR ファイルを用いて、アプリケーションを実行します。

Producer アプリケーションの実行前に、Producer アプリケーションが Message を送信する Topic をあらかじめ作成しておきます。次のコマンドを Kafka クライアント上で実行します[6]。

```
(kafka-client)$ kafka-topics --zookeeper kafka-broker01:2181,kafka-broker02:2181, \
> kafka-broker03:2181 --create --topic first-app --partitions 3 --replication-factor 3
Created topic "first-app".
```

Producer アプリケーションによって送られた Message を確認するために、ここでは Kafka Console Consumer を使います[7]。Consumer サーバー上で、Kafka Console Consumer を次のコマンドで起動させます。

```
(consumer-client)$ kafka-console-consumer --bootstrap-server kafka-broker01:9092, \
> kafka-broker02:9092,kafka-broker03:9092 --topic first-app
```

それでは、作成した Producer アプリケーションを実行してみましょう。さきほどビルドした jar ファイルのうち、`first-1.0-SNAPSHOT-jar-with-dependencies.jar` を Producer サーバーに転送し、次のコマンドで Producer アプリケーションを起動させます。ここでは jar ファイルはユーザーのホームディレクトリの直下に置かれているものとします。Consumer サーバーと Producer サーバーが同一のサーバーの場合は、上の手順で Kafka Console Consumer を起動させたものとは別のコンソールを開き、次のコマンドを実行してください。

```
(producer-client)$ java -cp ~/firstapp-1.0-SNAPSHOT-jar-with-dependencies.jar \
> com.example.chapter4.FirstAppProducer
log4j:WARN No appenders could be found for logger (org.apache.kafka.clients.produce
r.ProducerConfig).
log4j:WARN Please initialize the log4j system properly.
```

---

[6] Topic 作成のコマンドについては第 3 章で説明していますので、詳細はそちらを参照してください。

[7] Kafka Console Consumer についても第 3 章で説明していますので、詳細はそちらを参照してください。

```
log4j:WARN See http://logging.apache.org/log4j/1.2/faq.html#noconfig for more info.
Success partition:0, offset:0
Success partition:0, offset:1
Success partition:0, offset:2
Success partition:0, offset:3
Success partition:0, offset:4
（省略）
```

あらかじめ起動させておいた Kafka Console Consumer に正しく結果が出ていることを確認します。

```
(consumer-client)$ kafka-topics --zookeeper （省略）
2
3
9
16
29
（省略）
```

　Kafka Console Consumer に表示されている数値は作成した Producer アプリケーションから送られた Message のものです。エラーなどが起きず、数値の Message が並んでいれば Producer から正しく Message が送信できています。

　上の結果のように、Kafka Console Consumer の結果は 1 から 100 までの順番に並んでいないかもしれません。これは Producer から送信される Message は指定した Topic のいずれかの Partition に送信されますが、Kafka では Message の順序は同一 Partition 内のみ保証しているため、異なる Partition に送信された Message の処理順序は取得タイミングなどによって異なるためです。

　Producer アプリケーションの動作が確認できたら、Kafka Console Consumer を［Ctrl］+［C］で終了させます。今回作成した Producer アプリケーションは Message の送信が完了すると停止するため、ユーザーによる停止作業は不要です。

4.4　作成した Producer アプリケーションのポイント

　前節で作成した Producer アプリケーションのソースコードのポイントとなる箇所を確認しましょう。

Kafka の Java API を用いたアプリケーションの作成

4.4.1 KafkaProducer オブジェクトの作成

　Kafka の Java API で Message の送信のためには KafkaProducer オブジェクトを利用します。さきほどのソースコード中の「1.」のところで KafkaProducer に必要な設定を行い、「2.」でオブジェクトを生成しています。

```
// 1. KafkaProducerに必要な設定
Properties conf = new Properties();
conf.setProperty("bootstrap.servers", "kafka-broker01:9092,kafka-broker02:9092,
    kafka-broker03:9092");
conf.setProperty("key.serializer",
    "org.apache.kafka.common.serialization.IntegerSerializer");
conf.setProperty("value.serializer",
    "org.apache.kafka.common.serialization.StringSerializer");

// 2. KafkaクラスタにMessageを送信（produce）するオブジェクトを生成
Producer<Integer, String> producer = new KafkaProducer<>(conf);
```

　まずは KafkaProducer に必要な設定を見ていくことにしましょう。ここでは動作に必要最低限な設定のみを行っています。それ以外の設定項目については Kafka のドキュメントの当該の項目[8]を参照してください。

bootstrap.servers

　`bootstrap.servers` では、作成する KafkaProducer が接続する Broker のホスト名とポート番号を指定しています。
　第3章で紹介した Kafka Console Producer のオプションの `broker-list` と同様に、<ホスト名>:<ポート番号>という形式で記載し、複数の Broker を指定する際は「,（カンマ）」でつなぎます。

key.serializer、value.serializer

　Kafka ではすべての Message はシリアライズされた状態で送信されます。`key.serializer` と `value.serializer` はそのシリアライズ処理に利用されるシリアライザクラスを指定します。
　`key.serializer` が Message の Key を、`value.serializer` が Message の Value をシリアライズするために利用されます（図4.2）。

---

[8] http://kafka.apache.org/documentation.html#producerconfigs

4.4 作成した Producer アプリケーションのポイント

図 4.2　KafkaProducer が Message を送信する際のシリアライズ

　Kafka にはあらかじめ基本的な型のシリアライザが用意されており、それらを利用できます。また、用意されていない型などについても自分でシリアライザを実装して利用できます。

表 4.1　Kafka に用意されているシリアライザ

データ型	Kafka で提供されているシリアライザ
Short	org.apache.kafka.common.serialization.ShortSerializer
Integer	org.apache.kafka.common.serialization.IntegerSerializer
Long	org.apache.kafka.common.serialization.LongSerializer
Float	org.apache.kafka.common.serialization.FloatSerializer
Double	org.apache.kafka.common.serialization.DoubleSerializer
String	org.apache.kafka.common.serialization.StringSerializer
Byte 配列	org.apache.kafka.common.serialization.ByteArraySerializer
ByteBuffer	org.apache.kafka.common.serialization.ByteBuffer
Bytes[注]	org.apache.kafka.common.serialization.BytesSerializer

注：Bytes 型は Kafka で定義されている Immutable なバイト配列です

　ここまでの設定を利用して「2.」で KafkaProducer のオブジェクトを作成しています。KafkaProducer は Producer インターフェイスの実装のため、変数の型を Producer にしています。
　KafkaProducer のオブジェクトの作成の際に型パラメータを指定しています。これはそれぞれ送信する

Kafka の Java API を用いたアプリケーションの作成

Messageの KeyとValueの型を表しています。ここではMessageのKeyを整数型（Integer）、Value を文字列型（String）としています。ここで指定する型は先に指定したシリアライザと対応している必要 があります。

4.4.2 Messageを送信する

次は、作成した KafkaProducer オブジェクトを使って Message を送信します。まずソースコードの 「3.」のところで `ProducerRecord` というオブジェクトを作成しています。

```
// 3. 送信するMessageを生成
ProducerRecord<Integer, String> record = new ProducerRecord<>(topicName, key, value);
```

KafkaProducer を利用して Message を送信する際は、送信する Message をこの `ProducerRecord` と 呼ばれるオブジェクトに格納します。このとき、Message の Key、Value のほかに、送信先の Topic も いっしょに登録します。`ProducerRecord` にも型パラメータがあり、KafkaProducer のオブジェクトを 作成する際のものと同じものを指定します。

作成した `ProducerRecord` オブジェクトはソースコードの「4.」のところで送信されます。

```
// 4. Messageを送信し、Ackを受け取ったときに行う処理（Callback）を登録する
producer.send(record, new Callback() {
    @Override
    public void onCompletion(RecordMetadata metadata, Exception e) {
        if(metadata != null) {
            // 送信に成功した場合の処理
            String infoString = String.format("Success partition:%d, offset:%d",
                metadata.partition(), metadata.offset());
            System.out.println(infoString);
        } else {
            // 送信に失敗した場合の処理
            String infoString = String.format("Failed:%s", e.getMessage());
            System.err.println(infoString);
        }
    }
});
```

ここでは `ProducerRecord` のオブジェクトのほかに、Callback クラスの実装を KafkaProducer に渡

しています。このCallbackクラスで実装している`onCompletion`メソッドには送信処理が完了した際に行われる処理を記載しています。

KafkaProducerの送信処理は非同期的に行われるため、sendメソッドを呼んだ際に行われるわけではありません。sendメソッドの処理はKafkaProducerの送信キューにMessageを入れるのみです。送信キューに入れられたMessageはユーザーのアプリケーションとは別のスレッドで順次送信処理されます。Messageが正しく送信された場合などにKafkaクラスタからAckが返送されます。Ackについては第2章で説明していますので、そちらを参照してください。CallbackクラスのメソッドはそのAckを受け取った際に処理されます。

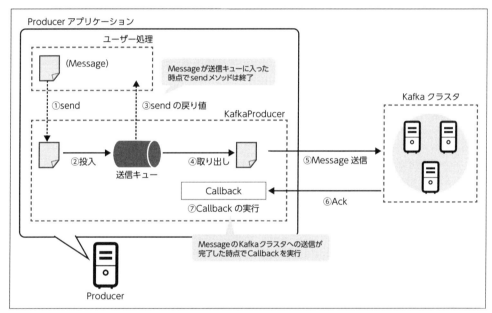

図4.3　KafkaProducerの送信処理の流れ

Callbackクラスのメソッドは Messageの送信に成功したときと失敗したときで、ともに同じものが呼び出されます。Messageの送信に成功したときには、メソッドの引数の`RecordMetadata`はnull以外のオブジェクトになり、Exceptionはnullになります。Messageの送信に失敗したときには、RecordMetadataはnullになり、Exceptionはnull以外のオブジェクトになります。そのため、サンプルのソースコードのように、Exceptionがnullかそうでないかで Message送信に成功したときと失敗したときの処理を分岐させる必要があります。

最後に「5.」のところで送信に利用した KafkaProducerをクローズして終了します。

CHAPTER 4 KafkaのJava APIを用いたアプリケーションの作成

```
// 5. KafkaProducerをクローズして終了
producer.close();
```

closeメソッドの呼び出しによって、KafkaProducer内の送信キューに残っているMessageも送信され、安全にアプリケーションを終了できるようになります。

4.5 Consumerアプリケーションの作成

ここまでProducerアプリケーションの作成方法を紹介してきました。次はMessageを受信する側であるConsumerアプリケーションの作成方法を紹介します。ここでは1秒ごとに受け取ったMessageをコンソールに表示するConsumerアプリケーションを作成します。

4.5.1 Consumerアプリケーションのソースコード

Consumerアプリケーションのソースコードを作成します。プロジェクトディレクトリ中の`src/main/java/com/kafka/chapter4`に`FirstAppConsumer.java`というファイルを作成し、**リスト4.2**のように記載します。

リスト4.2　FirstAppConsumer.java

```java
package com.example.chapter4;

import org.apache.kafka.clients.consumer.*;
import org.apache.kafka.common.TopicPartition;
import java.util.*;

public class FirstAppConsumer {

    private static String topicName = "first-app";

    public static void main( String[] args ) {

        // 1. KafkaConsumerに必要な設定
        Properties conf = new Properties();
        conf.setProperty("bootstrap.servers",
            "kafka-broker01:9092,kafka-broker02:9092,kafka-broker03:9092");
        conf.setProperty("group.id", "FirstAppConsumerGroup");
        conf.setProperty("enable.auto.commit", "false");
        conf.setProperty("key.deserializer",
```

```java
            "org.apache.kafka.common.serialization.IntegerDeserializer");
        conf.setProperty("value.deserializer",
            "org.apache.kafka.common.serialization.StringDeserializer");

        // 2. KafkaクラスタからMessageを受信 (Consume) するオブジェクトを生成
        Consumer<Integer, String> consumer = new KafkaConsumer<>(conf);

        // 3. 受信 (subscribe) するTopicを登録
        List<String> topicList = new ArrayList<>(1);
        topicList.add(topicName);
        consumer.subscribe(topicList);

        for(int count = 0; count < 300; count++) {
            // 4. Messageを受信し、コンソールに表示する
            ConsumerRecords<Integer, String> records = consumer.poll(1);
            for(ConsumerRecord<Integer, String> record: records) {
                String msgString = String.format("key:%d, value:%s", record.key(), record.value());
                System.out.println(msgString);

                // 5. 処理が完了したMessageのOffsetをCommitする
                TopicPartition tp = new TopicPartition(record.topic(), record.partition());
                OffsetAndMetadata oam = new OffsetAndMetadata(record.offset() + 1);
                Map<TopicPartition, OffsetAndMetadata> commitInfo = Collections.singletonMap(tp, oam);
                consumer.commitSync(commitInfo);
            }
            try {
                Thread.sleep(1000);
            } catch (InterruptedException ex ) {
                ex.printStackTrace();
            }
        }

        // 6. KafkaConsumerをクローズして終了
        consumer.close();
    }
}
```

4.5.2 Consumer アプリケーションのビルドと実行

　Producer アプリケーションの際と同様に、Consumer アプリケーションをビルドして実行します。プロジェクトルートディレクトリにカレントディレクトリを移動し、次のコマンドでアプリケーションをビルドします。

CHAPTER 4　Kafka の Java API を用いたアプリケーションの作成

```
$ mvn package -DskipTests
```

　Producer アプリケーションの際と同様に、次の 2 つの jar ファイルが target ディレクトリのなかに作られます。ビルド前からすでに jar ファイルが存在していた場合は、必要に応じて上書きされます。

- firstapp-1.0-SNAPSHOT.jar
- firstapp-1.0-SNAPSHOT-jar-with-dependencies.jar

　このうち後者の Fat JAR を使い、Consumer アプリケーションを実行します。`firstapp-1.0-SNAPSHOT-jar-with-dependencies.jar` を Consumer サーバーに配置し、次のコマンドで Consumer アプリケーションを起動させます。

```
(consumer-client)$ java -cp ~/firstapp-1.0-SNAPSHOT-jar-with-dependencies.jar \
> com.example.chapter4.FirstAppConsumer
```

　次に、Consumer アプリケーションの動作確認のために、先に作成した Producer アプリケーションを起動させます。Producer アプリケーションから Message を送信し、さきほど起動させた Consumer アプリケーションでその Message を受信して動作を確認します。
　Producer サーバーで次のコマンドを実行し、前節で作成した Producer アプリケーションを実行します。Consumer サーバーと Producer サーバーが同一のサーバーの場合は、Consumer アプリケーションを起動させたものとは別のコンソールを開き、次のコマンドを実行してください。

```
(producer-client)$ java -cp ~/firstapp-1.0-SNAPSHOT-jar-with-dependencies.jar \
> com.example.chapter4.FirstAppProducer
log4j:WARN No appenders could be found for logger (org.apache.kafka.clients.produce
r.ProducerConfig).
log4j:WARN Please initialize the log4j system properly.
log4j:WARN See http://logging.apache.org/log4j/1.2/faq.html#noconfig for more info.
Success partition:0, offset:30
Success partition:0, offset:31
Success partition:0, offset:32
Success partition:0, offset:33
（省略）
```

　起動させておいた Consumer アプリケーションのコンソールに Producer アプリケーションから送られた Message が正しく表示されるかを確認します。

```
(consumer-client)$ java -cp target/firstapp-1.0-SNAPSHOT-jar-with-dependencies.jar \
> com.example.chapter4.FirstAppConsumer
log4j:WARN No appenders could be found for logger (org.apache.kafka.clients.consumer.
ConsumerConfig).
log4j:WARN Please initialize the log4j system properly.
log4j:WARN See http://logging.apache.org/log4j/1.2/faq.html#noconfig for more info.
key:2, value:2
key:5, value:5
key:6, value:6
key:12, value:12
(省略)
```

ここで作成したConsumerアプリケーションは起動して5分ほどで停止するようになっていますが、動作が確認でき、途中で終了させる場合は［Ctrl］＋［C］で終了させます。

4.6 作成したConsumerアプリケーションのポイント

Consumerアプリケーションについても作成時のポイントとなる箇所を見ていきましょう。

4.6.1 KafkaConsumerオブジェクトの作成

KafkaのJava APIでのMessageの受信にはKafkaConsumerオブジェクトを利用します。さきほどのサンプルアプリのソースコードの「1.」のところで必要な設定を、「2.」のところでKafkaConsumerのオブジェクトの作成を行っています。

```java
// 1. KafkaConsumerに必要な設定
Properties conf = new Properties();
conf.setProperty("bootstrap.servers", "kafka-broker01:9092,kafka-broker02:9092,
    kafka-broker03:9092");
conf.setProperty("group.id", "FirstAppConsumerGroup");
conf.setProperty("enable.auto.commit", "false");
conf.setProperty("key.deserializer",
    "org.apache.kafka.common.serialization.IntegerDeserializer");
conf.setProperty("value.deserializer",
    "org.apache.kafka.common.serialization.StringDeserializer");
```

CHAPTER 4 Kafka の Java API を用いたアプリケーションの作成

KafkaConsumer に必要な設定を見ていきましょう。Producer アプリケーションの説明の際と同様に、動作のために必要最低限のもののみを記載しています。それ以外の設定項目については Kafka のドキュメントの当該の項目[9]を参照してください。

▎`bootstrap.servers`

接続する Broker のホスト名とポート番号を指定しています。こちらは第 3 章で紹介した Kakfa Console Consumer などと同じで、<ホスト名>:<ポート番号>のフォーマットで記載し、複数の Broker を指定する際は「,（カンマ）」でつなぎます。

▎`group.id`

作成する KafkaConsumer が所属する Consumer Group を指定します[10]。

▎`enable.auto.commit`

Offset Commit を自動で行うかどうかを指定します[11]。ここでは手動で Offset Commit を行う Manual Offset Commit を利用するため、`false` にしています。

▎`key.deserializer`、`value.deserializer`

Kafka に送信されるすべての Message はシリアライズされることは Producer アプリケーションの節で紹介しました。`key.deserializer` と `value.deserializer` は Consumer のユーザー処理に渡される前に、行われるデシリアライズ処理に利用されるデシリアライズクラスを指定します。シリアライザ同様に、Kafka には、シリアライザと対になる、基本的な型のデシリアライザが用意されています。ここで指定するデシリアライザは Producer 側で指定したシリアライザに対応したものでなければなりません。

ここまでの設定を利用してソースコード中の「2.」で KafkaConsumer のオブジェクトを作成しています。KafkaConsumer は Consumer インターフェイスの実装のため、変数の型を Consumer にしています。

```
// 2. KafkaクラスタからMessageを受信（Consume）するオブジェクトを生成
Consumer<Integer, String> consumer = new KafkaConsumer<>(conf);
```

KafkaConsumer のオブジェクトの作成の際に型パラメータを指定しています。これは Producer アプリケーションの KafkaProducer に指定したものと同じで、それぞれ受信する Message の Key と Value の型を表しています。この型は先に指定したデシリアライザおよび Producer 側で送信された Message に

---

[9] http://kafka.apache.org/documentation.html#newconsumerconfigs
[10] Consumer Group については第 11 章を参照してください。
[11] Offset Commit については第 11 章で説明していますので、そちらを参照してください。

も対応している必要があります。ここでは先に作成した Producer アプリケーションに合わせ、Key を整数型（Integer）、Value を文字列型（String）をそれぞれ指定しています。

4.6.2 Message を受信する

作成した KafkaConsumer オブジェクトを利用して Message を受信します。KafkaConsumer では Message を受信する Topic を Subscribe する必要があります。サンプルコードの「3.」で subscribe メソッドを呼び出すことで行っています。この場合は subscribe メソッドに渡すリストに複数の Topic を登録することで、複数の Topic を Subscribe することもできます。

```
// 3. 受信（Subscribe）するTopicを登録
List<String> topicList = new ArrayList<>(1);
topicList.add(topicName);
consumer.subscribe(topicList);
```

Topic を Subscribe したあとは Message を受信します。ソースコード中の「4.」で poll メソッドを呼び、Message を取得しています。

```
// 4. Messageを受信し、コンソールに表示する
ConsumerRecords<Integer, String> records = consumer.poll(1);
```

このとき、Message は ConsumerRecords というオブジェクトで渡されます。この ConsumerRecords のオブジェクトには受信できた複数 Message[12] の Key、Value、タイムスタンプなどのメタデータが含まれています。ConsumerRecords に含まれる複数の Message を for 文で順に処理し、コンソールに出力しています。

ソースコード中の「5.」で Offset Commit を行っています。

```
// 5. 処理が完了したMessageのOffsetをCommitする
TopicPartition tp = new TopicPartition(record.topic(), record.partition());
OffsetAndMetadata oam = new OffsetAndMetadata(record.offset() + 1);
Map<TopicPartition, OffsetAndMetadata> commitInfo = Collections.singletonMap(tp, oam);
consumer.commitSync(commitInfo);
```

---

[12] KafkaConsumer は Kafka クラスタから Message を取得する際に、設定された上限の範囲内の複数 Message を取得します。その後、ユーザーに 1 度の poll で渡してよいとされる Message 量の上限まで ConsumerRecords に Message を含めて渡します。これらの上限は Consumer の設定によって変更できます。

CHAPTER 4　KafkaのJava APIを用いたアプリケーションの作成

Consumerの設定でManual Offset Commitを行うこととしているため、アプリケーション中の適切なタイミングでOffset Commitを明示的に行う必要があります。ここでは、1つのMessageの処理が完了するごとにOffset Commitを行っています[13]。Auto Offset Commitを行う設定の場合、このコードは不要です[14]。

ここではOffset Commitの情報のKafkaクラスタへの記録が完了するまで処理を待つ`commitSync`メソッド[15]を利用しています。非同期に処理を行い、処理の完了を待たずに次の処理に進む`commitAsync`というメソッドもあります。

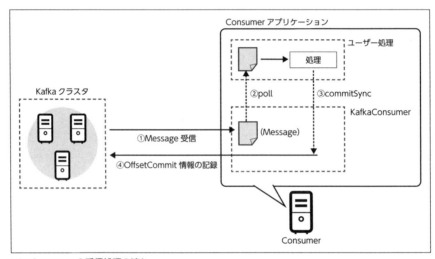

図4.4　KafkaConsumerの受信処理の流れ

最後に「6.」のところでアプリケーションの終了前にKafkaConsumerをcloseしています。

```
// 6. KafkaConsumerをクローズして終了
consumer.close();
```

これにより、処理途中のOffset Commitの処理などが完了するのを待って、安全にアプリケーションを終了できるようになります。

---

[13] Offset Commitの頻度はConsumerアプリケーションに障害等が発生したときに同一Messageの再処理がどの程度許容できるかによって変わります。
[14] Manual Offset Commit、Auto Offset Commitについては第11章「Offset Commit」で説明していますのでそちらを参照してください。
[15] Offset Commitの処理はKafkaクラスタの専用のTopicにCommit情報をMessageとして送信し記録します。`commitSync`は正しくMessageが送信され、KafkaクラスタからAckが返されるのを処理をブロックして待ちます。

4.7 本章のまとめ

　本章では、Kafka の標準の API を利用した Producer/Consumer アプリケーションの作成方法を紹介しました。Kafka の Message の送受信に対応した外部ツールはすでに多く存在し、それらの多くは本章で紹介した Kafka の API を利用しています。本章の内容は、Kafka の API を利用したアプリケーションを作成する場合はもちろん、外部ツールを利用する場合でもその挙動などを理解するための手助けになるのではないかと思います。

第2部

実践 Apache Kafka

Chapter

5

Kafka のユースケース

CHAPTER 5 Kafka のユースケース

5.1 本章で行うこと

本章では Kafka のユースケースを紹介します。Kafka が持つ特徴をおさらいしながら、紹介したユースケースになぜ Kafka がマッチするのかを説明します。さらに、世の中に公開されている事例を見ることで、Kafka が実際にどのように利用されているかを理解します。

5.2 Kafka で実現するユースケース

第1章で紹介したとおり、Kafka はもともと米 LinkedIn が自社の Web サイトを訪れるユーザーのアクティビティをトラッキングすることを目的に開発されました。当時のほかのプロダクトでは実現できなかったことが Kafka で実現できるようになり、Kafka に機能が追加されることで Kafka のユースケースも広がっていきます。本稿では、まず Kafka のユースケースを紹介していきます。

5.2.1 Kafka の代表的なユースケース

Kafka の代表的なユースケースとしてまず思い浮かぶのは、メッセージキュー製品／ログ収集製品／ETL ツールといった以前からあるプロダクトの置き換えです。多くの場合「以前からあるプロダクトでは扱いきれないほど大量のデータを扱う必要があるとき」に Kafka が検討されると考えればよいでしょう。

ここではもうすこしイメージを具体的にするために、実際の利用現場に即した切り口で、Kafka がどのような場面で使われるかを見ていきます。

第1章で説明したとおり、Kafka はシンプルでありながら柔軟なアーキテクチャを持つため、さまざまなユースケースがあります。ここでは代表的な次の5つを取り上げます。

- データハブ
  多数のシステム間でデータを流通させる

- ログ収集
  BI ツールを用いたレポーティングや AI による分析を行うために、複数のサーバーで生成されるログを集約し、蓄積先へつなぐ

- Web アクティビティ分析
  リアルタイムダッシュボードや、異常値検知／不正検出など、Web 上のユーザーのアクティビティをリアルタイムに把握する

- IoT
  センサーなどのさまざまなデバイスから送られてくるデータを受信し、処理したあとにデバイスに送

信する

- イベントソーシング
  データに対する一連のイベントを逐次記録し、CQRS[1]の考え方と併用して大量のイベント処理を柔軟に実現する

ここで挙げたすべてのユースケースでKafkaが持つすべての機能や特徴を利用しているわけではありません。ある機能があるユースケースにとって重要であっても、ほかのユースケースで重視されるとはかぎりません。Kafkaは柔軟な仕組みを持つため、ユースケースごとに異なる要件に基づいて機能を取捨選択したり、要件に合わせた設定とともに用いられることが多くあります。

なお、本書では上記のユースケースを題材に、サンプルとなる簡易的な実装を紹介します。

第7章：データハブ → ECサイトにおけるシステム間連携
第8章：ログ収集 → コンピュータシステムのメトリクス収集とダッシュボード表示
第9章：Webアクティビティ分析 → Tweetデータのリアルタイム処理
第10章：IoT → MQTTプロトコルによるセンサーデータの受信と活用

5.2.2 Kafkaが持つ特徴のおさらい

第1章で説明したとおり、Kafkaは大量のデータを「高スループット」かつ「リアルタイム」に扱うためのプロダクトです。LinkedInで生まれたときから現在に至るまで、基本的なアーキテクチャの考え方は変化せずにデータ流通のための基盤として発展してきました。現在では、データを流す「パイプライン」[2]そのものを構成するための基盤といえるほどになってきています。改めて、Kafkaにより実現できる4つのことを見てみましょう。

- 複数サーバーにより「スケールアウト構成」をとれる。このため、扱うデータ量に応じてシステムをスケールさせられる
- 受け取ったデータを「ディスクに永続化」できるため、メモリのサイズを大きく超えるようなデータを扱う場合においても任意のタイミングでデータを読み出せる
- 「連携できるプロダクトが多く存在する」ため、プロダクト間あるいはシステム間をつなぐハブとして機能する
- 「メッセージの送達保証」ができるため、データロストを心配しなくて済む

---

[1] CQRS（Command Query Responsibility Segregation）は読み込みと書き込みのアーキテクチャを分離して扱う考え方です。
[2] 本書では「データが流れる経路や処理されるシステムを構築する基盤全体」のことを「データパイプライン」と呼ぶこととします。データパイプラインについては第6章で説明します。

CHAPTER 5　Kafkaのユースケース

また、データを受け渡すだけでなく、Kafkaの機能やほかのプロダクトを組み合わせることで、高スループットでリアルタイムにデータを処理できます。そのため、断続的に発生するデータを受信し、逐次処理を行う「ストリーム処理」の基盤としてKafkaを利用できます。

Kafkaは上記を実現するためのアーキテクチャとして、Publisher/Subscriberモデル（以下、Pub/Subメッセージングモデル）をベースにしていることも説明しました。これにより、メッセージキューモデルとは異なり、同じメッセージを複数箇所に配信すること、いわば「同報配信」も可能です。さらに第2章でも触れたとおり、Topicに含まれるPartition単位に限ればメッセージの順序保証を実現も可能です。

上記を踏まえ、大量のデータを扱う必要がある場面での利用を前提に、Kafkaの各機能／特徴が重視されるシチュエーションを整理すると次のようになります。

- リアルタイム
  速報性が求められたり、データを即時に使うケース

- 同報配信
  1つの同じデータを後続の複数のシステムで利用するケース。データを流通させる関係システムが段階的に増えるケース

- 永続化
  データをバッファリングする必要があるケース。処理の時間間隔が異なる複数の処理が関係するケース

- 多数の連携プロダクト
  利用されるプロダクトが均一ではなく、多様な接続を必要とするケース

- 送達保証
  データの欠落が許容されないケース

- 順序保証
  データソースにおいデータの生成順序を重視し、順序に基づく判断や制御を伴うケース

5.2.3　Kafkaが持つ特徴とユースケースの対応

Kafkaが持つ機能／特徴と先に挙げた5つのユースケースを表5.1のようにマッピングします。なお、表では各ユースケースにおいて重視される項目に「○」を記載しました[3]。

もともとのLinkedInでの利用用途は「データハブ」と「ログ収集」と「Webアクティビティ分析」の3つをまとめたようなもので、すべての項目に○が付いてしまいますが、ここでは分かりやすさのためにこれらを分解したかたちで扱うこととします。

---

[3] ○が付いていないからといってまったく用いられないわけではありません。重視はされないけれども利用されるケースもあります。

表5.1　Kafkaが持つ機能とユースケース

ユースケース	リアルタイム	同報配信	永続化	多数の連携プロダクト	送達保証	順序保証
データハブ		○	○	○	○	
ログ収集			○	○	○	
Webアクティビティ分析	○			○	○	○
IoT	○			○		
イベントソーシング	○		○		○	○

5.3 データハブ

本節ではユースケースのひとつである「データハブ」について見てみましょう。ここでのデータハブとは複数のデータソースとなるシステムからデータを集め、それを複数のシステムに流していくアーキテクチャを指します[4]。

5.3.1 データハブで実現したいこと

IT専業の会社のみならず、多くの一般の会社でも、ビジネスにITシステムを使っていることでしょう。とくに、事業部門ごとにその部門のビジネスのシステム化を進めてきたような組織では、それぞれの部門個別のシステムを持っており、それぞれ独立に最適化され運用されているケースがあります。この独立して存在するシステムのあいだでデータの受け渡しを効率的に行いたい、というニーズがあります。

5.3.2 データハブで解決すべき課題

データハブがなかった場合、どのような課題があるのかを考えます。

独立したシステムを多く持っている会社では、システム間のデータ連携に大きな課題を抱えることがあります。パッと思い付くだけでも、次のようなことを検討しなければなりません。

- データの形式はCSVでよいのか
- 送信タイミングは1日1回でよいのか
- 相手システムがメンテナンス中にはどうするのか
- 障害が起きたときにデータをロストしないためにはどうすればいいのか

たとえば、あるシステムが持っているデータを別の3つのシステムに送信しないといけないケースでは、

---

[4] 「データハブ」という言葉は、明確なひとつの定義があるわけではないですが、ここではこのように定義します。

CHAPTER 5　Kafka のユースケース

3つのシステムごとにデータ連携方式を調整しなくてはいけません。このようなことをシステムの特性を考えながら調整するのはたいへんな手間がかかります。

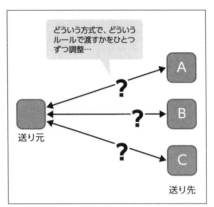

図5.1　複数のシステム間での受け渡しルールの調整

また、1年後に連携システムが増えることも考えられます。

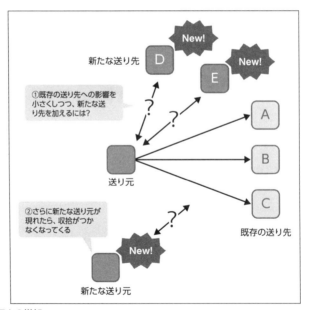

図5.2　接続するシステムの増加

このとき、同じような調整を完遂したあとに、今問題なく動いているシステムに改修を加えたうえで安定稼働させる必要があります。システムが多くなればなるほど、システム間接続のパターンやバリエーションが増えてきて収拾がつかなくなります。

この例のように、システムが孤立してシステム間連携が効率よく行えない状況は、しばしば「サイロ化」と呼ばれます。サイロ化されたシステムは、ITの普及とともに世界中で大量に発生してきました。そして、このサイロ化による弊害を解決するためのソリューションもまた多く考えられてきました[5]。また、システムの「サイロ化」に伴う接続数の多さに加え、次のような課題も解決する必要があります。

- データソースから生成される同じデータを複数のシステムで利用したい
- 後続のシステムごとにデータを必要とするタイミングや頻度が異なる
- 接続元あるいは接続先のシステムで利用されている連携方式がバラバラ（FTP転送によるファイル連携のルールがシステムごとに違う、JDBC接続でつながるDBMS製品が複数種類存在するなど）
- データのロストが許されない

5.3.3 データハブをKafkaで実現する

サイロ化を解決するためのコンセプトのひとつに「データハブ」アーキテクチャがあります。「データハブ」アーキテクチャとは複数のデータソースとなるシステムからデータを集め、それを複数のシステムに流していくアーキテクチャです。

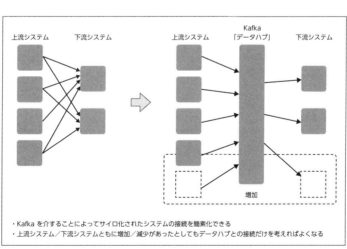

図5.3　Kafkaで実現するデータハブ

---

[5] 「データベース統合」「データ仮想化」「データレイク」など、検索するとさまざまな企業のソリューションが見つかります。

CHAPTER 5　Kafkaのユースケース

データハブアーキテクチャでは、システム間を1対1でつなぐ代わりに、すべてのシステムはデータハブにのみデータを送り、すべてのシステムはデータハブのみからデータを受け取るようになります。こうすることで、システムはデータをデータハブに送ることだけを考えればよく、またデータを受け取るシステムもデータハブからデータを受け取ることだけを考えればよくなります。データハブにKafkaを利用することで、多対多接続を「すべてのシステムはKafkaにつなぐだけとする」というかたちで解決できます。

また、その他の課題もKafkaであれば解決可能です。

- 同報配信
  データソースから生成される同じデータを複数のシステムで利用できる。Pub/Subメッセージングモデルに着想を得ているため実現が可能

- 永続化
  データを必要とするタイミングや頻度が後続のシステムごとに異なる問題に対し、Kafkaがデータを永続化しバッファリングすることで、任意のタイミングでの取り出しが可能となる

- 多数の連携プロダクト
  Kafka Connectで連携可能なプロダクトが多数あり、接続元あるいは接続先のシステムで利用されているプロダクトが多数あっても吸収できる可能性がある

- 送達保証
  データのロストが許されない要件に対して、送達保証を実現する。At Least Once、Exactly Onceなど、異なるレベルの送達保証にも対応できる

さらに、データハブとしてシステムを介在するには、「ただ集める」「ただ溜める」だけではなく、複数のシステムにとって「使い方に合わせて、使いやすい方式でデータを保持する」ことも大切です。これについては6.3節「データパイプラインで扱うデータ」で述べているので参照してください。

5.4　ログ収集

本節ではユースケースのひとつである「ログ収集」について見てみましょう。

5.4.1 ログ収集で実現したいこと

複数のサーバーに存在するログファイルを集約して、1箇所に格納したい場合があります。複数のログの結果をまとめてBIツールやダッシュボードで可視化したいといったケースです[6]。

集約したログを利用して機械学習を実現したいというニーズもあるかもしれません。もっと単純に、複数のサーバーのログの中身を確認するのにその都度各々のサーバーに入って確認するのが面倒だというケースもあるでしょう。ログの収集というと単純なことのように思われるかもしれませんが、アプリケーションが増え、外部との連携が増えていくと収集の手間も増え続けるため、楽にしたいと考えるのは自然なことです[7]。

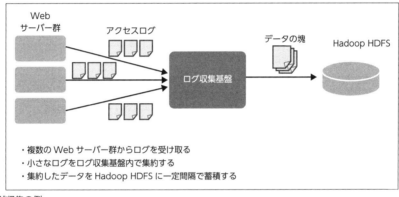

図 5.4　ログ収集の例

5.4.2 ログ収集で解決すべき課題

ログ収集では、まずは複数のデータソースとつながることが求められます。データソースとなるプロダクトが均一であればそれに特化した仕掛けでもよいかもしれませんが、多様なプロダクトとの連携が求められることを想定する必要があります。

また、「バッチ的に一定間隔ごと蓄積する」ことに伴って「バッファが溢れてログを失うようでは困る」

---

[6] ログを集約してダッシュボードで可視化することに特化したソリューションとして、Elasticsearch＋Logstash＋Kibanaという組み合わせがありますが、ここではこの組み合わせに特化するのではなく汎用的なログ収集のあり方について考えることとします。

[7] ここでは集約したログの格納先は1箇所であり、仕組みとしてはファイルサーバーやHDFSを想定しています。データソースが複数箇所あり、それを束ねる役割を担うという意味では、先に述べた「データハブ」の一事例と考えることもできます。

ことから、大量のログを受け取り、一定の塊に集約してバッファリングしておくための仕掛けが必要です。

最後に、ログの送達そのもののあいだにログをロストしたくないという点があります。多少の欠損を許容するというユースケースもあるでしょうが、厳密なトランザクション管理までは求めないにしろ、ログが失われるのは困るというのが現実的なところではないかと思います。

5.4.3 ログ収集を Kafka で実現する

上記の課題を解決するにあたり、Kafka が有効な点を挙げます。

▌多数の連携プロダクト

Kafka には Producer API があり、これを利用して Kafka と接続するアプリケーションを書くこともできますが、一から書くのは辛いという場面のほうがほとんどでしょう。シンプルにサーバーログを集約したいケースでは Fluentd を導入し、Fluentd+Kafka という構成にすることも一案です。また、Kafka Connect を用いる場合は Confluent Platform やコミュニティで提供されている多数の Connector を利用し、Kafka と連携できます。Connector については 7.2 節の「Kafka Connect とは」を参照してください。

▌永続化

Kafka はデータをディスクに永続化します。メモリ上のスペースだけでは抱えきれない量のデータはディスク内に保持し、たとえメモリ内から失われたり、除外されたとしてもあとで読み出せるようになっています。メモリ上のスペースをも超える大きなサイズのバッファとして利用できるところが、ログ収集で Kafka を利用する強い動機といえるでしょう。

▌送達保証

当初の LinkedIn でのユースケースのように、At Least Once（少なくとも一度は送る）レベルの送達保証が可能です。一方、多少のロストは許容するケースでは Ack を返さずに済ませることで、データソース側の処理を軽減し、性能向上を優先することもできます。このように、ニーズによって調整可能なところもメリットかもしれません。

なお、ログ収集を実現するプロダクトとして、Scribe や Flume といったプロダクトもあり、Kafka の開発にあたってもこれを意識しています。Scribe や Flume よりも優れている点として、「パフォーマンスに優れる」「レプリケーションがあることによる強い耐障害性」「エンドツーエンドでのレイテンシが低い」ということを Apache Kafka コミュニティでは謳っています[8]。

---

[8] https://kafka.apache.org/uses

5.5 Web アクティビティ分析

次は、ユースケースのひとつである「Web アクティビティ分析」について見てみましょう。

5.5.1 Web アクティビティ分析で実現したいこと

Web アクティビティ分析は、Web サイトを訪れるユーザーの行動を把握し、マーケティングに活かすための取り組みです。Web 上でのユーザーのクリックアクションは基本的にすべてログに残せるため、ユーザーがサイト内のページ間をどのように移動したかを把握できます。

Web アクティビティ分析の代表的なユースケースには、

- ページビュー数やコンバージョン率（成約率／購買率）の把握
- パーソナライズされたレコメンデーション
- ロイヤル顧客を把握するなどのカスタマーのクラスタリング
- A/B テストなどによる Web サイト改善

といったものがあり、実現したいことは多岐に渡ります。

Web サイトのアクセス分析では、一定量のログの塊を受け取って、データベースやデータウェアハウスにデータを投入したあと、BI ツールを用いたり、アクセス解析専用のツールやサービスなどを用いて作業することが多くあります。このとき、外部で提供されているサービスを使わずに自身でログ分析環境を作る場合は、前述の「データハブ」や「ログ収集」で述べた環境を構築することになります。これは、ある意味バッチ処理的な解析環境の構築になります。

しかしバッチ処理的なアプローチのあとのステップとして、ユーザーの行動をリアルタイムに把握し、即時に対応していきたいというニーズが出てきます。典型的な例としては次のものが挙げられます。

- 時々刻々と状態の更新が表示され続けるリアルタイムダッシュボードの構築
- リアルタイムな異常値検知／不正検出
- ユーザー行動のトラッキングからのリアルタイムなサービス離脱防止策の実施

LinkedIn が Web アクティビティ分析で実現したかったことは多岐に渡りますが、ここでは「リアルタイムな Web アクティビティ分析」にフォーカスし、これを Kafka で実現するポイントについて考えることにします。

CHAPTER 5　Kafka のユースケース

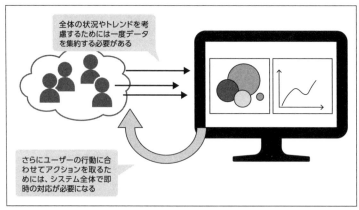

図 5.5　アクティビティを分析してサービス向上を目指す

5.5.2　Web アクティビティ分析で解決すべき課題

「リアルタイムな Web アクティビティ分析」を実現するにあたり、検討すべき課題の代表的なポイントとして、次のものがあります。

▍「リアルタイム」を実現するための仕組み

速報性や即時性を必要とする処理を実装しようとしているため、これを実現するための仕組みが必要とされます。

リアルタイムにデータを受け取るにはどうすればよいか、データパイプライン全体のなかのどこで処理を行うのか、そのためにどのようなプロダクトを使うのかなどを検討する必要があります。また、レコード単位でのアクションを必要とするのか、数ミリ秒単位での時間幅を持たせて複数レコード単位でも構わないのかといった要件も確認する必要があります。

▍複数のデータソースとの接続

データを生成する側のシステムが複数になる場合、それらと接続できることが求められます。これは「データハブ」や「ログ収集」が抱える課題と同じです。

▍データロストの回避

たとえば異常値検知や不正検出を行いたい場合、レコードが失われては検出のしようがありません。そのため、レコードを失わないための送達保証が求められます。

ただし、Web サービスの場合、重複なく 1 件送信することを厳密に達成しようとするケースはそこまで

多くはないと考えられます[9]。

というのも、Exactly Once（重複も紛失もなく1回のみ送達）とすると「処理スループットが低下する」「実装が複雑になる」傾向があるからです。そのため、大量のデータを処理しなければならない場合は厳密な送達保証は見送り、データロストは許容しないがデータの重複は最悪許容する（At Least Once）レベルとするケースが多いようです。

■順序保証

オンラインゲームでのユーザーの離反防止例が分かりやすいでしょう。

ゲームを楽しんでいるユーザーのアクションをトラッキングしたデータは後々分析してサービス向上に活かせるだけではなく、ユーザーが現在どういう状況にあるのかを分析できます。うまくすれば「飽きてきている状態」を検知できるでしょう。放っておくとユーザーはゲームを離れてしまい、次はプレイしてくれないかもしれません。

そこで「飽きてきている状態」検知したら、即座に特殊なイベントや貴重なアイテムを与えたりするなどして、ユーザーの離反を防ぐことを考えます。

このとき、「ユーザーが現在どういう状況にあるのか」を把握するアイデアとして、ユーザーのアクションの順序を考慮する方法があります[10]。そのため、ユーザーのアクションのとおりの順序でデータを受け取るための仕掛けが求められます。

5.5.3 Webアクティビティ分析をKafkaで実現する

上述の問題に対して、Kafkaには「リアルタイム」「多数の連携プロダクト」「送達保証」「順序保証」の機能を有する点で有効性があります。

「リアルタイムに処理する」という観点では、Kafka Streamsを用いる方法もありますし、KafkaのあとにSparkのストリーム処理のためのコンポーネントであるStructured Streamingを利用するなどの方法もあります。これは第9章で紹介します。

時々刻々と発生するデータを断続的に受け取り、それを処理することから、いわゆる「ストリーム処理」を行うことになります[11]。コラム「ストリーム処理とは」にあるとおり、ストリーム処理にはバッチ処理システムを構築するのとは異なる難しさがあります。

---

[9] もちろんユースケースに依存します。
[10] 「user」「activity」あるいは「behaviour」「time series data」というキーワードで調査すると、ユーザーの行動履歴を時系列データとして扱い、分析する研究が多数見つかります。
[11] ストリーム処理エンジンには、ほかにもApache Storm、Apache Flink、Apache Samzaなどがあります。どの処理エンジンを選ぶかは要件次第です。

CHAPTER 5　Kafkaのユースケース

ストリーム処理とは

「ストリーム処理」は時々刻々と生成されるデータを逐次処理する方式のことです。時々刻々と生成されるデータを「ストリームデータ」と呼ぶこともあります。

ストリームデータの例としてシステムのログや、Webサイト上のクリックログ、デバイスで生成されるセンサーデータなどが挙げられますが、生成されるデータがファイルとして大きな塊で一定期間ごとに送られてくるのではなく、キロバイト単位程度の小さな塊のまま常時送られてくる性質のものを指します。

ストリームでデータを受け取って処理する基盤を実現するのは、いったんデータを蓄積するバッチ処理比べて考慮点が多く、実現の難易度が高いといえます。というのも、断続的にデータを受信して処理することから、システム運用上の制約を課さないかぎりは処理の静止点を設けるのが困難なケースが多いからです。

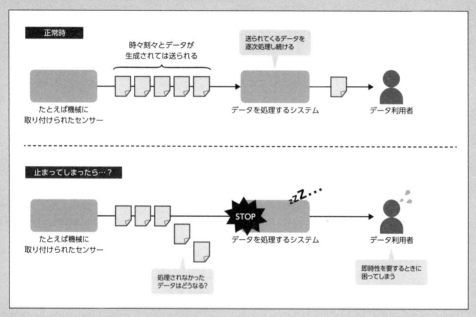

図5.6　ストリーム処理における静止点確保の難しさ

静止点がないという点はシステム運用上多くの箇所に影響を及ぼします。システム構成変更などのメンテナンスの実現タイミングがなく、1箇所で問題が発生するとシステム全体で影響を受けやすいこと、異常時に処理を再実行するタイミングを挟みづらい、などが挙げられます。ほかにも、次のようなことも検討しなければなりません。

- データの取得元や送信先を増やすなどの運用中の設計変更を可能にする
- バーストトラフィックなどが発生した際でもできるだけ破綻することなく弾力的に動作する
- 異常時の再処理などにも対応できる

Kafka のアーキテクチャと Kafka が持つ特徴が、ストリーム処理を実現するための課題のいくつかを解決してくれるといえます。

5.6 IoT

本節ではユースケースのひとつである「IoT」について見てみましょう。

5.6.1 IoT で実現したいこと

IoT（Internet of Things：モノのインターネット）とは、通信機能を持つさまざまなデバイスがインターネットを介して相互に接続している状態を示す単語です。

センサーや通信機器の小型化や低電力化に伴い、さまざまなデバイスがインターネットに接続できるようになりました。そして、それらから生じる大量のデータを比較的安価かつスケーラブルに蓄積できる Hadoop やクラウドなどの環境が利用可能になったことが登場の背景です[12]。

さまざまなデバイスがインターネットを介してつながっていることにより、すべてのデバイスから情報を収集してデバイスを管理／監視できるようになります。これまで取得できなかったデータを収集し、活用できるようになることから、社会に変革をもたらす可能性を秘めるものとして注目されています[13]。

IoT のユースケースとしてたとえば次のようなものが挙げられます。

- デバイスのモニタリング
  個々のデバイスから情報を直接収集し、デバイスの状態を把握する。メーターの値を目視で確認するなどしていた従来の監視作業を置き換える

- 予防保全、予知保全／予兆検知
  デバイスの状態を時系列で収集してこのデータを分析することで、デバイスの故障を事前に把握し、故障前の交換を実現する

---

[12] 生成されるデータが大量すぎてネットワークに流せない場合に、デバイス側で一定の処理を行う「エッジコンピューティング」という概念も IoT には欠かせませんが、本書では割愛します。
[13] とくに製造業を中心として IoT を活用する気運が高まっています。

CHAPTER 5　Kafka のユースケース

- **品質改善**
  デバイスのモニタリングを継続的に収集し、経時劣化の様子を把握し、それを製品開発のラインにフィードバックすることで開発の際の品質改善を行う

- **遠隔制御**
  デバイスから得た情報を元に、デバイスにフィードバックを返すことでデバイスの動作そのものをリモートでコントロールする

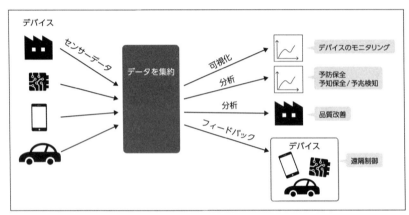

図 5.7　IoT の代表的なユースケース

5.6.2　IoT を実現するにあたっての課題と Kafka の適用

　上記のユースケースを実現するにあたり、時々刻々と大量に発生するデータをどう受け止めるかは IoT の実現のための大きな課題です。また、「リアルタイムにデータをやり取りすること」と「多数のデバイスとの接続を実現すること」の 2 点も重要なポイントになります。遠隔制御のように状態に応じて即時のアクションを求められる場面ではデバイスのデータをリアルタイムに収集するだけでなく、リアルタイムに処理し配信する仕組みが必要です。

　多種多様なデバイスがつながることから、接続のためのインターフェイスが分かりやすいことも大事です。とくに、IoT では MQTT と呼ばれるプロトコルでやり取りされることが多く、このプロトコルへの対応がポイントのひとつとなります。

　IoT を実現するにあたって解決すべき課題や、Kafka を用いてどのように実現するかについては第 10 章で紹介しているのでぜひ参照してください。

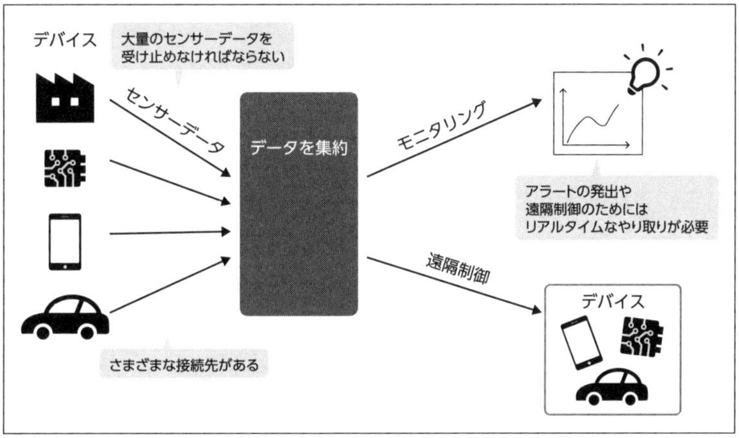

図 5.8　IoT を実現するにあたっての課題

5.7　イベントソーシング

本節ではユースケースのひとつである「イベントソーシング」について見てみましょう。

5.7.1　イベントソーシングとは

　イベントソーシングとは、状態の変化のひとつひとつを「イベント（event）」として扱い、発生するイベントを逐次記録しておくものです。記録されたイベントからドメインオブジェクトを具体化できますし、経緯も確認できます。DBMS におけるトランザクションログ（WAL：Write Ahead Log）のレコードを書き込みをイメージするとよいでしょう[14]。Kafka はデータをすべて抽象的な「ログ」として扱い、受信したメッセージはログに逐次記録されるためアーキテクチャそのものがイベントソーシングの実現にフィットしていることが分かります。また、イベントソーシングと重ねて理解しておきたい概念が CQRS です。

5.7.2　CQRS とは

　CQRS（Command Query Responsibility Segregation：コマンドクエリ責任分離）とはデータの更新処理と問い合わせ処理を分離するという考え方のアーキテクチャです。
　Command とはデータの create/update/delete などのデータの更新処理に相当します。Query とは

---

[14] 対比する概念として、最新の状態を常に維持する「ステート（state）ソーシング」があります。こちらは DBMS のテーブルに更新をかけることをイメージするとよいでしょう。

データの問い合わせ、すなわち参照処理に相当します。CQRSとはCommand（更新）とQuery（参照）の責任（responsibility）を分離（Segregation）するという意味です。Command側である更新処理はデータが更新されたことにだけ責任持って処理を行います。更新処理の際に参照結果については返却しませんし、そのデータがどう参照されるかについては関与しません。一方で、Query側である参照処理は適切に結果を返すことだけに責任を持ちます。イベントソーシングとCQRSの組み合わせについて、ここではアーキテクチャの面から考えてみることにしましょう[15]。

5.7.3 イベントソーシングとCQRSで解決すべき課題

提供するサービスの性質によっては、アプリケーションから書き込むときと読み込むときのアクセスパターンが大きく異なることがあります。たとえば、時系列で大量のデータが挿入されるが、読み込むときには時系列ではなく、何かしらのID単位で受け取りたいといったことが挙げられます。

また、書き込まれるデータは同じであっても、そのデータを複数の目的で使いたいといったこともあります。たとえば、蓄積したデータを集約する単位が目的ごとに異なるなどのケースが考えられます。従来型のBIシステムにおいても、データウェアハウスから目的別のデータマートを複数作り、そこからレポーティングを行うといったことはよくありました。

もしデータ処理の負荷が高くないのであれば、1台のDBサーバーのなかで書き込み用と読み込み用のテーブルを2つ用意し、テーブルの形式を変換するといった方法も取れます。しかし、書き込み／読み込みどちらの処理負荷も高いケースでは、性能を引き出すためのチューニングの難易度が高くなります。書き込みと読み込みのどちらの負荷が高いかに応じ、たとえばメモリの使い方ひとつにしても、書き込み用のバッファ領域を多く確保するのか、読み込み用のキャッシュとして多く確保するのか迷うことになります。

このように、1台のDBサーバーでは書き込みと読み込みを効率よく実現できない場面で登場するのが、データの書き込みと読み込みを分離するCQRSの考え方です。

5.7.4 イベントソーシング + CQRSにKafkaを用いる

CQRSにおける更新処理と参照処理の分離を実現するため、アーキテクチャとしてKafkaを使います。Kafkaはイベントを保存するストアであり、イベントを流通させるハブであると考えられます。そしてCQRSを次のようなかたちで実現しています。

- Kafkaがデータソースから時系列にデータを受け止め記録する。これがCommand側となる
- Kafkaがデータシンクに対してデータを渡す。受け取った側は自身のQueryにとって参照の効率がよい形式にデータを変換して用いる

---

[15] ほかにも業務モデルなどから考察もできますが、本書の扱う範囲ではないため、ここでは省略します。

- これにより、CommandとQueryの分離が可能となる

例を挙げてみます。図5.9でKafkaは、Commandに該当する更新処理としてイベントを受け取る役割を担います。Queryに該当する参照処理を行うための形式変換は、Kafkaとは分離して別の基盤で実現しています。さらに参照のためのDBMSを後段に用意し、Kafkaとは分離しています。このとき、KafkaはCommand（更新処理）の逐次記録と、データハブとしてデータを配信するという2つの役割を担っています。また、読み込み／書き込み処理を分離するだけでなく、読み込みの形式が複数ある、あるいは複数のシステムが存在するといった多様なニーズも対応可能にしています。

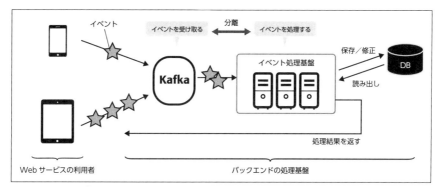

図5.9 イベントソーシングとCQRSの考え方を導入したシステムアーキテクチャ

このように、イベントソーシングとCQRSの考え方を合わせることで、アプリケーションからの書き込みと読み込みのアクセスパターンが違っても柔軟に対応できます。また、イベントを複数の用途に用いるケースでも、それぞれの要件に適したデータモデルを採用できるようになります。

5.8 Kafkaの公開事例

本節では、世の中に公開されているKafkaの事例のうちのいくつかを取り上げます。ここまでで説明したユースケースが組み合わさって利用されていることが理解できます。

5.8.1 Uber

2016年に公開されていた米Uberによるストリーム処理の事例を紹介します。膨大なデータ量を処理するリアルタイム／バッチ両対応のデータハブ／ログ収集／Webアクティビティ分析のユースケースと

CHAPTER 5　Kafka のユースケース

なっています[16]。

Uber は自動車配車 Web サイトを運営する企業です。自動車の配車サービスの実現にリアルタイム処理を欠かすことはできません。ビジネスを加速させるために、受信したデータをリアルタイム／アドホック問わずさまざまな分析に役立てる必要があります。扱うデータ量は 100,000 イベント／秒におよび、データのロストは許されません。Uber がリアルタイム処理で分析する事項の代表例として、

- 空車が現在何台存在するか
- 過去 10 分間に何台の車が乗客を運んだか
- 過去 10 分以内に 3 回以上運転手のキャンセルが何回あったか

といったことが挙げられるそうです。これらは Uber のサービスの向上に直結するものです。また、

- 車の位置情報を可視化
- 運んだ乗客の数を地図上で色分けして表示

といったことも実現しているとされています。

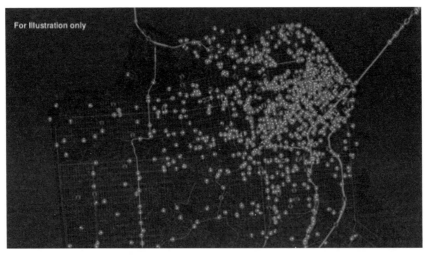

図 5.10　Uber における車の位置情報の可視化

---

[16] 「Uber — Kafka + Uber- The World's Realtime Transit Infrastructure」、Kafka Summit 2016 San Francisco、https://www.confluent.io/resources/kafka-summit-2016/keynote-kafka-and-uber-the-worlds-realtime-transit-infrastructure/、https://www.slideshare.net/ConfluentInc/kafka-uber-the-worlds-realtime-transit-infrastructure-aaron-schildkrout

さらに「アドホックな分析にも対応できる」とし、BI ツールや Hadoop なども利用して Kafka からデータを取得するアーキテクチャとされています。

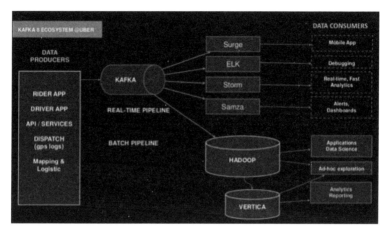

図 5.11　Uber における Kafka のエコシステム

5.8.2 ChatWork

2017 年に公開された ChatWork の事例を紹介します。イベントソーシング + CQRS の事例です。
ChatWork は世界で利用されていコミュニケーションサービスで、2016 年時点で 110,000 以上の個人／法人の顧客を抱えています。急成長する Web サービスのイベント処理基盤の一部に Kafka を利用しました。導入にあたり NTT データが支援した事例の 1 つです[17]。

この事例では、次の 2 点の要求の実現を目指しました。

- データの生成や連携などに関するイベントを処理する
- 将来の利用者増加に備えて処理量を増やせるようにしておく

扱うデータ量は約 4,000 イベント／分で、メッセージサイズは最大 400 バイトほどです。ただし、年率 2 倍のペースで扱う件数が増加しており、スケーラビリティの実現が急務でした。また、ここでもデータのロストは許容されない状況でした。

---

[17]「Worldwide Scalable and Resilient Messaging Services with Kafka and Kafka Streams」、Kafka Summit San Francisco 2017、https://kafka-summit.org/sessions/worldwide-scalable-resilient-messaging-services-kafka-kafka-streams/

CHAPTER 5 Kafka のユースケース

　ChatWork のコミュニケーションサービスは日本や世界を対象としたサービスの基盤であり、増え続ける多くのデータをリアルタイムに処理できる必要がありました。これはビジネスに欠かせないコミュニケーションを実現するサービスとして利用者の満足度などに直結する極めて重要な問題でした。

　要求の実現にあたり、アクセスパターンに着目しました。発生したイベントは時系列で書き込まれる一方で、イベントから変換されたデータモデルを読む際はおおむね時系列ではあるものの、内部で利用しているIDに基づき読み出します。サービスの性質上、直近のデータが重点的に読み出される一方、特定のIDや特定のレンジへのアクセスも生じるため、書き込みと読み出しでデータ操作のパターンが異なります。そこでイベントソーシングと CQRS の考え方に基づき、データの読み書きを分離する基盤としました。

　イベントの受信の基盤としては、大量のデータを処理でき、スケールアウトによる性能増強が可能な Kafka を利用しています。Kafka が Pub/Sub メッセージングモデルに基づくことを活かし、あとからサービスを追加しやすくなっています。Command Side から Query Side への変換には Akka と Kafka Streams を利用しました。また、イベントを参照する際に利用される DB もスケーラブルであることが求められるため、ここでは HBase を採用しました。大量のイベントを失わず、かつ高速に処理する基盤を Kafka を利用して実現し、Kafka とスケーラブルな DB の連携で将来の処理性能の向上も可能としました。

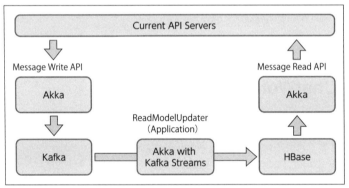

図 5.12　ChatWork で実現したスケーラブルなメッセージング基盤

5.8.3　Yelp

　最後に、Kafka Summit London 2018 にて公開された米 Yelp のデータハブの事例を紹介します。リアルタイム／バッチ両対応のデータハブ／ログ収集の事例ですが、スキーマ管理の部分で特徴があります[18]。

---

[18]「Distributed Data Quality — Technical Solutions for Organizational Scaling」、Kafka Summit London 2018、https://www.confluent.io/kafka-summit-london18/distributed-data-quality-technical-solutions-for-organizational-scaling

Yelp では複数のサービスを展開しており、そこで収集するデータを複数のチームで活用しています。関わっているエンジニアは 500 人以上だそうです。

Yelp で構築したデータパイプラインでは、データハブとして Kafka を利用しています。データソースには MySQL、Cassandra、Yelp のメインサイト、ほかのデータストアやサービスがあります。データシンクには、MySQL や Memchached、Elasticsearch があります。ほかにもデータレイクとして S3 と Parquet を用意しており、そこ接続するかたちで Amazon Redshift、Amazon Athena、Apache Spark が利用されています。

データソースから生成されるデータは Kafka で受け止め、続いてストリーム処理が行われています。ストリーム処理は Java/Scala/Python による実装のほか、Apache Flink や、Yelp が独自に開発した Paastorm と呼ばれるストリーム処理基盤を利用しているようです[19]。ストリーム処理されたデータは再度 Kafka で受け止め、データシンクに配信します。

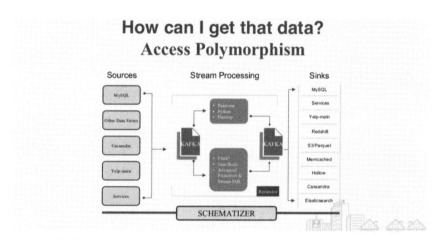

図 5.13　Yelp のデータパイプライン

この Yelp のデータハブ事例で特徴的なのが、独自のデータマネジメントの実現です。Yelp は、多くの利用者がデータを自主的に利用するにはデータの「アライメント」、つまりデータが整理された状態であることが必要だと主張しています。データを利用したくても、どこにどんなデータがあるかが分からないという経験された方も多いのではないでしょうか。

このようなアライメントを実現するためには、どのスキーマにどのようなカラムが含まれているのかを管理する「データディクショナリ」が必要となります。また、あるデータについて、データパイプライン

---

[19] Paastorm については以下のブログに記載があります。また、このブログの情報によると、ストリーム処理基盤としては Spark/Dataflow/Kafka Streams の利用もあるようです。「PaaStorm: A Streaming Processor」、Yelp Engineering Blog、https://engineeringblog.yelp.com/2016/08/paastorm-a-streaming-processor.html

CHAPTER 5 Kafka のユースケース

上でどのデータとどのデータを結合して作ったのかをたどれる「データリネージ（Data Lineage）」も必要となります。これらの概念はデータマネジメントの世界では従来より必要とされてきたものではありますが、適切な状態を維持管理するには相応のコストがかかることがあります。

Yelp でもスキーマのリファレンスをスプレッドシートで管理していたようですが、Kafka を用いたデータハブを導入する段階で、より効率的なデータガバナンスの仕組みを実装しました。

図 5.14　Yelp のデータマネジメントで実現しているもの

道具立てのひとつとして、データソース側のスキーマの変更に正しく追従できるよう、Kafka の「Schema Registry」の仕組みを導入しました。これによりスキーマ変更に伴って後続のデータの状態が不正であることを機械的に防げます[20]。

ほかにも、独自に次の作り込みを行い、データの利用にあたって必要な情報の整理とデータパイプライン全体に渡っての状態の見える化を行っています。Yelp のプレゼンテーションによると次の事柄を実現しているとのことです（括弧内の表記は著者が当該プレゼンテーションの内容を解釈し、サマリとして付与したものです）。

- 「このカラムの意味は？」→ ドキュメント化とオーナーシップの明確化
- 「どのデータが利用可能か？どのデータを使うべきか？」→ Watson とタグを通じたデータのキュレーション（データディクショナリ相当のものを Web で提供し、検索可能に）
- 「このデータが正確か？」
    - 「このデータがどこから来たものなのか？」→ データリネージと Consumer/Producer Registration（Schema Registry 以外にも Consumer/Producer そのものを管理する仕組みを導入）
    - 「すべての構成要素が正しく動作しているか？」→ Data Auditing（データソースとデータシンクをつなぐパス上にあるコンポーネントの動作状況を監視し Web 上で描画）

---

[20] Schema Registry については第 6 章で紹介します。

- 「このデータが最新か？」→ イベント発生時刻とオフセットのモニタリング（すべてのレコードに時刻を付与し、データの更新状況を DAG 形式で見える化）
● 「どうやったらそのデータを入手できるか？」→ Declarative Data Connections（対話型 CLI を用意し、必要なスキーマやオプションを選択することでほしいデータを入手できる仕組みを導入）

データマネジメントの実現は、多くの場合業務的な意味の理解も必要とし、コストがかかるものです。データソースとデータシンクでスキーマが合致していないときの問題点については第 6 章でも説明しているので参照してください。

ここでの Yelp の事例は、データハブに Kafka を利用し、Kafka の機能もうまく利用しつつ、多様なユーザーによる多様なアクセスの実現のために、徹底したデータの見える化／維持管理の自動化を実現した例といえるでしょう。

Apache Kafka の一言説明の変遷

Kafka は複数の特徴を兼ね備えているため、特徴を一言で言い表すのは意外と難しいものです。Kafka コミュニティのサイト上の表現も機能の追加や時代の変遷に合わせて変化しています。

- 「Open-sourcing Kafka, LinkedIn's distributed message queue」、2011 年 1 月（LinkedIn Blog）、`https://blog.linkedin.com/2011/01/11/open-source-linkedin-kafka`
- 「Kafka is a distributed, partitioned, replicated commit log service」、2013 年 12 月（v0.8.0 リリース）、`http://kafka.apache.org/08/documentation.html#introduction`
- 「Apache Kafka is a highly scalable messaging system」、2016 年 4 月（LinkedIn Blog）、`https://engineering.linkedin.com/blog/2016/04/kafka-ecosystem-at-linkedin`
- 「Apache Kafka is a distributed streaming platform.」、2016 年 5 月（v1.0 リリース）、`http://kafka.apache.org/10/documentation.html#introduction`

これを見ると、開発当初は Message Queue を拡張したものという色合いが強く、メッセージキューを元に考えるのが理解しやすかったのかもしれません。その後 log service、messaging service という表現が続いたあとに、ストリーム処理の流行に合わせて distributed streaming platform という表現に落ち着きます。2011 年のリリース以降、distributed（分散）という単語が多く登場するあたり、高スループットでスケーラブルであることを強く伝えたいのではないかと考えられます。

本稿の執筆時点（2018 年 9 月）でも distributed streaming platform という表現が Apache Kafka のサイトで確認できます。

CHAPTER 5 Kafka のユースケース

5.9 本章のまとめ

本章では Kafka の代表的なユースケースとして「データハブ」「ログ収集」「Web アクティビティ分析」「IoT」「イベントソーシング」の 5 つを取り上げ、Kafka のどの機能を利用してこれらを実現しているかについて説明しました。また、公開されている事例について紹介し、5 つのユースケースが組み合わさって利用されていることも説明しました。

本章の内容により、Kafka をどのような場面で使えばよいか多少イメージできるようになったのではないかと思います。大量のデータを受け渡す、あるいは処理するといった場面で Kafka を利用することになりますが、その利用目的が何なのかをブレイクダウンして考えるきっかけになれば幸いです。

Chapter

6

Kafka を用いた
データパイプライン構築時の
前提知識

CHAPTER 6　Kafkaを用いたデータパイプライン構築時の前提知識

6.1　本章で行うこと

　前章ではプロダクション環境で実際に使われているKafkaのユースケースを、そのメリット／デメリットを含めて紹介しました。次章からはこの内容を踏まえ、実際にKafkaを使う際に参考になる基本的ないくつかのサンプルを紹介します。そこで、本章では次章以降のサンプルの理解に必要となる前提知識を紹介していきます。

6.2　Kafkaを用いたデータパイプラインの構成要素

6.2.1　データパイプラインとは

　Kafkaは分散メッセージングシステムであり、ほかのシステムやツールから送信されるMessageを受け取り、ほかのシステムやツールからのリクエストに基づいてMessageを受け渡す機能を提供しています。システムの系全体にまで視野を広げると、Kafkaは、データが発生し、収集され、加工などの処理が行われ、保存／出力されるまでの経路上で、ツールやシステム同士をつなぐ役割を果たしています。このデータが流れる経路や処理のための基盤全体のことを「データパイプライン」と呼びます。

　簡単な例としてWebサービスの利用者の分析を行うためのデータパイプラインを考えてみましょう。ここでは分析用の情報としてWebサーバーのアクセスログとアプリケーションサーバーのアプリケーションログを利用するとします。また、これらのデータを長期間蓄積して集計や分析を行う分析基盤と、リアルタイムに結果を出力するリアルタイム集計基盤が存在するとします。このときKafkaを中心としたデータパイプラインと分析システムの全体像は図6.1のようになります。

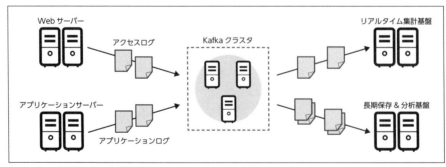

図6.1　Webサービス利用者の分析を行うシステムのデータパイプラインの例

データが生成される Web サーバーやアプリケーションサーバーからリアルタイム集計基盤および分析基盤までデータが流れる経路が確認できると思います。

第 2 章では、Kafka は 1 台以上の Broker から構成される Kafka クラスタ、Producer、Consumer、Kafka クライアントから成り立っていると紹介しました。このうち、データパイプラインの一部となるのは Kafka クラスタ、Producer、Consumer です。さきほどの例のように、実際の利用シーンでは複数の Producer や Consumer が存在することは珍しくありません。このとき、Producer や Consumer はそれぞれいくつかのパターンに分類できます。Kafka を利用するシステムの構成要素となる Producer、Consumer のそれぞれの分類を見ていきましょう。

6.2.2 データパイプラインの Producer 側の構成要素

Kafka を用いたデータパイプラインの Producer 側はデータを生成／送信するミドルウェアなどが Kafka に対応しているかどうかで次の 2 種類のパターンに分類できます。

1. ミドルウェアが直接 Kafka に Message として送信する
2. ミドルウェアは直接 Kafka にデータを送信せず、ほかのツールを介して Message を送信する

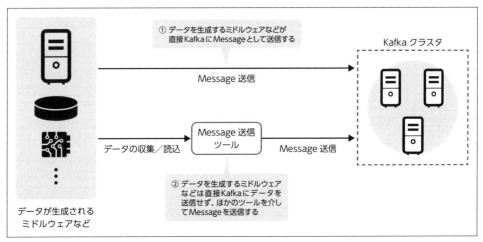

図 6.2 データパイプラインの Producer 側の構成要素のパターン

それぞれのパターンについて見ていきましょう。

Kafkaを用いたデータパイプライン構築時の前提知識

■ 1. 直接KafkaにMessageとして送信する

こちらは文字どおり、利用するミドルウェア自身がKafkaへのMessage送信に対応しているパターンです。標準機能としてKafkaへの送信機能を備えているもののほかに、プラグインなどを追加することで機能が利用できるものもあります。この場合、ミドルウェアなどの機能を利用することでKafkaに必要なMessageを送信でき、比較的容易にKafkaを用いたデータパイプラインを構築できます。

Kafkaがこの分野のデファクトスタンダードになってきたこともあり、最近ではKafkaへのMessage送信に対応したミドルウェアも増えています。たとえば、並列分散処理基盤のApache Hadoop（以降、Hadoop）はメトリクスの出力機能の1つとして、Kafkaへの出力に対応しています[1]。また、並列分散処理フレームワークのApache Spark（以下、Spark）は処理結果をKafkaに出力できます[2]。

第4章で紹介したKafkaのJava APIを利用してデータを直接Kafkaに出力するようにしたアプリケーションもこの1.のパターンに分類されます。さらに、KafkaにはKafka Streamsというストリーム処理を実装するためのライブラリが付属していますが、こちらの処理結果も基本的にはKafkaに出力します。このHadoopのメトリクスとKafka Streamsを利用する例については第8章で詳しく紹介します。

■ 2. 直接Kafkaにデータを送信せず、ほかのツールを介してMessageを送信する

こちらはおもにデータを生成するミドルウェアがKafkaへのMessage送信に対応していない場合です。この場合は、一度何らかの形式でデータを出力し、データ生成を行うミドルウェアとは別のMessage送信ツールを利用してKafkaに送信します。また、ミドルウェアがKafkaに対応している場合でも、何らかの設計上の理由で直接送信は行わず、ほかのツールを利用するケースもあります。

実際の利用シーンでは、こちらのパターンを使うケースも多く存在します。たとえば、本章冒頭の例で紹介したWebのアクセスログの収集についても、一般的なHTTPサーバーはアクセスログを直接Kafkaへ送信する機能を持っていません。この場合は、一度ローカルのログファイルに出力したあと、別のメッセージ送信ツールでKafkaにMessageとして送信する方式が一般的です。図6.3にその処理の流れを示します[3]。

それ以外の例として、IoTなどでセンサーデバイスがMQTTというプロトコルを利用してデータを送信するケースがあります。この場合はデータをKafkaに送信するために、プロトコル変換[4]の目的でツールを利用します。このようなミドルウェアなどが出力したデータをKafkaに送信してくれるツールは特定の用途に特化したものも含め、複数存在します。なかでも代表的なものがKafka Connect[5]とFluentd[6]です。

---

[1] Apache Hadoop 3.0.0以降で対応しています。
[2] SparkのDataFrame/Structured Streamingであればバッチ/ストリームを問わずKafkaに出力できます。
[3] ここではメッセージ送信ツールはHTTPサーバーソフトウェアと同居する構成となっていますが、読み出すデータや利用ツールによっては別のサーバーとなる場合もあります。
[4] KafkaへのMessage送信には独自に定義されているKafkaのプロトコルを利用する必要があります。MQTTなどのほかのプロトコル利用することはできません。
[5] http://kafka.apache.org/documentation.html#connect_overview
[6] https://www.fluentd.org

6.2 Kafkaを用いたデータパイプラインの構成要素

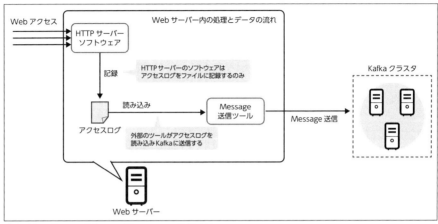

図6.3 WebサーバーのアクセスログをKafkaへ送信する

Kafka ConnectはKafkaコミュニティで開発されているツールであり、コミュニティが配布しているKafkaのパッケージにも同梱されています。Kafka Connectは外部のデータのKafkaへの入力およびKafkaから外部へのデータの出力の機能を提供します。Kafka Connectを利用した例については第7章で紹介します。Fluentdはオープンソースのデータコレクタツールで KakfaのMessageの入出力に特化したものではありませんが、入出力用それぞれのプラグインが提供されています。Kafka Connectにはコネクタを、Fluentdにはプラグインをそれぞれ読み込んで利用できる機構が備わっています。目的に合ったコネクタやプラグインを利用することで多くのデータ形式に対応可能です。

Kafka REST Proxy

Kafka REST Proxy[a]はConfluentがオープンソースとして開発しているKafkaのRESTful APIです。KafkaのMessageの送受信や各種操作はKafka専用のプロトコルでリクエストを行う必要がありますが、このツールを利用することでHTTPプロトコルで各種操作が行えるようになります。公開されているソースをビルドするか、Confluent Platformに含まれているパッケージをインストールすることで利用できます。

Kafka REST ProxyはKafkaクラスタとは別にデーモンプロセスを起動して利用します。このデーモンプロセスが外部のアプリケーションなどからHTTPリクエストを受け取り、Kafkaクラスタに対してKafkaの専用のプロトコルでMessageの送受信を行います。Kafka REST Proxyは、データフォーマットとしてJSON、Apache Avro[b]、バイナリに対応しています。とくにデータフォーマットとしてAvroを利用する際は、同じくConfluentが開発しているSchema Registryとの連携によりスキーマの進化（スキーマエボリューション）を意識したスキーマの管理が可能です。データフォーマットやスキーマエボリューションについては6.3節で説明します。

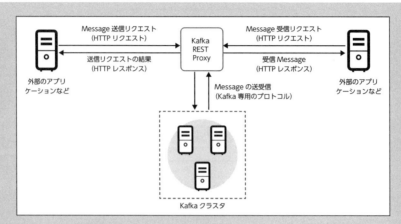

図 6.4 Kafka REST Proxy 利用の様子

　Kafka REST Proxy を利用することで、多くのプログラム言語から Kafka の Message の送受信が簡単に行えるようになります。先述のとおり、Kafka は専用のプロトコルを利用して通信を行う必要があります。Java API は提供されていますが、それ以外のプログラミング言語用のライブラリは Kafka のコミュニティでは開発されておらず、サードパーティが開発したライブラリなどを使う必要があります。Kafka REST Proxy は HTTP による RESTful API を受け付けるため、多くのプログラミング言語から容易に利用できます[c]。

　また、ネットワークの通信路が分かりやすくなるという別のメリットもあります。Kafka のプロトコルを利用して Message の送受信などを行う際は Producer および Consumer から Broker 全台に通信ができる必要があります。Kafka REST Proxy は HTTP のリクエストを受け付け、Kafka に対して Kafka プロトコルでリクエストを出します。そのため、Kafka REST Proxy からは Broker 全台に通信ができる必要がありますが、HTTP リクエストを行うアプリケーションなどからは Kafka REST Proxy にのみ通信が可能であれば問題ありません。それにより、セキュリティ上の都合[d]などで外部システムとの通信路を制限したい場合などにも有用な場合があります。

　一方、利用時には、Kafka REST Proxy がデータパイプライン上のボトルネックにならないようにする必要があります。Kafka クラスタ自体は Broker 台数を増やすことで処理性能が向上するスケールアウトの仕組みを採用していますが、Kafka クラスタに対して Kafka REST Proxy 処理性能が低いと、Kafka REST Proxy の送受信処理が追い付かず、Kafka クラスタの能力を十分に活かせないケースがあります。そのため、Kafka REST Proxy のサイジングなども Kafka クラスタとセットで考慮し、必要に応じてロードバランサーと組み合わせて複数台のサーバーを用意するなどの工夫が必要です。

---

[a] https://docs.confluent.io/current/kafka-rest/docs/intro.html
[b] https://avro.apache.org/
[c] Kafka REST Proxy 自体も Confluent を主体とした開発であり「サードパーティ製」ですが、Kafka 本体の開発者が多く貢献しています。
[d] Kafka REST Proxy には HTTP の認証機能などは備わっていないため、それらの機能が必要な場合はほかの HTTP サーバーソフトウェアなどと組み合わせて利用する必要があります。

6.2.3 データパイプラインの Consumer 側の構成要素

次は Kafka を用いたデータパイプラインの Consumer 側の構成要素を見ていきましょう。こちらも Producer 側と同じ要領で 2 つのパターンに分類できます。

1. ミドルウェアが直接 Kafka から Message を取得し処理する
2. ミドルウェアがほかのツールを介して Kafka からの Message を取得し、処理／保存する

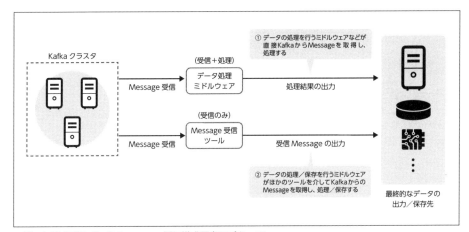

図 6.5 データパイプラインの Consumer 側の構成要素のパターン

Consumer 側についてもそれぞれのパターンを見ていきましょう。

■ 1. 直接 Kafka から Message を取得し処理する

データの処理または記録を行うミドルウェアなどが Kafka からの Message 受信に対応しているパターンです。このパターンはバッチ処理、ストリーム処理のどちらにも対応できますが、Kafka がストリームデータを扱う基盤であることから、とくにストリーム処理において多く見られます。

Kafka から直接 Message を取得して処理を行うミドルウェアには、ストリーム処理に対応したものが多くあります。Producer 側でも紹介した Spark や、Spark と同じく並列分散でのストリーム処理が可能な Apache Flink[7] などが代表的です。また Spark などのいくつかのミドルウェアは、Kafka から直接データを取得でき、ストリーム処理とバッチ処理の両方に対応しています。Spark のストリーム処理機構

---

[7] https://flink.apache.org

である Structured Streaming を利用したストリーム処理の例については第 9 章で紹介します。

　この方式では多くの場合、処理結果は連携する外部システムやファイルシステムなどに出力されますが、処理した結果を再度 Kafka に出力するケースもあります。前処理を行ったストリームデータをほかのストリーム処理アプリケーションなどが利用する場合などです。この場合、このアプリケーションは Kafka から Message を取得して処理を行うための Consumer であり、かつ処理した結果を Kafka に送信する Producer でもあると考えられます Kafka Streams や Apache Spark はこのような Kafka からの読み出しと書き出しの両方に対応しています。

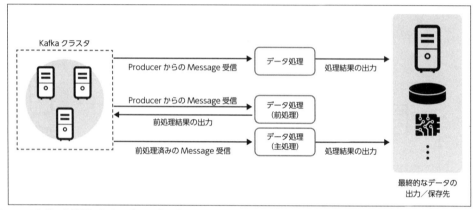

図 6.6　ストリーム処理におけるデータパイプライン

■ 2. ツールを介して Kafka からの Message を取得し、処理／保存する

　こちらはデータの処理や記録を行うシステムやミドルウェアが Kafka からの Message の受信に対応しておらず、ほかのツールが一度 Kafka から Message を受け取り、その後、目的のシステムなどにデータを受け渡す方式です。また、Producer 側と同様にデータの処理や記録を行うシステムが Kafka に対応している場合でも、システムの要件などによってこちらの方式を採用することもあります。

　特定の用途に特化したものを含め、この役割を果たすツールは複数存在しますが、そのなかでもとくによく使われるものが Kafka Connect と Fluentd です。これらは Producer 側で利用されるツールとして紹介しましたが、コネクタやプラグインを変更することで Consumer 側のツールとしても利用できます。そのため、利用するミドルウェアなどによっては Producer 側、Consumer 側の両方で利用されることもあります。

Kafka Connect と Kafka Streams によるデータパイプライン

前章や本章で紹介したように Kafka には幅広いユースケースがあり、Kafka と連携して利用できるツールやミドルウェアも増えてきています。このような Kafka の利用シーンの広がりに伴い、データパイプラインのデザインパターンの提唱が見られるようになりました。そのパターンのひとつとして Confluent が提唱しているのが Kafka Connect と Kafka Streams を用いたデータパイプライン[a]です。

このパターンでは、次の流れでデータの収集や処理を行います。

1. Kafka Connect を利用して外部から Kafka にデータを送信する
2. Kafka Streams を利用して、必要なデータ処理を行い、処理結果を Kafka に送信する
3. Kafka Connect を利用して連携するシステムなどにデータを出力する

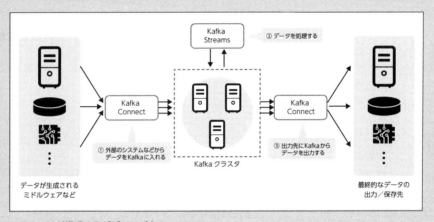

図 6.7 Confluent が提唱するデザインパターン

こちらのパターンは Kafka Connect と Kafka Streams を組み合わせでシンプルに実現できるとされており、Kafka Connect の処理情報などもすべて Kafka クラスタに記録されるため、データベースなどほかのデータストアが不要な点もメリットとなっています。また最近では KSQL と呼ばれる Kafka Streams をラップし、ストリーム処理を SQL ライクに記述できるツールが登場し、より簡単にデータパイプラインが構築できるとされています。

実際の利用における適切なプロダクトは処理内容や連携するほかのシステムなどによって変わりますので、こういったデザインパターンも参考にしつつ、各自の状況に合ったプロダクトの選択やアーキテクチャの設計を行うのがよいでしょう。

---

[a] https://www.confluent.io/blog/hello-world-kafka-connect-kafka-streams/

Kafkaを用いたデータパイプライン構築時の前提知識

6.3 データパイプラインで扱うデータ

6.3.1 データパイプラインにおける処理の性質

　Kafkaを用いたデータパイプラインでは、扱うデータそのものも重要な要素です。Kafkaを用いたデータパイプライン中のアプリケーションやストリーム処理には次のような性質があります。

■ 1. 複数のミドルウェアやアプリケーションによってデータが読み書きされる

　こちらはデータパイプラインの性質によるものです。すでに紹介したとおり、Kafkaを中心としたデータパイプラインにはProducerとConsumerが存在し、Producerが送信したデータをConsumerが受信して利用します。多くのケースでProducerとConsumerは別のアプリケーションであり、そこで扱われるデータは当然ながらProducer、Consumerの両者がともに扱えるものでなければなりません。また、第5章で代表的ユースケースのひとつとして紹介したデータハブは、複数のアプリケーションなどでデータを利用することを想定したアーキテクチャであり、このような利用方法においてはさらに多くのアプリケーションが同じデータを扱い、処理できるようにしておく必要があります。

　たとえば本章冒頭で紹介したWebサービスの利用者のアクセスログの分析では、Producer側のWebサーバーが記録するフォーマットを前提としてConsumer側で分析処理を行います。このとき、Webサーバーのアクセスログの記録方法が当初の想定とは異なるフォーマットに変更されると、Consumer側の分析処理は正しく継続できなくなります。そのため、Producer側が出力するデータとConsumer側が前提とするデータは整合性が取れている必要があります。

■ 2. アプリケーションなどが常時起動し処理を行っている

　こちらはストリームデータや、ストリーム処理の性質によるものです。ストリームデータは継続的に生成されるため、それを受信するアプリケーションなども継続的に処理を行う必要があります。とくに扱うデータ量が多ければ、パイプラインには常時データが流れ続け、ストリーム処理が行われている状態になります。バッチ処理などでは1回ぶんの処理がすべて完了したタイミング（いわゆる静止点）でメンテナンスなどを行う設計が見受けられますが、ストリーム処理ではそのような設計が困難な場合があります。

　本章冒頭で紹介したWebサービスの利用者の分析では、データパイプラインでWebサービスのアクセスログやアプリケーションのログを収集し分析に利用することとしました。Webサービスは常時提供されるものが多く、アクセス数の増減はあるものの、アクセスログやアプリケーションのログも常時生成されるものとなります。そのため、それらのデータを収集し処理するデータパイプラインの処理も常時動作している必要があります。これらのデータパイプラインの処理の性質はパイプラインを構成する基盤やアプリケーション、扱うデータを設計する際に考慮される必要があります。ここではそのなかでも多くの構成

6.3 データパイプラインで扱うデータ

要素に影響を与える3つのポイントを紹介します。

1. Message のデータ型
2. スキーマ構造を持つデータフォーマットの利用とスキーマエボリューション
3. データの表現方法

本項冒頭で紹介した特性のうち、「1. 複数のミドルウェアやアプリケーションによってデータが読み書きされる」がこの3つのポイントに大きく影響を与えています。加えて、「2. アプリケーションなどが常時起動し処理を行っている」が2つ目のポイントであるスキーマエボリューションをより難しいものとしています。この点については6.3.4「スキーマエボリューション」で説明します。

6.3.2 Message のデータ型

Kafka を用いたデータパイプラインでは Kafka を介して Message を送受信しますが、この Message が扱うデータの型については Producer と Consumer で不整合が生じないようにしなければなりません。

Message は Producer で処理されデータパイプライン中の Kafka クラスタに送信されます。このとき、Producer から送信される Message の Key、Value のデータ型がそれぞれ Producer アプリケーションで指定され、データをシリアライズして送信します。Consumer はあらかじめ、Producer から送られる Message の Key、Value のデータ型および含まれるデータを意識して設計／実装されている必要があります（図 6.8）。

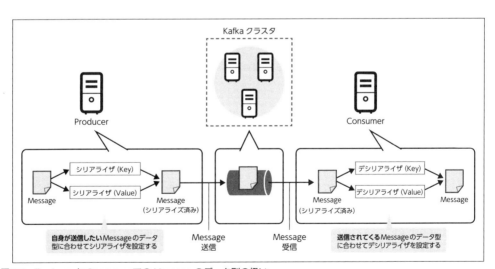

図 6.8　Producer と Consumer での Message のデータ型の扱い

このようにデータを送信する側とデータを受信する側でデータの扱いを整合させる必要があるのはストリームデータを扱うデータパイプラインに限った話ではありません。たとえばバッチ処理においてデータベースに記録されるデータについても各カラムのデータ型やデータを理解したうえで処理を行う必要があります。しかし、Kafka の仕組みとしてはデータ型の管理を行っていないため、Kafka クラスタでデータ型の不整合を確認できず、Consumer が Message を受信してデシリアライズ、またはデータ処理を行った際にはじめて発見されるケースがあります。そのため、データ型を認識してデータを管理、処理できる RDBMS のような基盤と比べその扱いに注意が必要になります。

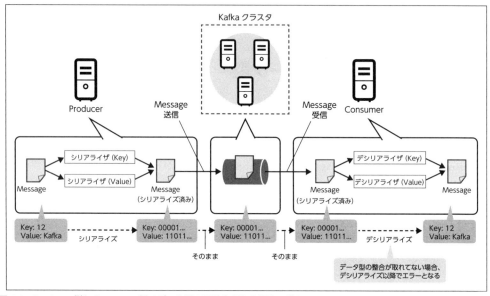

図 6.9　Producer 側と Consumer 側でデータ型の不整合がある場合の流れ

また、Consumer 側だけでなく、送信する Producer 側も Message のデータ型に注意が必要です。Consumer が利用するシリアライザは Key、Value ごとに 1 つずつであり、データによって使い分けるなどの処理は困難です。そのため、Producer から送信される Message のデータ型を変更する場合はそれに対応するために Consumer も改修する必要が生じます。しかし、アプリケーションなどは常時処理を行っていて容易に停止させられない場合があります。さらに、データハブなどのユースケースでは複数の Producer、Consumer が Message を送受信しているため、改修が必要な範囲がさらに広がり、対応をより難しいものにします。

こうしたデータ型の不整合を防ぐため、データ型の管理や将来の拡張のための変更の方法については事前に方策を検討しておく必要があります。また、次項で紹介するスキーマ構造を持つデータフォーマットを利用することも対策として有効な場合があります。

6.3.3 スキーマ構造を持つデータフォーマットの利用

扱うデータや要件によっては1つのMessageに複数の値を含ませたい場合があります。このような場合、ストリームデータやストリーム処理ではJSONやApache Avroといったような構造化データフォーマットがよく利用されます。複数のカラムを持つスキーマを定義することで1つのMessage中に複数の値を含められるようになります。

たとえば、デバイスの位置情報を扱う場合を考えてみましょう。このとき扱うべき情報は単一の値ではなく、「デバイスID」「時刻」「緯度」「経度」などの値をひとまとめにしたものというケースがよくあります。このようなデータフォーマットを利用することで、複数の値をまとめて扱えます。スキーマの定義はMessageを送信するProducerのアプリケーションの設計時に行われることになりますが、Consumerアプリケーションなどに与える影響が大きいため、拡張性などを考慮して慎重に行うべきです。

6.3.4 スキーマエボリューション

このように、スキーマ定義は慎重に検討されるべきですが、それでもアプリケーションの改修や機能追加などに伴って定義の変更の必要が生じる場合があります。スキーマ定義を運用中に変更することを「スキーマエボリューション」、または「スキーマの進化」といいます。

データパイプラインのストリーム処理では継続的に発生するデータを処理するため、アプリケーションを気軽に停止させられないことが多く、スキーマエボリューションに伴って停止するアプリケーションの数や停止時間は最小限に抑えなければなりません。この課題への対応として、スキーマエボリューションの実施時に変更前後のスキーマの互換性を考慮することがあります。

図6.10に互換性を考慮したスキーマエボリューションの例を示します。

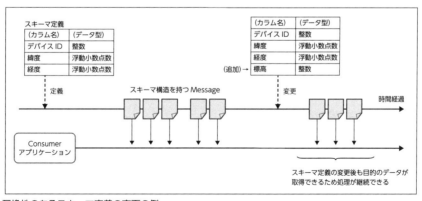

図6.10 互換性のあるスキーマ定義の変更の例

ここでは既存のカラムは変更せずに新たなカラムを追加しています。このときスキーマ定義の変更後も既存のConsumerアプリケーションは想定するカラムから目的のデータを取得できます。互換性を考慮した場合は、スキーマ変更に一定の制約が生じることになりますが、動作させるアプリケーションが扱うデータの性質ごとにこの制約は異なります。

一方、既存のカラムを削除したり、データ型が変更される場合は元の処理が継続できなくなります。図6.11に例を示します。

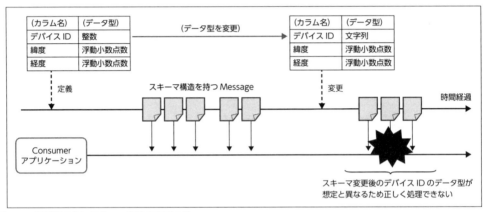

図 6.11　互換性のないスキーマ定義の変更の例

ここでは、既存のカラムのデータ型を変更するような処理を行っています。このとき、既存のConsumerアプリケーションは期待とは異なるデータを受け取るため、アプリケーションの改修なしでは処理を継続できなくなります。

先に紹介したデータフォーマットであるApache Avroは互換性を考慮可能なデータフォーマットになっており、前方互換性、後方互換性などいくつかの互換性の種類を選択できるようになっています。将来の拡張性を考慮する必要があるケースでは、このようなデータフォーマットも選択肢のひとつとなります。

Apache Avroをデータフォーマットとして利用する例と、スキーマエボリューションを行う例は第7章で紹介します。

6.3.5　データの表現方法

ここまでにデータ型の重要性とスキーマ構造を持つデータフォーマットの利用を紹介してきましたが、データパイプラインにおいては各データの表現方法もまた重要です。

ここでいうデータの表現方法とは各情報を表現する方法のことを意味します。たとえば、日時を表現する場合でもUnixTimeや文字列での表現など複数の表現が考えられます。また、文字列で表現する場合で

も「2018/10/12 01:42:32」のような半角文字を使用するものや「2018 年 10 月 12 日午前 1 時 42 分 32 秒」のように全角文字を使用するものなど、システムによりさまざまな表現が考えられます。

　これらをデータパイプライン中の Kafka で扱う際は正しいデータ型でシリアライズされれば送信は可能ですが、それぞれの表現方法に合わせた処理が必要になり、データ活用の妨げになることもあります。前節で紹介したスキーマ構造を持つデータフォーマットの採用で管理できるものもありますが、本質的な対策はデータパイプライン側のシステムのみでは難しく、データの表現方法にルールを定め、それに各システムが従うようにするなどの工夫が必要になります。

Schema Registry

Schema Registry[a] は Confluent がオープンソースとして開発している Schema 情報の管理ツールです。

　データフォーマットとして Apache Avro を利用することを前提としたスキーマの管理機能を提供しており、同梱される専用のシリアライザ／デシリアライザや Kafka REST Proxy と組み合わせて利用します。Producer 側で Message がシリアライズされる際にスキーマ情報が Schema Registry に登録され、Consumer 側のデシリアライズ時に参照されます。また、スキーマエボリューションを意識しており、Apache Avro を利用した前方／後方／完全互換性を保つ機能も提供されます。

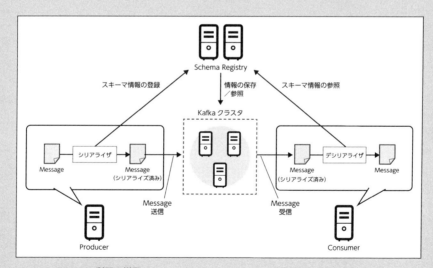

図 6.12　Schema Registry 利用の様子

Schema Registry は、データハブのような複数のスキーマ定義を管理する必要がある環境で有効です。スキーマ定義

を一括管理し、互換性のない Message の送信を防ぐことで予期せぬエラーなどを防げます。

また、スキーマの定義情報は Schema Registry が Kafka の専用の Topic に Message を送信することで記録する仕組みになっており、ほかのデータストアなどを用意する必要はありません。

Schema Registry は Kafka REST Proxy と同じく、公開されているソースをビルドするか、Confluent Platform に含まれるパッケージをインストールすることで利用できます。Schema Registry を利用する詳細は第 7 章で紹介します。

---

[a] https://docs.confluent.io/current/schema-registry/docs/index.html

6.4 本章のまとめ

本章では Kafka を用いたデータパイプラインの検討にあたり、考慮が必要な点のとくに代表的なものについて紹介しました。次章からは Kafka を用いたデータパイプラインの典型的なユースケースを紹介していきますが、本章はそれらの基礎にあたりますので、内容を頭の片隅に留めて読み進めていただければより理解が深まると思います。

Chapter

7

KafkaとKafka Connectによる
データハブ

CHAPTER 7　KafkaとKafka Connectによるデータハブ

7.1　本章で行うこと

　第5章では、Kafkaの実際のユースケースを紹介しました。本章では、Kafkaの典型的なユースケースのひとつである、データハブアーキテクチャへの応用例を見ていきましょう。第5章で紹介したとおり、データハブアーキテクチャの基本コンセプトは、多数のシステム間でデータを流通させることです。KafkaとKafka Connectを用いてデータハブを構築し、体験しながらそのコンセプトを理解していきましょう。

7.2　Kafka Connectとは

　最初にKafka Connectを紹介します。Kafka Connectは、Apache Kafkaに含まれるフレームワークで、Kafkaと他システムとのデータ連携に使うものです。Kafkaにデータを入れたり、Kafkaからデータを出したりするワークロードを簡単に実現するために作られました。第6章で説明したKafkaのデータパイプラインでいうと、Producer側、Consumer側の両方を構成することができます。Kafkaはその性質上、しばしば多種多様なシステムと連携することになるため、Kafka Connectでは他システムと接続する部分をConnectorというプラグインで実装する方式をとっており、Kafka Connect本体＋プラグインの構成で動作します。Kafka Connectでは、Kafkaにデータを入れるProducer側のConnectorのことをSourceと呼び、KafkaからデータをConsumer側のConnectorのことをSinkと呼びます。
　すでに多くのプラグインが公開されているので、接続先に合ったConnectorがあれば、自分でコーディングをすることなくKafkaへのデータ入出力を実現することができます。米Confluentの公式サイト[1]には、公開されているConnectorのリストが載っています。このサイトを見てみると、Confluent Platformにバンドルされているものや、Confluentに認定されたもの、その他公開されているものまで、多種多様なConnectorを見つけることができます。
　これらのConnectorを使って、さまざまなシステムをつなげていくことができます。ただし、注意点がいくつかあります。まず、すべてのプラグインがSourceとSinkの両方を実装しているとはかぎりません。Sourceだけ、あるいはSinkだけというプラグインも多いので確認が必要です。また、公開されているプラグインは、必ずしもKafkaコミュニティやConfluentによって開発されたものではないため、品質やドキュメントの充実度等に違いがある可能性があります。この点にも十分に注意しましょう。
　使いたいConnectorが見つからないときは、もちろん自分でConnectorを実装することもできます。本書では触れませんが、Confluentから公開されているConnector Developer Guide[2]などが参考になりますので、興味がある方は挑戦してみてください。
　Kafka Connectは、データをKafkaに入出力するためのスケーラブルなアーキテクチャを持っています。Kafka Connectは複数サーバーでクラスタを組むことができます。Kafka Connectはbrokerと同

---

[1] https://www.confluent.io/product/connectors/ （2018年9月時点に比べ、10月現在は一覧のページがなくなり、ConnectorはConfluent Hubで流通されるようになりました。そのため、適宜読み替えてください。）

[2] https://docs.confluent.io/current/connect/devguide.html

一のサーバーで動作できるため、Kafka クラスタと Kafka Connect クラスタは同居することも可能です。Kafka Connect クラスタ上で、Source あるいは Sink のプラグインでデータを入出力するときには、論理的なジョブを実行します。この論理的なジョブのことを、Connector インスタンス（あるいはたんに Connector）と呼びます。Connector インスタンスは複数のタスクを起動しますが、このタスクはクラスタ上の複数のサーバーでうまく分担して実行され、実際のデータコピーを行います。このように、Kafka Connect はひとつの Connector インスタンスが複数のタスクを持てる構造をとっていることで、スケーラブルにデータの入出力ができる仕組みになっています。

7.3 データハブアーキテクチャへの応用例

ここからは、Kafka Connect を使ってデータハブアーキテクチャのコンセプトを実現していくことを考えていきます。データハブは、複数のシステム間でデータを流通させるためのハブとなるものでした。ですから、データハブを考えるときには、データを連携したい複数のシステムも一緒に考える必要がありそうです。

7.3.1 データハブアーキテクチャが有効なシステム

それでは、データハブアーキテクチャが有効なシステムとはどのようなものかを考えていきましょう。ある種の大規模な小売店を例にして、すこしシナリオを検討していきます。実店舗を日本全国に多数持っている大手小売店 A 社があるとしましょう。A 社では、店舗の在庫管理に配送管理、ポイントカードの会員情報管理、販売管理、POS など、事業を運営するために多くのシステムを導入しています。それだけでなく、インターネット通販にも販売チャネルを持っており、自前で EC サイトを運営する傍ら、大手ショッピングモールにもネットショップを出店しています。

この例では、A 社が業務を行うために、多くのシステムを使っています。これは A 社に限った話ではなく、大手や中堅の企業では、どこも似たような IT 化を進めているところが多いと思われます。みなさんの身の回りでも、似たような状況が想像できるのではないでしょうか。

A 社でのデータの流通についてすこし考えてみましょう。もし A 社で、翌月発売される目玉商品の販売予測を立てる必要が出てきたら、可能でしょうか。A 社には、実店舗の販売管理システムがあるので過去のデータもあるはずですし、EC サイトもまた売り上げデータを持っているはずです。過去の売り上げデータをうまく組み合わせ、ポイントカードから個人を紐づけて分析できれば販売予測ができそうです。ほかの例も考えてみましょう。もし A 社で、発注処理を効率化するために、自動発注をしようとしたら、可能でしょうか。A 社は過去の売り上げデータと販売予測データもありますし、在庫データも持っていました。このあたりを組み合わせれば、自動発注もできそうです。

ですが、これらが可能になるのはシステム間でデータがうまく流通できているケースに限ります。もし実店舗の販売管理システムのデータ形式が各店舗間で異なっていてうまく統合できなかったら、販売予測

CHAPTER 7 KafkaとKafka Connectによるデータハブ

をするのは難しくなってしまいます。もし在庫管理システムが自動発注システムにデータを流すインターフェイスを持っていなければ、それだけで自動発注は諦めなくてはいけません。もし将来、ECサイトに実店舗と連携した在庫情報を表示しようと思ったとしても、それも諦めなくてはいけません。これらが、第5章で説明したサイロ化の弊害なのです。

とは言うものの、システムが多くなってくると、現実的にはすべてのシステム間をつなぐのも難しくなってくるものです。

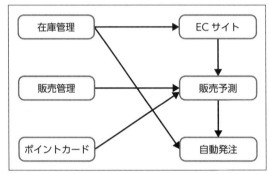

図7.1 個別のシステム間連携

新しく自動発注システムを作ったときに、もしデータを出力する側の在庫管理システムにも改修を入れなくてはいけないとしたら、躊躇してしまうかもしれません。このようなケースで、データハブアーキテクチャが生きてきます。在庫管理システムはデータハブとだけデータを入出力し、販売管理システムも自動発注システムも同じようにデータハブとだけ入出力を行うようにするのがデータハブアーキテクチャです。こうすることで、各々のシステムの設計をシンプルにし、かつシステム間で自由にデータを流通させられるようになります。

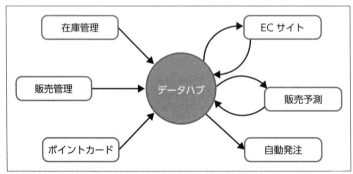

図7.2 データハブアーキテクチャを用いたシステム間連携

7.3.2 データハブ導入後の姿

　A社にデータハブアーキテクチャが導入されるとしたら、どのようになるでしょうか。以降では、いくつかのデータ流通のかたちを考えてみることにします。

　データの流通の例として、次の3つの実現を目指しましょう。

1. ECサイトに実店舗の在庫情報を表示する

　これは、在庫管理システムのデータを、ECサイトに流通させればよさそうです。

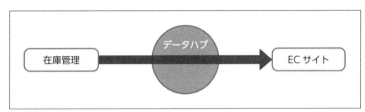

図 7.3　ECサイトに実店舗の在庫情報を表示する

2. 毎月の販売予測を行う

　実店舗のPOSシステムのデータとECサイトの売り上げのデータを、販売予測システムに流通させてみましょう。

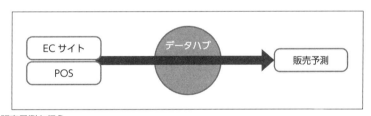

図 7.4　毎月の販売予測を行う

3. 自動発注を実現する

販売予測のデータと在庫管理システムのデータを、自動発注システムに流通させてみましょう。

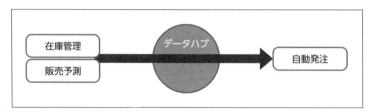

図7.5　自動発注の実現

ひとつひとつはとても単純ですので、大まかにはイメージできるでしょう。でも、それを個別にデータ連携するのではなく、間にデータハブを挟むのです。そうすると、ただこの3つを実現するだけで、データハブとしてはこのようなものを実現することに他ならないのです（図7.6）。

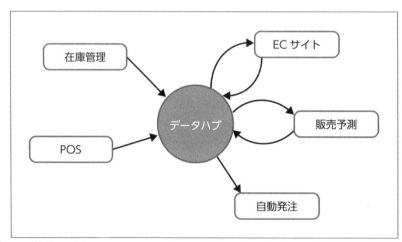

図7.6　データハブを介した全体のアーキテクチャ

それぞれを個別に見ていきましょう。本章では3つの課題のうちの「1.」と「2.」を解説していきます。「3.」はみなさんの応用課題として取っておきますので、「1.」と「2.」で学習した知識を応用して取り組んでみてください。Kafka Connectでシステム間をつなぐということは、多くの場合はデータストア間での連携になります。したがって、「1.」〜「3.」を実現するデータハブのデータストアをまとめると、図7.7のような構成になります。

7.3 データハブアーキテクチャへの応用例

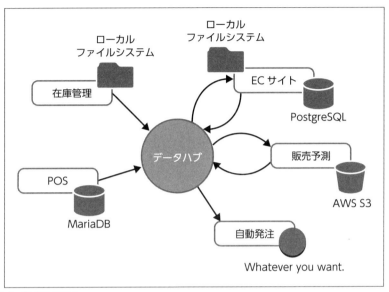

図 7.7　データハブと各システム

「1.」では、在庫管理システムと EC サイトをつなげます。最初は基本を押さえることが肝要です。Kafka Connect においては、Hello World のようなものはありませんが、基本を理解するのにちょうどよいローカルファイル連携用の Connector があります。これは、Kafka Connect のローカルファイルの更新を監視して Kafka にデータを入れたり、Kafka のデータを Kafka Connect のローカルファイルに書き出したりする Connector です。ローカルファイルを使うため、Kafka Connect のクラスタさえあれば動作し、手軽に使うことができます。在庫管理システムは、逐次新しいデータをファイルに追記していき、EC サイトは更新データをファイルのかたちで受け取る、というシステムができあがります。この例を通じて、Kafka Connect の基本を押さえ、動作を理解することを目指します。

「2.」では、POS／EC サイト／販売予測システムをつなげます。次はいよいよ基本を卒業して、実際にありそうなケースを体験してみましょう。多くのシステムのデータストア層は、RDBMS であることが多い傾向にあります。そこで、EC サイトや POS は、RDBMS にデータを保存しているという想定にしましょう。システムを多数導入している会社では、システムごとに使っている RDBMS が異なる、などということがよくあります。今回も、EC サイトと POS は、あえて異なるプロダクトで試してみましょう。ここでは PostgreSQL と MariaDB をそれぞれ使ってみます。一方、販売予測システムは、最近よく見られる構成として、クラウドサービスで実現されていると想定してみましょう。このような場合には、クラウドサービスのストレージにデータを置くのがよさそうです。ここでは AWS の S3 を想定します。この例を通じて、実際にありそうな Kafka Connect の使い方がイメージできてくると思います。

「3.」は、みなさんが考える番です。Confluent の公式サイトに公開されている Kafka Connect のリストを眺めてみて、イメージするシステムで使えそうな Connector を探し、実現してみてください。

CHAPTER 7　KafkaとKafka Connectによるデータハブ

ところで、データハブアーキテクチャは、Kafka Connect を使用しなくても、Producer や Consumer を個別に実装することによって実現することもできます。実際、今回のようなユースケースでは、いずれの方法で実装することもできるでしょう。Kafka Connect を使った場合、すでに Connector が公開されている接続先であれば、コーディングなしで比較的簡単にシステム間連携を行うことができる点などが大きなメリットになります。実際は、実装の難易度／性能要件／セマンティクス（どの程度のメッセージロストや重複を許容するかなど）等を総合的に判断して決めることになります。

では、Kafka Connect を使ったデータハブを構築していきましょう。ぜひいっしょに手を動かして体験してみてください。

7.4　環境構成

データハブの体験のためには準備が必要です。当たり前ですが、データハブはデータハブ単体で存在しても何もできず、接続するシステムがあってこそ意味があります。なので、準備しなくてはいけないものはすこし多くなってしまいます。最初に、準備が必要な環境をリストアップし、全体像をつかみましょう。

まず必要なのは、Kafka クラスタと Kafka Connect です。Kafka クラスタは、第 3 章で構築したものがあれば、そのまま使うことができます。もしなければ、第 3 章の手順に従ってクラスタを構築してください。Kafka Connect は、Kafka クラスタの broker と同居させて実行します。

次に必要なのが、連携するシステムです。「1.」の例では、在庫管理システムと EC サイトが出てきました。「2.」の例では、POS、EC サイト、販売予測システムが出てきました。これらのシステムを準備する必要があります。とは言っても、それらのサンプルとしてわざわざ Web サイトやアプリケーション、バッチなどを作りこむのはあまりにも大変です。データハブの動作を体験するには、連携に必要なデータストアだけを用意すればよいでしょう。データは手入力でも十分です。

準備が必要な Kafka クラスタと連携システム用データストアを表 7.1 にまとめました。

表7.1　Kafka クラスタと連携システム用データストア

準備するもの	構成するプロダクト	サーバー名	備考

Kafka クラスタ	Kafka	`kafka-broker01`
		`kafka-broker02`
		`kafka-broker03`
			3台構成

「1.」の在庫管理システム	ローカルファイルシステム	`kafka-broker01`	Kafka クラスタのローカルファイルシステムを使用
「1.」の EC サイト	ローカルファイルシステム	`kafka-broker01`	Kafka クラスタのローカルファイルシステムを使用
「2.」の EC サイト	PostgreSQL	`ec-data-server`	
「2.」の POS	MariaDB	`pos-data-server`	
「2.」の販売予測システム	S3	なし	AWS のサービスを使用

準備が必要なものはほかにもあります。これらをつなぐ Connector も検討します。Kafka Connect は、接続先に合わせて Connector プラグインが必要でした。使う Connector プラグインに目星を付けておきましょう。

「1.」ではファイル連携します。必要な Connector は次のとおりです[3]。

- FileStream Connectors（Source）
- FileStream Connectors（Sink）

「2.」では、POS と EC サイトからは RDBMS で受け取り、販売予測システムへは S3 で受け渡しますので、使う Connector は、次のとおりです。

- JDBC Connector（Source）
- S3 Connector（Sink）

以上で、今回使用する環境のリストアップができました。それでは、順に作っていきましょう。

7.5　EC サイトに実店舗の在庫情報を表示する

まずは、「1.」の在庫管理システムと EC サイトのファイル連携から始めます。

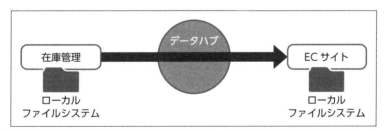

図 7.8　在庫管理システムと EC サイトの連携

なお、本節以降は実際に Kafka Connect を動作させて体験していきます。その際、投入されたデータを確認するときなど、複数のコマンドを同時に実行することがあります。そのため、必要に応じて複数のターミナルを起動し、それぞれのターミナルからコマンドを実行してください。

---

[3] ここで使う FileStream Connectors は、商用環境での利用は推奨されていません。あくまで動作確認用としてのみ用いています。ただ、基本を理解するには分かりやすい Connector ですので、ここでは動作の確認をして感触をつかんでもらうサンプルとして使用します。

7.5.1 KafkaとKafka Connectの準備

最初に、Kafkaクラスタを準備しましょう。第3章の手順と同様にKafkaクラスタを用意してください。すでに構築済みでしたら、同じものを使っても問題ありません。用意したクラスタをデータハブにします。

次に、Kafka Connectです。Confluent PlatformでインストールするとKafka Connectも同時に使えるようになっていますので、追加でのインストールや設定は不要です。

さらに、Connectorプラグインも用意する必要があります。ところが、今回使用するプラグインは、すべてConfluent Platformにバンドルされているものを使用しているので、これも追加でインストールする作業は不要です。バンドルされているもの以外のプラグインを使いたい場合は、ここでインストールする作業が必要になってきます。プラグインが実装されたjarを、所定のディレクトリにデプロイすれば完了です。

ただし、JDBC接続するときは、各RDBMS用のドライバが必要になります。Confluent Platformでは、PostgreSQL用のドライバは同梱していますが、MariaDB用のドライバはありません。このインストール手順は、後ほど「2.」の箇所で説明します。

7.5.2 データの準備

ファイル連携用のデータを準備しましょう。ところで、Kafka ConnectのFileStream Connectorsにとってのファイルとは、Kafka Connectから見たときのローカルファイルのことです。ですので、Kafka Connectが動くサーバー上で、在庫管理システムとECサイトに見立てたローカルファイルを作成します。すこしばかりいびつな構成ではありますが、先に述べたとおり、まずは基本を押さえていくのが分かりやすいです。NASでマウントされている想定と考えれば、すこしはイメージがしやすくなるでしょうか。FileStream Connectorsを商用で使うことが推奨されない理由もここにあります。本来Kafka Connectは、複数サーバー上で実行されるものです。しかし、このConnectorはローカルファイルを扱うため、スケールさせることが難しく、相性が悪いのです。仮にそれがNFSマウントだったとしても、複数サーバーから同一のファイルを読み書きすることになってしまい、思ったとおり動かないことが容易に想像できます。そのような理由から、FileStream Connectorは分散処理に向かない、すなわち商用では使うべきではないということになります。なお本書では、FileStream Connectorを使うときには、Kafka Connectを `kafka-broker01` のサーバー1台だけで実行することにします。

■ 在庫管理システム用のファイル作成

在庫管理システムは、使うConnectorプラグインの都合上、在庫が変動したら、ある特定のファイルに最新の在庫情報を追記する仕様とします。このファイルは、`kafka-broker01` のローカルファイルシステム上に置きます。ですから、在庫管理システムは、`kafka-broker01` にファイルを作れば完成です。

/zaiko ディレクトリを作りましょう。

```
(kafka-broker01)$ sudo mkdir /zaiko
(kafka-broker01)$ sudo chown $(whoami) /zaiko
```

ファイルを作って、在庫データを適当に投入しましょう。ファイルのフォーマットは CSV を仮定していますが、お好きなかたちでデータを作成してください。商品 ID ／在庫を持っている店舗 ID ／在庫数／在庫変動日時 の情報を持ったフォーマットを想定すると、たとえば次のようなデータになります。このようなデータを作り、ファイルに書き込みます。

```
(kafka-broker01)$ cat << EOF > /zaiko/latest.txt
ITEM001,SHOP001,929,2018-10-01 01:01:01
ITEM002,SHOP001,480,2018-10-01 01:01:01
ITEM001,SHOP001,25,2018-10-02 02:02:02
ITEM003,SHOP001,6902,2018-10-02 02:02:02
EOF
```

データの準備はこれで完了です。在庫管理システムができました。

■ EC サイト用のファイル作成

EC サイト用のファイルもまったく同様です。こちらはデータを受け取るだけなので、`kafka-broker01` に /ec というディレクトリだけを作りましょう。

```
(kafka-broker01)$ sudo mkdir /ec
(kafka-broker01)$ sudo chown $(whoami) /ec
```

EC サイト側の準備はこれで完了です。

7.5.3 Kafka Connect の実行

これで Kafka Connect と連携システムの準備がすべて終わりました。いよいよ Kafka Connect を動かして、在庫管理システムと EC サイトをつなげていきましょう。

在庫管理システムのファイルを Kafka へ投入する部分では、Kafka Connect から見ると、ファイルが Source となります。ですので、FileStream Connectors のうち、FileSource Connector を使います。一方、Kafka のデータを EC サイトのファイルに投入する部分では、Kafka Connect から見ると、ファ

CHAPTER 7　KafkaとKafka Connectによるデータハブ

イルがSinkとなります。ですので、ここにはFileStream ConnectorsのうちFileSink Connectorを使います。

いずれにせよ、最初に必要なことはKafka Connectを起動することです。Kafka Connectは、Kafkaが動作しているクラスタ上で動きます。まず最初に、Kafkaクラスタが動作していることを確認してください[4]。

Kafka Connectの動作には、StandaloneモードとDistributedモードがあります。StandaloneモードはKafka Connectが1台のみで動くモードであり、開発環境で使うときや1台のサーバーだけと連携するときなどに使います。一方、商用環境の多くのケースでは、複数台で動くDistributedモードを使うことになります。Distributedモードではありますが、先に説明したとおり、ファイル連携をする都合上、ここでは`kafka-broker01`の1サーバのみでKafka Connectを実行します。

では、設定ファイルを用意しましょう。Confluent Platformではデフォルトの設定ファイルがいっしょに作られるので、それをコピーして使うことにしましょう。

```
(kafka-broker01)$ cp /etc/kafka/connect-distributed.properties \
> connect-distributed-1.properties
(kafka-broker01)$ vim connect-distributed-1.properties
（中略）
bootstrap.servers=kafka-broker01:9092
group.id=connect-cluster-datahub-1
（後略）
```

Kafka Connectは、KafkaのBrokerと同じサーバーで実行します。通常Brokerは複数台で構成されていますが、最初にどのサーバーと接続するかを`bootstrap.servers`というパラメータで設定します。商用環境での利用では3台以上設定することが推奨されます。Kafka Connectは複数のサーバーで1つのクラスタを構成しますが、同じクラスタ内のサーバーは同じ`group.id`が設定されている必要があります。

この設定ファイルを使って、Kafka ConnectをDistributedモードで実行します。次のようなコマンドを使用し、設定ファイルを引数に渡します。

```
(kafka-broker01)$ connect-distributed ./connect-distributed-1.properties
```

起動できたら動作状況を確認してみましょう。Kafka Connectは起動するとREST APIでアクセスすることができます。APIの中に、現在実行中のバージョンを返すAPIがありますので、叩いてみましょう。

```
(kafka-client)$ curl http://kafka-broker01:8083/
{"version":"2.0.0-cp1","commit":"fc9a81e8d72f61be","kafka_cluster_id":"r3kI5RU0T
```

---

[4] 動作していなかったら、第3章の手順に従ってKafkaを起動してください。

WukdSpcJ5qOTg"}

　実行中の Kafka Connect で使用可能な Connector プラグインを調べる API もありますので、叩いてみましょう。出力が大きくなってくると、1行に連なった JSON は読みづらいので、jq コマンドや Python の `json.tool` などで読みやすくフォーマットするとよいでしょう。

```
(kafka-client)$ curl http://kafka-broker01:8083/connector-plugins | python -m json.tool
[
    {
        "class": "io.confluent.connect.elasticsearch.ElasticsearchSinkConnector",
        "type": "sink",
        "version": "5.0.0"
    },
    {
        "class": "io.confluent.connect.hdfs.HdfsSinkConnector",
        "type": "sink",
        "version": "5.0.0"
    },
    {
        "class": "io.confluent.connect.hdfs.tools.SchemaSourceConnector",
        "type": "source",
        "version": "2.0.0-cp1"
    },
    {
        "class": "io.confluent.connect.jdbc.JdbcSinkConnector",
        "type": "sink",
        "version": "5.0.0"
    },
    {
        "class": "io.confluent.connect.jdbc.JdbcSourceConnector",
        "type": "source",
        "version": "5.0.0"
    },
    {
        "class": "io.confluent.connect.s3.S3SinkConnector",
        "type": "sink",
        "version": "5.0.0"
```

CHAPTER 7　KafkaとKafka Connectによるデータハブ

```
    },
    {
        "class": "io.confluent.connect.storage.tools.SchemaSourceConnector",
        "type": "source",
        "version": "2.0.0-cp1"
    },
    {
        "class": "org.apache.kafka.connect.file.FileStreamSinkConnector",
        "type": "sink",
        "version": "2.0.0-cp1"
    },
    {
        "class": "org.apache.kafka.connect.file.FileStreamSourceConnector",
        "type": "source",
        "version": "2.0.0-cp1"
    }
]
```

　Confluent PlatformでインストールしたKafkaは、デフォルトで多数のConnectorをバンドルしているので、多数のConnectorプラグインが確認できました。使おうとしていたFileStreamSourceConnectorやFileStreamSinkConnectorも見つけられました。

　では、FileSource Connectorを起動しましょう。Connectorプラグインを実行するのも、REST API経由で行います。Connectorを起動するためには、Connector用の設定をいっしょに渡す必要があります。設定は、JSON形式で記述してREST APIに投入します。

```
(kafka-client)$ echo '
> {
>   "name" : "load-zaiko-data",
>   "config" : {
>     "connector.class" : "org.apache.kafka.connect.file.FileStreamSourceConnector",
>     "file" : "/zaiko/latest.txt",
>     "topic" : "zaiko-data"
>   }
> }
> ' | curl -X POST -d @- http://kafka-broker01:8083/connectors \
> --header "content-Type:application/json"
{"name":"load-zaiko-data","config":{"connector.class":"org.apache.kafka.connect.file
```

```
.FileStreamSourceConnector","file":"/zaiko/latest.txt","topic":"zaiko-data","name":"
load-zaiko-data"},"tasks":[],"type":null}
```

設定の内容は見て想像ができるものも多いですが、次のとおり設定しています。

- `name`
  実行するConnectorの名前を付けます。分かりやすい名前を付けるとよいです。

- `connector.class`
  使用するConnectorのクラス名を指定します。

- `file`
  読み込むファイル名を指定します。

- `topic`
  ファイルから読み込んだデータを、ConnectorがKafkaに投入する際のTopic名を指定します。

REST APIでConnectorの設定を投入すると、すぐにConnectorが実行されます。実行中のConnector一覧を見るREST APIもありますので、見てみましょう。

```
(kafka-client)$ curl http://kafka-broker01:8083/connectors
["load-zaiko-data"]
```

今投入したConnectorが実行されていることが分かりました。ということは、在庫データはすでにKafkaに取り込まれているはずです。Kafkaの中身を覗いて、データを確認してみたいところです。このようなときには、`kafka-console-consumer`を使うと便利です。

```
(consumer-client)$ kafka-console-consumer \
> --bootstrap-server=kafka-broker01:9092,kafka-broker02:9092,kafka-broker03:9092 \
> --topic zaiko-data --from-beginning
{"schema":{"type":"string","optional":false},"payload":"ITEM001,SHOP001,929,2018-1
0-01 01:01:01"}
{"schema":{"type":"string","optional":false},"payload":"ITEM002,SHOP001,480,2018-1
0-01 01:01:01"}
{"schema":{"type":"string","optional":false},"payload":"ITEM001,SHOP001,25,2018-10
-02 02:02:02"}
{"schema":{"type":"string","optional":false},"payload":"ITEM003,SHOP001,6902,2018-
10-02 02:02:02"}
```

CHAPTER 7　Kafka と Kafka Connect によるデータハブ

　`zaiko-data` の Topic の中身が表示されました。在庫データとして作成したファイルの内容が、行ごとに JSON に変換されて、`zaiko-data` にロードされているのが確認できました。Source 側の Connector は正しく動作したようです。

　続いて、Sink 側 Connector に行きましょう。今度は、この `zaiko-data` に入ってきたデータを、EC サイト側に送ります。Kafka をデータソースとしてファイルに出力する Connector を先と同じように起動します。すでに Kafka Connect は起動しているので、Connector を実行しましょう。こちらも FileStream Sink Connector を起動するための設定を JSON で REST API に投入します。

```
(kafka-client)$ echo '
> {
>   "name" : "sink-zaiko-data",
>   "config" : {
>     "connector.class" : "org.apache.kafka.connect.file.FileStreamSinkConnector",
>     "file" : "/ec/zaiko-latest.txt",
>     "topics" : "zaiko-data"
>   }
> }
> ' | curl -X POST -d @- http://kafka-broker01:8083/connectors \
> --header "content-Type:application/json"
{"name":"sink-zaiko-data","config":{"connector.class":"org.apache.kafka.connect.file.FileStreamSinkConnector","file":"/ec/zaiko-latest.txt","topics":"zaiko-data","name":"sink-zaiko-data"},"tasks":[],"type":null}
```

　設定値の内容は Source Connector のときと同じです。`topics` という設定値は複数 Topic を指定することもできますが、今回は 1 つで十分です。

　うまく投入されたら、また実行中の Connector 一覧を見てみましょう。

```
(kafka-client)$ curl http://kafka-broker01:8083/connectors
["sink-zaiko-data","load-zaiko-data"]
```

　Source 側 Connector に加えて、Sink 側 Connector も動いていることが分かりました。ということは結果がファイルに出ているはずです。出力された結果を見てみましょう。

```
(kafka-broker01)$ cat /ec/zaiko-latest.txt
ITEM001,SHOP001,929,2018-10-01 01:01:01
ITEM002,SHOP001,480,2018-10-01 01:01:01
ITEM001,SHOP001,25,2018-10-02 02:02:02
```

```
ITEM003,SHOP001,6902,2018-10-02 02:02:02
```

結果がECサイトのファイルに出力されました。これで、Kafka Connectを経由して、在庫管理システムのファイルからECサイトのファイルまでがつながりました。

ところで、Source側である在庫管理システムのデータに変更があったらどうなるのでしょうか。それも確認してみましょう。

先に、Sink側のECサイトのデータのほうを監視しておきましょう。

```
(kafka-broker01)$ tail -f /ec/zaiko-latest.txt
```

在庫管理システムのデータに何行か追記してみましょう。

```
(kafka-broker01)$ cat << EOF >> /zaiko/latest.txt
ITEM001,SHOP001,6090,2018-10-03 03:00:00
ITEM004,SHOP001,256,2018-10-03 03:00:00
EOF
```

`tail`していたほうにも、追記が反映されました。

```
(kafka-broker01)$ tail -f /ec/zaiko-latest.txt
（中略）
ITEM001,SHOP001,6090,2018-10-03 03:00:00
ITEM004,SHOP001,256,2018-10-03 03:00:00
```

このように、Kafka Connectを起動しているあいだは、Source側のデータに変更があると、それが常にSink側にまで伝播されます。Kafka Connectを使うと、常時変更が反映されていくデータハブを簡単に実現できることがわかりました。

一連のKafka Connectの動作が確認できたので、後片付けをして終わりにしましょう。まずは、Connectorを削除します。削除もREST APIから行います。

```
(kafka-client)$ curl -X DELETE http://kafka-broker01:8083/connectors/load-zaiko-data
(kafka-client)$ curl -X DELETE http://kafka-broker01:8083/connectors/sink-zaiko-data
```

Connectorを削除したら一覧を確認しておきましょう。確認コマンドはさきほどと同じです。

```
(kafka-client)$ curl http://kafka-broker01:8083/connectors
[]
```

実行中の Connector がなくなりました。さらに、Kafka Connect 自体も停止しましょう。起動した `connect-distributed` のターミナルを、[Ctrl] + [C] で終了します。

以上で、在庫管理システムと EC サイトをファイル連携でつなぐ体験は終了です。ファイル連携はあまり面白みがないかもしれませんが、Kafka Connect の基本を理解するにはよいサンプルです。ここまで実際に手を動かして試してみると、Kafka Connect の概略が理解できると思います。次は、もうすこし実践に近い応用例を見ていくことにしましょう。

7.6 毎月の販売予測を行う

「2.」では、EC サイトの PostgreSQL と、POS の MariaDB を、販売予測システムの S3 へつなぎます。

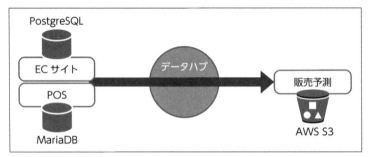

図 7.9　PostgreSQL/MariaDB/S3 の接続

これを体験するには、さきほどのファイル連携より多くのシステムを準備する必要があります。

7.6.1 EC サイトの準備

EC サイト用のデータベースを用意しましょう。サーバーを 1 台構築し、その上に PostgreSQL 9.4[5] をインストールします。ここでは、サーバー名は `ec-data-server` とします[6]。

まずは PostgreSQL をインストールしましょう。手順やリポジトリの URL などは変わる可能性があるので、最新の情報は公式のサイト[7]を参照してください。コマンドの出力結果は省略します。インストー

---

[5] Confluent Platform 5.0.0 で同梱している PostgreSQL のドライバが PostgreSQL 9.4 向けのものであったので、このバージョンを使用しています。

[6] Kafka Connect を動作しているサーバーから接続できるようにするために、このサーバーは名前解決できるようにしておくとよいでしょう。

[7] https://www.postgresql.org/

ルが成功したことを確認してください。

```
(ec-data-server)$ sudo yum install https://download.postgresql.org/pub/repos/\
> yum/9.4/redhat/rhel-7-x86_64/pgdg-centos94-9.4-3.noarch.rpm
(ec-data-server)$ sudo yum install postgresql94 postgresql94-server
```

データベースクラスタを初期化します。

```
(ec-data-server)$ sudo /usr/pgsql-9.4/bin/postgresql94-setup initdb
Initializing database ... OK
```

KafkaクラスタからPostgreSQLに接続できるように設定しましょう。

```
(ec-data-server)$ sudo vim /var/lib/pgsql/9.4/data/postgresql.conf
（以下のように設定する）
listen_addresses = '*'

(ec-data-server)$ sudo vim /var/lib/pgsql/9.4/data/pg_hba.conf
（末尾に、接続元であるKafkaクラスタのIPアドレスを含む範囲を追加する）
host    all    all    10.0.2.0/24    md5
```

これは、10.0.2.0/24のサーバーからのアクセスは許可し、パスワードを要求する設定になりますが、自身の環境に合った設定を入れてください。設定したら、PostgreSQLを起動しましょう。

```
(ec-data-server)$ sudo systemctl start postgresql-9.4
```

PostgreSQLサーバーのインストールと初期設定が完了したので、ECサイトとして必要なデータを入れていきます。

`postgres`ユーザーで、データベースを作ります。データベース名は、`ec`とします。

```
(postgres@ec-data-server)$ createdb ec
```

ターミナル型フロントエンドの`psql`を起動します。

```
(postgres@ec-data-server)$ psql ec
psql (9.4.18)
Type "help" for help.
```

CHAPTER 7 Kafka と Kafka Connect によるデータハブ

```
ec=#
```

データを入れるテーブルを作ります。テーブルは、EC サイトの売り上げを記録するテーブル `ec_uriage` を作りましょう。このテーブルのデータをデータハブで処理するものではないので、どのようなスキーマでもよいのですが、カラムとしては、通し番号／売り上げ時刻／ ID ／商品 ID ／数量／単価などを想定しましょう。

```
CREATE TABLE ec_uriage (
  seq          bigint PRIMARY KEY,
  sales_time   timestamp,
  sales_id     varchar(80),
  item_id      varchar(80),
  amount       int,
  unit_price   int
);
```

この DDL を、さきほど起動した `psql` から実行しましょう。実行したら、作られたテーブルを確認します。

```
ec=# \d
          List of relations
 Schema |   Name    | Type  |  Owner
--------+-----------+-------+----------
 public | ec_uriage | table | postgres
(1 row)
```

テーブルが作成できましたのでユーザーを作成し、このテーブルに権限を設定しましょう。これも `psql` から実行します。ユーザーは、Kafka Connect から接続する専用のユーザー `connectuser` を用意しておきます。

```
CREATE USER connectuser with password 'connectpass';
GRANT ALL ON ec_uriage TO connectuser;
```

続いて、初期データを投入しましょう。
適当な売り上げデータを数件入れておきましょう。確認のためですので、データ自体の内容は多少不自然でも問題ありません。このような INSERT 文を `psql` から流します（コマンドの出力は省略します）。

```
INSERT INTO ec_uriage(seq, sales_time, sales_id, item_id, amount, unit_price)
    VALUES (1, '2018-10-05 11:11:11', 'ECSALES00001', 'ITEM001', 2, 300);
INSERT INTO ec_uriage(seq, sales_time, sales_id, item_id, amount, unit_price)
    VALUES (2, '2018-10-01 11:11:11', 'ECSALES00001', 'ITEM002', 1, 5800);
INSERT INTO ec_uriage(seq, sales_time, sales_id, item_id, amount, unit_price)
    VALUES (3, '2018-10-02 12:12:12', 'ECSALES00002', 'ITEM001', 4, 298);
INSERT INTO ec_uriage(seq, sales_time, sales_id, item_id, amount, unit_price)
    VALUES (4, '2018-10-02 12:12:12', 'ECSALES00002', 'ITEM003', 1, 2500);
INSERT INTO ec_uriage(seq, sales_time, sales_id, item_id, amount, unit_price)
    VALUES (5, '2018-10-02 12:12:12', 'ECSALES00002', 'ITEM004', 1, 198);
INSERT INTO ec_uriage(seq, sales_time, sales_id, item_id, amount, unit_price)
    VALUES (6, '2018-10-02 12:12:12', 'ECSALES00002', 'ITEM005', 1, 273);
```

投入したデータを確認しておきましょう。

```
ec=# select * from ec_uriage;
 seq |     sales_time      |   sales_id    | item_id | amount | unit_price
-----+---------------------+---------------+---------+--------+------------
   1 | 2018-10-05 11:11:11 | ECSALES00001  | ITEM001 |      2 |        300
   2 | 2018-10-01 11:11:11 | ECSALES00001  | ITEM002 |      1 |       5800
   3 | 2018-10-02 12:12:12 | ECSALES00002  | ITEM001 |      4 |        298
   4 | 2018-10-02 12:12:12 | ECSALES00002  | ITEM003 |      1 |       2500
   5 | 2018-10-02 12:12:12 | ECSALES00002  | ITEM004 |      1 |        198
   6 | 2018-10-02 12:12:12 | ECSALES00002  | ITEM005 |      1 |        273
(6 rows)
```

おめでとうございます。これで、ECサイトができあがりました。

7.6.2 POSの準備

POS用のデータベースとして、ECサイトと同様にRDBMSサーバーを用意しましょう。POSには、MariaDBを使います。いろいろなシステムを導入すると、RDBMSが異なるシステムができてしまうことも本当によくあります。幸運なことに、仮にそんな状態であったとしてもKafka Connectにとっては些末な問題に見えてくるでしょう。

サーバーを1台構築し、その上にMariaDBをインストールします。ここでは、サーバー名は`pos-data-`

server とします[8]。

まずは、MariaDB のインストールです。PostgreSQL のときと同様、手順やリポジトリの URL など は変わる可能性があるので、最新の情報は公式のサイト[9]を参照してください。コマンドの出力結果は省略します。インストールが成功したことを確認してください。

```
(pos-data-server)$ sudo yum install mariadb mariadb-server
```

MariaDB を起動します。

```
(pos-data-server)$ sudo systemctl start mariadb
```

mysql コマンドを起動します。

```
(pos-data-server)$ mysql -u root
mysql -u root
Welcome to the MariaDB monitor.  Commands end with ; or \g.
Your MariaDB connection id is 2
Server version: 5.5.56-MariaDB MariaDB Server

Copyright (c) 2000, 2017, Oracle, MariaDB Corporation Ab and others.

Type 'help;' or '\h' for help. Type '\c' to clear the current input statement.

MariaDB [(none)]>
```

データベース pos を作成し、切り替えます。

```
MariaDB [(none)]> CREATE DATABASE pos;
Query OK, 1 row affected (0.00 sec)

MariaDB [(none)]> USE pos;
Database changed
```

---

[8] Kafka Connect が動作しているサーバーから接続できるようにするために、このサーバーは名前解決できるようにしておくとよいでしょう。

[9] https://mariadb.org/

テーブル pos_uriage を作りましょう。POS は売り上げを記録するテーブルが 1 つあれば十分です。
EC と同じようなカラム構成を想定し、次のような DDL を作成します。

```
CREATE TABLE pos_uriage (
    seq             bigint PRIMARY KEY,
    sales_time      timestamp,
    sales_id        varchar(80),
    shop_id         varchar(80),
    item_id         varchar(80),
    amount          int,
    unit_price      int
);
```

これを、先の `mysql` コマンドに流します。実行されたら、テーブルを確認しておきましょう。

```
MariaDB [pos]> show tables;
+----------------+
| Tables_in_pos  |
+----------------+
| pos_uriage     |
+----------------+
1 row in set (0.01 sec)
```

Kafka Connect から接続するためのユーザー connectuser を作成し、権限を設定します。

```
CREATE USER 'connectuser' IDENTIFIED BY 'connectpass';
GRANT ALL PRIVILEGES ON pos_uriage TO connectuser;
```

先と同様に適当な売り上げデータを数件入れておきましょう。こちらもデータが多少不自然であっても
問題ありません。

```
INSERT INTO pos_uriage(seq, sales_time, sales_id, shop_id, item_id, amount, unit_price)
    VALUES (1, '2018-10-11 21:21:21', 'POSSALES00001', 'SHOP001', 'ITEM001', 2, 300);
INSERT INTO pos_uriage(seq, sales_time, sales_id, shop_id, item_id, amount, unit_price)
    VALUES (2, '2018-10-11 21:21:21', 'POSSALES00001', 'SHOP001', 'ITEM004', 5, 198);
INSERT INTO pos_uriage(seq, sales_time, sales_id, shop_id, item_id, amount, unit_price)
```

CHAPTER 7 Kafka と Kafka Connect によるデータハブ

```
        VALUES (3, '2018-10-11 21:21:21', 'POSSALES00001', 'SHOP001', 'ITEM005', 1, 273);
INSERT INTO pos_uriage(seq, sales_time, sales_id, shop_id, item_id, amount, unit_price)
        VALUES (4, '2018-10-12 22:22:22', 'POSSALES00002', 'SHOP002', 'ITEM001', 1, 300);
INSERT INTO pos_uriage(seq, sales_time, sales_id, shop_id, item_id, amount, unit_price)
        VALUES (5, '2018-10-12 22:22:22', 'POSSALES00002', 'SHOP002', 'ITEM006', 1, 512);
INSERT INTO pos_uriage(seq, sales_time, sales_id, shop_id, item_id, amount, unit_price)
        VALUES (6, '2018-10-12 23:23:23', 'POSSALES00003', 'SHOP053', 'ITEM006', 2, 512);
```

投入されたデータを確認します。

```
MariaDB [pos]> SELECT * FROM pos_uriage;
+-----+---------------------+----------------+---------+---------+--------+------------+
| seq | sales_time          | sales_id       | shop_id | item_id | amount | unit_price |
+-----+---------------------+----------------+---------+---------+--------+------------+
|   1 | 2018-10-11 21:21:21 | POSSALES00001  | SHOP001 | ITEM001 |      2 |        300 |
|   2 | 2018-10-11 21:21:21 | POSSALES00001  | SHOP001 | ITEM004 |      5 |        198 |
|   3 | 2018-10-11 21:21:21 | POSSALES00001  | SHOP001 | ITEM005 |      1 |        273 |
|   4 | 2018-10-12 22:22:22 | POSSALES00002  | SHOP002 | ITEM001 |      1 |        300 |
|   5 | 2018-10-12 22:22:22 | POSSALES00002  | SHOP002 | ITEM006 |      1 |        512 |
|   6 | 2018-10-12 23:23:23 | POSSALES00003  | SHOP053 | ITEM006 |      2 |        512 |
+-----+---------------------+----------------+---------+---------+--------+------------+
6 rows in set (0.00 sec)
```

これで、POS システムもできあがりました。

ところで、先に説明したとおり Confluent Platform でインストールされた Kafka には、MariaDB のドライバが含まれていません。そのため、手動でドライバを導入します。ドライバは、MariaDB に接続するすべてのサーバーで必要になります。つまり、**kafka-broker01**、**kafka-broker02**、**kafka-broker03** の 3 台です。

MariaDB Connector/J の jar ファイルをダウンロードします[10]。ダウンロードしたら、jar ファイルを、JDBC Connector が認識できる場所に置きます。たとえば、次のようにするとよいでしょう[11]。

---

[10] 公式サイトによると、現在の MariaDB の JDBC ドライバはすべての MariaDB のバージョンに互換であるようですが、念のためインストール時にご確認ください。
[11] 各々の環境のポリシーによって、適切な方法は異なる可能性がありますので、その場合は適宜読み替えてください。

```
$ sudo cp mariadb-java-client-*.jar /usr/share/java/kafka-connect-jdbc
```

これで、POS の準備も完了しました。

7.6.3 販売予測システムの準備

販売予測システムは、S3 経由で連携します。ここは、S3 上にバケットを作っておくだけで十分です。以降、このようなバケットが作られている想定で記載していますので、適宜読み替えて準備してください。

リージョン：ap-northeast-1
バケット名：datahub-sales

また、Kafka Connect の Connector が S3 へアクセスするためには、クレデンシャルが必要になります。AWS のアカウントのアクセスキーを作成してください。アクセスキーを Connector に渡す方法はいくつかあります[12]が、ここでは `~/.aws/credentials` ファイルに記述します。すでに設定されている場合は、この手順をスキップしてください。この設定は、S3 へアクセスするすべてのサーバーに必要です。すなわち、`kafka-broker01`、`kafka-broker02`、`kafka-broker03` の3台です。

```
$ mkdir ~/.aws
$ touch ~/.aws/credentials
$ chmod 600 ~/.aws/credentials
$ vim ~/.aws/credentials
```

`[default]` の部分を、次のように作成します。

```
[default]
aws_access_key_id = your_access_key_id
aws_secret_access_key = your_secret_access_key
```

これですべてのシステムの準備が終わりました。いよいよ Kafka Connect ですべてのシステムをつないでいきましょう。

---

[12] 内部的には、デフォルトでは `DefaultAWSCredentialsProviderChain` が使用されています。この仕様については、AWS の公式サイト等のドキュメントを参照してください。

CHAPTER 7 Kafka と Kafka Connect によるデータハブ

7.6.4 Kafka Connect の実行

　今回は多くのシステムが出てくるため、すべてを IP アドレスで書くと何のサーバーか分かりにくくなり、読み替えながら読むのがとても大変です。そのため、本章では登場するサーバーは、IP アドレスを使わずにサーバー名で記述します。登場するすべてのサーバーの /etc/hosts にこのような記載がある前提で説明を進めます。異なる環境をお使いの方は、適宜読み替えてください。

```
XX.XX.XX.XX    kafka-broker01
XX.XX.XX.XX    kafka-broker02
XX.XX.XX.XX    kafka-broker03
XX.XX.XX.XX    ec-data-server
XX.XX.XX.XX    pos-data-server
```

　まずは、Kafka Connect の起動から行います。さきほど Kafka Connect 自体を止めているので、再度起動します。手順はさきほどと同じなのですが、異なる点が 1 箇所だけあります。今回は Kafka Connect を複数サーバーで実行します。

　先に起動のための設定ファイルを作成しておきます。Kafka クラスタのすべてのサーバー (kafka-broker01、kafka-broker02、kafka-broker03) で設定ファイルを作ってください。複数台で Kafka Connect を使用する場合は、bootstrap.servers も合わせておくのがよいでしょう。

```
(kafka-broker01)$ cp /etc/kafka/connect-distributed.properties \
> connect-distributed-1.properties
(kafka-broker01)$ vim connect-distributed-1.properties
 (中略)
bootstrap.servers=kafka-broker01:9092
group.id=connect-cluster-datahub-1
 (後略)
```

```
$ cp /etc/kafka/connect-distributed.properties connect-distributed-2.properties
$ vim connect-distributed-2.properties
 (中略)
bootstrap.servers=kafka-broker01:9092,kafka-broker02:9092,kafka-broker03:9092
group.id=connect-cluster-datahub-2
 (中略)
```

7.6 毎月の販売予測を行う

　この設定ファイルを使用して Kafka Connect を起動しましょう。これも Kafka クラスタのすべてのサーバーで実行します。

```
$ connect-distributed ./connect-distributed-2.properties
```

　Kafka Connect が起動できました。続けて、EC サイトの売り上げデータをロードする Connector を実行します。これは、Kafka クラスタのいずれか 1 台から実行してください。あるいは、クラスタ外の Kafka クライアントから実行しても構いません。

```
(kafka-client)$ echo '
> {
>   "name" : "load-ecsales-data",
>   "config" : {
>     "connector.class" : "io.confluent.connect.jdbc.JdbcSourceConnector",
>     "connection.url" : "jdbc:postgresql://ec-data-server/ec",
>     "connection.user" : "connectuser",
>     "connection.password" : "connectpass",
>     "mode": "incrementing",
>     "incrementing.column.name" : "seq",
>     "table.whitelist" : "ec_uriage",
>     "topic.prefix" : "ecsales_",
>     "tasks.max": "3"
>   }
> }
> ' | curl -X POST -d @- http://kafka-broker01:8083/connectors \
> --header "content-Type:application/json"
{"name":"load-ecsales-data","config":{"connector.class":"io.confluent.connect.jdbc.JdbcSourceConnector","connection.url":"jdbc:postgresql://ec-data-server/ec","connection.user":"connectuser","connection.password":"connectpass","mode":"incrementing","incrementing.column.name":"seq","table.whitelist":"ec_uriage","topic.prefix":"ecsales_","tasks.max":"3","name":"load-ecsales-data"},"tasks":[],"type":null}
```

　設定の内容は次のとおりです。

- connection.url、connection.user、connection.password
  JDBC に接続するための情報を指定します。

- mode、incrementing.column.name
  Connectorは、実行しているあいだ、JDBC経由でRDBMSをポーリングし、変更があったらそれを読み込んでKafkaに渡す、という動作をします。変更点を検知する方法がいくつかありますが、ここではincrementingを指定しています。これは、単調増加するカラムの値を見て、更新の有無を判別します。そのカラムは、incrementing.column.nameで指定します。ですので、今回はseqカラムの値は単調増加するように値を入れている必要があります。modeは、ほかにもbulk、timestamp、timestamp+incrementingなどが指定できますので、興味があればドキュメントを調べてみてください。

- table.whitelist
  ロードする対象のテーブルを指定します。table.blacklistなどでテーブルを除外することもできますが、両者は排他となります。

- topic.prefix
  Kafkaにデータを入れる際のトピック名を決めるprefixを指定します。テーブル名にこのprefixが付いた名前がトピック名になります[13]。

- tasks.max
  このConnectorで作られるタスク数の最大数を指定します。

同じく、POSの売り上げデータをロードするConnectorを実行します。

```
(kafka-client)$ echo '
> {
>   "name" : "load-possales-data",
>   "config" : {
>     "connector.class" : "io.confluent.connect.jdbc.JdbcSourceConnector",
>     "connection.url" : "jdbc:mysql://pos-data-server/pos",
>     "connection.user" : "connectuser",
>     "connection.password" : "connectpass",
>     "mode": "incrementing",
>     "incrementing.column.name" : "seq",
>     "table.whitelist" : "pos_uriage",
```

---

[13] この手順では、Kafkaに事前にTopicを作成していませんが、この場合Topicは自動的に作られます。TopicのPartition数などを指定したい場合などには、事前に作成することをお勧めします。Kafkaでは、通常Topic名に「_（アンダースコア）」や「.（ピリオド）」などの文字を使うことは推奨されておらず、手動でTopicを作る際には警告が出る可能性があります。しかし、Kafka Connectでテーブルをロードする場合は、テーブル名に「_」が含まれているとTopic名にも「_」が含まれることは避けられないため、ここでは「_」をそのまま使用しています。

7.6 毎月の販売予測を行う

```
>       "topic.prefix" : "possales_",
>       "tasks.max" : "3"
>     }
> }
> ' | curl -X POST -d @- http://kafka-broker01:8083/connectors \
> --header "content-Type:application/json"
{"name":"load-possales-data","config":{"connector.class":"io.confluent.connect.jdbc.
JdbcSourceConnector","connection.url":"jdbc:mysql://pos-data-server/pos","connection
.user":"connectuser","connection.password":"connectpass","mode":"incrementing","incr
ementing.column.name":"seq","table.whitelist":"pos_uriage","topic.prefix":"possales_
","tasks.max":"3","name":"load-possales-data"},"tasks":[],"type":null}
```

実行中の Connector 一覧を見てみましょう。

```
(kafka-client)$ curl http://kafka-broker01:8083/connectors
["load-ecsales-data","load-possales-data"]
```

投入した Connector が 2 つとも動いているようですので、データが本当に Kafka にロードされているか、`kafka-console-consumer` を使って確認しましょう。

▍load-ecsales-data

```
(consumer-client)$ kafka-console-consumer \
> --bootstrap-server kafka-broker01:9092,kafka-broker02:9092,kafka-broker03:9092 \
> --topic ecsales_ec_uriage --from-beginning
{"schema":{"type":"struct","fields":[{"type":"int64","optional":false,"field":"seq
"},{"type":"int64","optional":true,"name":"org.apache.kafka.connect.data.Timestamp
","version":1,"field":"sales_time"},{"type":"string","optional":true,"field":"sale
s_id"},{"type":"string","optional":true,"field":"item_id"},{"type":"int32","option
al":true,"field":"amount"},{"type":"int32","optional":true,"field":"unit_price"}],
"optional":false,"name":"ec_uriage"},"payload":{"seq":1,"sales_time":1538737871000
,"sales_id":"ECSALES00001","item_id":"ITEM001","amount":2,"unit_price":300}}
 （中略）
{"schema":{"type":"struct","fields":[{"type":"int64","optional":false,"field":"seq
"},{"type":"int64","optional":true,"name":"org.apache.kafka.connect.data.Timestamp
","version":1,"field":"sales_time"},{"type":"string","optional":true,"field":"sale
s_id"},{"type":"string","optional":true,"field":"item_id"},{"type":"int32","option
al":true,"field":"amount"},{"type":"int32","optional":true,"field":"unit_price"}],
```

CHAPTER 7　KafkaとKafka Connectによるデータハブ

```
"optional":false,"name":"ec_uriage"},"payload":{"seq":6,"sales_time":1538482332000
,"sales_id":"ECSALES00002","item_id":"ITEM005","amount":1,"unit_price":273}}
Processed a total of 6 messages
```

load-possales-data

```
(consumer-client)$ kafka-console-consumer \
> --bootstrap-server kafka-broker01:9092,kafka-broker02:9092,kafka-broker03:9092 \
> --topic possales_pos_uriage --from-beginning
{"schema":{"type":"struct","fields":[{"type":"int64","optional":false,"field":"seq
"},{"type":"int64","optional":false,"name":"org.apache.kafka.connect.data.Timestam
p","version":1,"field":"sales_time"},{"type":"string","optional":true,"field":"sal
es_id"},{"type":"string","optional":true,"field":"shop_id"},{"type":"string","opti
onal":true,"field":"item_id"},{"type":"int32","optional":true,"field":"amount"},{"
type":"int32","optional":true,"field":"unit_price"}],"optional":false,"name":"pos_
uriage"},"payload":{"seq":1,"sales_time":1539292881000,"sales_id":"POSSALES00001",
"shop_id":"SHOP001","item_id":"ITEM001","amount":2,"unit_price":300}}
（中略）
{"schema":{"type":"struct","fields":[{"type":"int64","optional":false,"field":"seq
"},{"type":"int64","optional":false,"name":"org.apache.kafka.connect.data.Timestam
p","version":1,"field":"sales_time"},{"type":"string","optional":true,"field":"sal
es_id"},{"type":"string","optional":true,"field":"shop_id"},{"type":"string","opti
onal":true,"field":"item_id"},{"type":"int32","optional":true,"field":"amount"},{"
type":"int32","optional":true,"field":"unit_price"}],"optional":false,"name":"pos_
uriage"},"payload":{"seq":6,"sales_time":1539386603000,"sales_id":"POSSALES00003",
"shop_id":"SHOP053","item_id":"ITEM006","amount":2,"unit_price":512}}
Processed a total of 6 messages
```

　ECサイトもPOSも、両方のデータがKafkaにロードされていることが分かりました。
　それでは、続けて、Sink側のConnectorも起動しましょう。販売予測システムのS3へ出力するConnectorは、次のように実行します。

```
(kafka-client)$ echo '
> {
>   "name" : "sink-sales-data",
>   "config" : {
>     "connector.class" : "io.confluent.connect.s3.S3SinkConnector",
```

```
>     "s3.bucket.name" : "datahub-sales",
>     "s3.region" : "ap-northeast-1",
>     "storage.class" : "io.confluent.connect.s3.storage.S3Storage",
>     "format.class" : "io.confluent.connect.s3.format.json.JsonFormat",
>     "flush.size" : 3,
>     "topics" : "possales_pos_uriage,ecsales_ec_uriage",
>     "tasks.max" : "3"
>   }
> }
> ' | curl -X POST -d @- http://kafka-broker01:8083/connectors \
> --header "content-Type:application/json"
{"name":"sink-sales-data","config":{"connector.class":"io.confluent.connect.s3.S3SinkConnector","s3.bucket.name":"datahub-sales","s3.region":"ap-northeast-1","storage.class":"io.confluent.connect.s3.storage.S3Storage","format.class":"io.confluent.connect.s3.format.json.JsonFormat","flush.size":"3","topics":"possales_pos_uriage,ecsales_ec_uriage","tasks.max":"3","name":"sink-sales-data"},"tasks":[],"type":null}
```

設定内容は次のようになっています。

- `s3.bucket.name`、`s3.region`
  データを出力する S3 のバケットの情報を指定します。事前に準備した S3 のバケット名とリージョンを設定しましょう。

- `storage.class`
  S3 用のストレージインタフェースを指定します。上記のとおりでよいでしょう。

- `format.class`
  データを出力するときにフォーマットクラスを指定する必要があります。ここでは人が読めるように、JSON 形式で出力します。

- `flush.size`
  ファイルにコミットするときのレコード数を指定します。

Connector が実行されたか、実行中の Connector 一覧を見て確認しましょう。

```
(kafka-client)$ curl http://kafka-broker01:8083/connectors
["sink-sales-data","load-ecsales-data","load-possales-data"]
```

Sink Connector も動き始めたようです。それでは、S3 を確認してみましょう。

AWS CLI でもよいですし、Web UI からでもよいので、さきほど指定したバケットを確認してみてください。このようなファイルが生成されているのが確認できるでしょう。

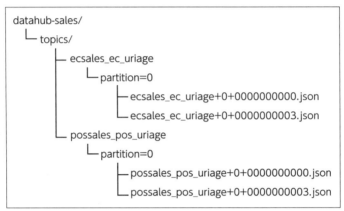

図 7.10　生成されたファイルの構成図

環境やデータによって多少異なるかもしれませんが、似たような構造で出力されたことでしょう。JSON の中身も見てみましょう。

```
ecsales_ec_uriage+0+0000000000.json

{"seq":1,"sales_time":1538737871000,"sales_id":"ECSALES00001",
    "item_id":"ITEM001","amount":2,"unit_price":300}
{"seq":2,"sales_time":1538392271000,"sales_id":"ECSALES00001",
    "item_id":"ITEM002","amount":1,"unit_price":5800}
{"seq":3,"sales_time":1538482332000,"sales_id":"ECSALES00002",
    "item_id":"ITEM001","amount":4,"unit_price":298}
```

EC サイトの売り上げデータが入っていることが分かりました。POS データも同じように確認してみてください。POS のデータが入っているはずです。

これで、EC サイトと POS のデータを S3 につなげられたことが確認できました。

さて、「1.」のときと同様、Connector が起動しているあいだはデータソースに変更があったらそれが S3 にまで伝播するはずです。これも確認してみましょう。たった今 EC サイトで売り上げがあり、1 行追加されたとします。

```
(postgres)$ psql ec
psql (9.4.18)
Type "help" for help.

ec=# INSERT INTO ec_uriage(seq, sales_time, sales_id, item_id, amount, unit_price)
VALUES (7, '2018-10-02 13:13:13', 'ECSALES00003', 'ITEM001', 1, 300);
```

S3 に変更があったか確認してみてください。本書とまったく同じように、最初に初期データを 6 行作成していた方は、S3 に何も変化が見えなかったと思います。これは、`flush.size` の設定によるものです。この値を 3 に設定して Sink を起動したので、3 行データが溜まらないとファイルに出力されません。試しに、さらに 2 行追加してみましょう。1 行ずつ追加して、S3 の様子を確認してみてください[14]。

```
ec=# INSERT INTO ec_uriage(seq, sales_time, sales_id, item_id, amount, unit_price)
    VALUES (8, '2018-10-02 14:14:14', 'ECSALES00004', 'ITEM001', 1, 300);
ec=# INSERT INTO ec_uriage(seq, sales_time, sales_id, item_id, amount, unit_price)
    VALUES (9, '2018-10-02 14:14:14', 'ECSALES00004', 'ITEM002', 1, 5800);
```

S3 のほうを確認してみてください。新しいファイルが作成されました。

同じことを、POS 側でも確認しておきましょう。POS でも売り上げがありました。

```
(pos-data-server)$ mysql -u root
mysql -u root
Welcome to the MariaDB monitor.  Commands end with ; or \g.
Your MariaDB connection id is 2
Server version: 5.5.56-MariaDB MariaDB Server

Copyright (c) 2000, 2017, Oracle, MariaDB Corporation Ab and others.

Type 'help;' or '\h' for help. Type '\c' to clear the current input statement.

MariaDB [(none)]> use pos;
Reading table information for completion of table and column names
You can turn off this feature to get a quicker startup with -A

Database changed
```

---
[14] S3 は、必ずしも即座に結果が反映されることを保証するものではないので、ご注意ください。

```
MariaDB [pos]> INSERT INTO pos_uriage(seq, sales_time, sales_id, shop_id, item_id,
amount, unit_price) VALUES (7, '2018-10-13 04:04:04', 'POSSALES00004', 'SHOP001',
'ITEM001', 2, 300);
MariaDB [pos]> INSERT INTO pos_uriage(seq, sales_time, sales_id, shop_id, item_id,
amount, unit_price) VALUES (8, '2018-10-13 05:05:05', 'POSSALES00004', 'SHOP001',
'ITEM001', 1, 300);
MariaDB [pos]> INSERT INTO pos_uriage(seq, sales_time, sales_id, shop_id, item_id,
amount, unit_price) VALUES (9, '2018-10-13 05:05:05', 'POSSALES00004', 'SHOP001',
'ITEM004', 1, 198);
```

1行ずつ追加して、どのタイミングでS3にファイルができるかを確認してみるとよいでしょう。3行ごとに新しくファイルが作成されることが確認できます。

以上の体験をとおして、データハブが動作しているあいだは、RDBMS上のデータの変更が常にS3に反映されてくることが分かりました。

これで、データハブの動作がひととおり確認できました。最後に後片付けをして終わりにしましょう。実行中のConnectorを削除します。

```
(kafka-client)$ curl -X DELETE http://kafka-broker01:8083/connectors/load-ecsales-data
(kafka-client)$ curl -X DELETE http://kafka-broker01:8083/connectors/load-possales-data
(kafka-client)$ curl -X DELETE http://kafka-broker01:8083/connectors/sink-sales-data
```

Kafka Connectを停止しましょう。起動したconnect-distributedを［Ctrl］＋［C］で停止します。

7.7 データ管理とスキーマエボリューション

7.7.1 スキーマエボリューション

ところで、データハブとして多くのシステムを接続するようなケースでは、往々にして接続したシステムのデータが変更されたときのことを考えておく必要が出てきます。POSシステムを海外製のパッケージに更改したことによって単価（unit_price）がdouble型になったり、データ分析の精度を高めるためにECサイトの売り上げデータにユーザーIDを追加したり、運用を始めると、多くのシステムでは外部と送受信するデータのスキーマに変更を加えたくなるケースがあります。

データハブを使ったシステムの場合、スキーマの変更は接続元システム／データハブ／接続先システムのすべてに影響を与えてしまいます。しかし、すべてのシステムのアプリケーションを同時に修正してデ

プロイするのは現実的ではありません。したがって、時間を経過するとスキーマが変化していくことを織り込んでシステムを設計する必要があるのです。スキーマが「進化」していくことを、スキーマエボリューションと呼びます。

データハブにかぎらず、商用環境でデータパイプラインを構築するときはこのような領域は見過ごしてしまうことが多いですが、設計時点でスキーマエボリューションまで注意深く考慮しておくと、あとで苦労しなくて済むのです。

7.7.2 スキーマの互換性

さて、難しいのはスキーマエボリューションをどのように考えるか、というポイントです。スキーマを進化させるときに、周辺のシステムが整合性を失うことなく処理し続けることが必要になります。これを実現するために、多くのケースでは進化前後のスキーマにある程度の互換性を持たせることになります。互換性は、典型的にはこのようなことを考えることが多いです[15]。

- 後方互換性（backward compatibility）
- 前方互換性（forward compatibility）
- 完全互換性（full compatibility）

先の「2.」の例が分かりやすいので、もう一度登場してもらいましょう。販売予測システムの精度向上を目指して、将来的にPOSシステムから、年齢情報を追加してデータを連携してもらう構想ができました。POS側のシステム改修に先立って、販売予測システム側は年齢というカラムが増える前提で年齢データが入っていたら分析に使用する、というようなシステムを改修しました。このとき、POSがデータハブに入れるデータは、まだ年齢カラムは存在しないデータですが、データを受け取る販売予測システム側は、年齢カラムが入っている想定でデータを受け取ります。このように、古いスキーマのデータを新しいスキーマを使っても読めるという性質を、後方互換性と呼びます。

逆に、POS側のシステム改修が先に行われ、データハブに入るデータはすでに年齢カラムが増えたデータであっても、販売予測システムはまだ改修が行われず、データには年齢カラムがない想定でデータを読むケースもありえます。このように、新しいスキーマのデータを古いスキーマを使っても読めるという性質を前方互換性と呼びます。

後方互換性と前方互換性の両方を備えている場合、完全互換性と呼びます。

---

[15] 日本語への訳語は、翻訳者によって多少異なる可能性があります。

7.7.3 Schema Registry

第6章において、Kafkaでスキーマエボリューションを考慮するには、Schema Registryを使うと便利であると説明しました。

Schema Registryというのは、Kafkaクラスタの外でスキーマだけを管理する機能を持ったサービスです。Kafkaに含まれているものではなく、Confluentが提供しているものです[16]。Schema Registryがある環境では、ProducerやConsumerはデータ自体にスキーマを持たせてKafkaへ書き込むのではなく、スキーマ情報をSchema Registryに書き込み、そのときにSchema Registryで付与されるIDをシリアライズされたデータ本体に付加してKafkaに書き込むのです。スキーマに変更がなければ毎回同じIDがデータに付加されますが、スキーマに変更があったときにはProducerがSchema Registryに新しいスキーマを登録し、新しいIDをデータに付加するのです。

このような仕組みのため、Producerが変更しようとしているスキーマが必要な互換性を満たすかどうかをSchema Registryでチェックすることができます。互換性を満たさないスキーマ変更はSchema Registryで弾かれ、ProducerはKafkaにデータを入れることができません。スキーマを集中管理し、スキーマエボリューションを正しく行うために使うのがSchema Registryなのです。

7.7.4 Schema Registryの準備

ここからは、前の「2.」で使った例を応用して、Schema RegistryをKafka Connectから使う流れを簡単に見てみましょう。話の単純化のため、Source側はPOSのMariaDBだけを使い、ECサイトのPostgreSQLは使用しません。Sink側は販売予測システムのS3を使います。

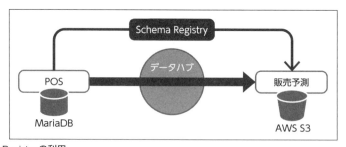

図7.11 Schema Registryの利用

---

[16] Schema Registry相当のプロダクトは、Confluent以外にもほかのベンダーからも提供されています。ほかの実装では使用方法が異なりますので、それぞれのドキュメントを参照してください。本章では、ConfluentのSchema Registryを指しています。

Schema Registry は Confluent Platform をインストールするとすでにインストールされているので、すぐに使うことができます。さっそく起動しましょう。商用環境で Schema Registry を使う場合は、冗長構成が必要ですので複数台で実行します。ここでは、broker サーバーと同居させ、Kafka クラスタのサーバーすべて (`kafka-broker01`、`kafka-broker02`、`kafka-broker03`) で起動します[17]。まずは設定ファイルを作ります。

```
$ sudo vim /etc/schema-registry/schema-registry.properties
```

次のように設定します。

```
kafkastore.connection.url=kafka-broker01:2181,kafka-broker02:2181,kafka-broker03:2181
```

Schema Registry を複数台のサーバーで実行する場合は、内部で自動的にマスター選出を行います。この際に ZooKeeper を使用する[18]ため、`kafkastore.connection.url` に ZooKeeper アンサンブルを指定します。設定を終えたら、Schema Registry を起動しましょう。

```
$ sudo systemctl start confluent-schema-registry
```

Schema Registry も、REST API インターフェイスを持っています。たとえば、設定を確認するには、このようにします。

```
(kafka-client)$ curl -X GET http://kafka-broker01:8081/config
{"compatibilityLevel":"BACKWARD"}
```

後方互換性を保証する設定になっています。これは全体の設定ですが、これとは別に個別に異なる互換性を設定することもできます。

7.7.5 Schema Registry の使用

Schema Registry の準備が終わったので、Kafka Connect から Schema Registry を使ってみましょう。
Kafka Connect を起動していきます。Kafka Connect を起動する前に Schema Registry にエントリを追加してもよいのですが、なければ自動で追加されるので、今回は Kafka Connect を起動してしまいましょう。ここからの手順は「2.」と同じです。Kafka Connect を起動するサーバー (`kafka-broker01`、

---

[17] Schema Registry は台数を増やしてもスケールするものではありません。2 台以上であれば十分でしょう。
[18] Confluent Platform 4.0 より、ZooKeeper を使わず、代わりに Kafka を使うモードが実装されました。この場合は、`kafkastore.bootstrap.servers` で設定します。詳細はドキュメントを参照してください。

kafka-broker02、kafka-broker03）で実行します。実行に必要な設定ファイルは、Schema Registry を使うように修正しておきます。「2.」で作ったものを流用しましょう。

```
$ cp connect-distributed-2.properties connect-distributed-2-sr.properties
$ vim connect-distributed-2-sr.properties
```

次のように設定します。

```
bootstrap.servers=kafka-broker01:9092,kafka-broker02:9092,kafka-broker03:9092
group.id=connect-cluster-datahub-2-sr
key.converter=io.confluent.connect.avro.AvroConverter
key.converter.schema.registry.url=http://kafka-broker01:8081,http://kafka-broker02:8081,http://kafka-broker03:8081
value.converter=io.confluent.connect.avro.AvroConverter
value.converter.schema.registry.url=http://kafka-broker01:8081,http://kafka-broker02:8081,http://kafka-broker03:8081
```

`key.converter`、`value.converter` は、「2.」の段階ではとくに設定を変更していませんでしたが、JSONConverter という設定が入っていました。これは、Kafka Connect がデータを Kafka に入れる際には、JSON でシリアライズされていたことを意味します。ところが、Schema Registry は Avro で使うことが前提になりますので、ここに Avro を指定します。`key.converter.schema.registry.url`、`value.converter.schema.registry.url` には、さきほど起動した Schema Registry の URL を指定します。

設定ファイルができたので、Kafka Connect を起動しましょう。

```
$ connect-distributed ./connect-distributed-2-sr.properties
```

POS の MariaDB からロードする Connector を起動しましょう。ただし、前回と同じ Topic を使うと分からなくなるので、Connector 名と Topic 名は変えておきます。

```
(kafka-client)$ echo '
> {
>   "name" : "load-possales-data-sr",
>   "config" : {
>     "connector.class" : "io.confluent.connect.jdbc.JdbcSourceConnector",
>     "connection.url" : "jdbc:mysql://pos-data-server/pos",
>     "connection.user" : "connectuser",
```

7.7 データ管理とスキーマエボリューション

```
>       "connection.password" : "connectpass",
>       "mode": "incrementing",
>       "incrementing.column.name" : "seq",
>       "table.whitelist" : "pos_uriage",
>       "topic.prefix" : "possales_sr_",
>       "tasks.max" : "3"
>     }
> }
> ' | curl -X POST -d @- http://kafka-broker01:8083/connectors \
> --header "content-Type:application/json"
```

Kafka に入ったデータは、JSON ではなく Avro でシリアライズされているため、`kafka-console-consumer` で見ても人間には読めません。このようなときは、代わりに `kafka-avro-console-consumer` を使います。

```
(consumer-client)$ LOG_DIR=./logs kafka-avro-console-consumer \
> --bootstrap-server kafka-broker01:9092,kafka-broker02:9092,kafka-broker03:9092 \
> --topic possales_sr_pos_uriage --from-beginning --property schema.registry.url=\
> http://kafka-broker01:8081,http://kafka-broker02:8081,http://kafka-broker03:8081
```

`schema.registry.url` で Schema Registry を指定します。これがないと Avro をデシリアライズできないためです。また、`kafka-avro-console-consumer` はログを出力するので `LOG_DIR` でログディレクトリを指定しています。お好きなディレクトリを指定してください。なお、このあとの手順を続けるときは、この `kafka-avro-console-consumer` をずっと開いておき、手順を実施するたびにデータが表示される様子を確認すると理解しやすいと思います。

続けて、S3 に書き出す Connector を起動しましょう。

```
(kafka-client)$ echo '
> {
>   "name" : "sink-sales-data-sr",
>   "config" : {
>     "connector.class" : "io.confluent.connect.s3.S3SinkConnector",
>     "s3.bucket.name" : "datahub-sales",
>     "s3.region" : "ap-northeast-1",
>     "storage.class" : "io.confluent.connect.s3.storage.S3Storage",
>     "format.class" : "io.confluent.connect.s3.format.json.JsonFormat",
>     "flush.size" : 3,
```

```
>         "topics" : "possales_sr_pos_uriage",
>         "tasks.max" : "3"
>     }
> }
> ' | curl -X POST -d @- http://kafka-broker01:8083/connectors \
> --header "content-Type:application/json"
```

Sink側まで動作しているでしょうか。S3にデータが入っているか確認してみてください。

ここまでの手順は、「2.」と同じでした。今回はここで、Schema Registryの状態も確認していきましょう。Kafka Connectがすでに実行されているので、Source側のConnectorによってSchema Registryに自動的にスキーマ情報が書き込まれているはずです。確認してみましょう。

```
(kafka-client)$ curl -X GET http://kafka-broker01:8081/subjects
["possales_sr_pos_uriage-value"]
```

中身を見てみましょう。スキーマは進化するので、バージョン管理されています。

```
(kafka-client)$ curl -X GET http://kafka-broker01:8081/subjects/\
> possales_sr_pos_uriage-value/versions
[1]

(kafka-client)$ curl -X GET http://kafka-broker01:8081/subjects/\
> possales_sr_pos_uriage-value/versions/1 | python -m json.tool
{
    "id": 1,
    "schema": "{\"type\":\"record\",\"name\":\"pos_uriage\",\"fields\":[{\"name\":\"seq\",\"type\":\"long\"},{\"name\":\"sales_time\",\"type\":{\"type\":\"long\",\"connect.version\":1,\"connect.name\":\"org.apache.kafka.connect.data.Timestamp\",\"logicalType\":\"timestamp-millis\"}},{\"name\":\"sales_id\",\"type\":[\"null\",\"string\"],\"default\":null},{\"name\":\"shop_id\",\"type\":[\"null\",\"string\"],\"default\":null},{\"name\":\"item_id\",\"type\":[\"null\",\"string\"],\"default\":null},{\"name\":\"amount\",\"type\":[\"null\",\"int\"],\"default\":null},{\"name\":\"unit_price\",\"type\":[\"null\",\"int\"],\"default\":null}],\"connect.name\":\"pos_uriage\"}",
    "subject": "possales_sr_pos_uriage-value",
    "version": 1
}
```

schema の要素が見づらいので、フォーマットしてみましょう。

```
$ echo "{\"type\":\"record\",\"name\":\"pos_uriage\",\"fields\":[{\"name\":\"seq\"
,\"type\":\"long\"},{\"name\":\"sales_time\",\"type\":{\"type\":\"long\",\"connect
（中略）
age\"}" | python -m json.tool
{
    "connect.name": "pos_uriage",
    "fields": [
        {
            "name": "seq",
            "type": "long"
        },
        {
            "name": "sales_time",
            "type": {
                "connect.name": "org.apache.kafka.connect.data.Timestamp",
                "connect.version": 1,
                "logicalType": "timestamp-millis",
                "type": "long"
            }
        },
        {
            "default": null,
            "name": "sales_id",
            "type": [
                "null",
                "string"
            ]
        },
        {
            "default": null,
            "name": "shop_id",
            "type": [
                "null",
                "string"
            ]
```

```
            },
            {
                "default": null,
                "name": "item_id",
                "type": [
                    "null",
                    "string"
                ]
            },
            {
                "default": null,
                "name": "amount",
                "type": [
                    "null",
                    "int"
                ]
            },
            {
                "default": null,
                "name": "unit_price",
                "type": [
                    "null",
                    "int"
                ]
            }
        ],
        "name": "pos_uriage",
        "type": "record"
}
```

　このようなスキーマが登録されていました。
　次に、このスキーマを進化させていくことを考えましょう。POSからデータハブに送るデータに、年齢が追加されることになったとします。ですので、POSのデータを格納していたテーブルに年齢カラムを追加する、という変更をしましょう。
　ところで、さきほど確認したとおり、Schema Registryは後方互換性を保証する設定で動作していました。後方互換性を壊すような変更を入れようとするとどうなるでしょうか。後方互換性を壊す変更はいくつか考えられますが、ひとつは「カラムを追加するが、そのカラムのデフォルト値が設定されていない」

7.7 データ管理とスキーマエボリューション

というものです。古いスキーマで投入されたデータをデータを新しいスキーマで読もうとすると、追加されたカラムの値を決定できないため、後方互換性が維持できません。

Kafka Connect では、Kafka に送る際のスキーマは Connector が自動的に決定しますが、この Connector は次のように年齢カラム **age** を追加すると Kafka に送るデータのスキーマにデフォルト値を設定しなくなります。

```
ALTER TABLE pos_uriage ADD COLUMN age INT NOT NULL;
INSERT INTO pos_uriage(seq, sales_time, sales_id, shop_id,
        item_id, amount, unit_price, age)
    VALUES (10, '2018-10-21 11:11:11', 'POSSALES00008', 'SHOP001',
        'ITEM008', 1, 422, 25);
```

カラムを追加したあとにデータを挿入すると、Kafka Connect がそのデータを読み込むため、すぐに次のようなエラーメッセージが出力されたはずです。

```
[2018-08-09 19:05:07,752] ERROR WorkerSourceTask{id=load-possales-data-sr2-0} Task threw an uncaught and unrecoverable exception (org.apache.kafka.connect.runtime.WorkerTask:177)
org.apache.kafka.connect.errors.ConnectException: Tolerance exceeded in error handler
        at org.apache.kafka.connect.runtime.errors.RetryWithToleranceOperator.execute(RetryWithToleranceOperator.java:104)
（中略）
Caused by: org.apache.kafka.connect.errors.DataException: possales_sr_pos_uriage
        at io.confluent.connect.avro.AvroConverter.fromConnectData(AvroConverter.java:77)
（中略）
        ... 11 more
Caused by: org.apache.kafka.common.errors.SerializationException: Error registering Avro schema: {"type":"record","name":"pos_uriage","fields":[{"name":"seq","type":"long"},{"name":"sales_time","type":{"type":"long","connect.version":1,"connect.name":"org.apache.kafka.connect.data.Timestamp","logicalType":"timestamp-millis"}},{"name":"sales_id","type":["null","string"],"default":null},{"name":"shop_id","type":["null","string"],"default":null},{"name":"item_id","type":["null","string"],"default":null},{"name":"amount","type":["null","int"],"default":null},{"name":"unit_price","type":["null","int"],"default":null},{"name":"age","type":"int"}],"connect.name":"pos_uriage"}
```

Kafka と Kafka Connect によるデータハブ

```
Caused by: io.confluent.kafka.schemaregistry.client.rest.exceptions.RestClientExce
ption: Schema being registered is incompatible with an earlier schema; error code:
409; error code: 409
        at io.confluent.kafka.schemaregistry.client.rest.RestService.sendHttpReque
st(RestService.java:203)
（後略）
```

　Kafka Connect は、新しく挿入されたデータのスキーマを Schema Registry に登録しようとしましたが、Schema Registry の互換性チェックで弾かれました。新しく登録しようとしたスキーマ情報もいっしょにログに残っていますが、やはり **age** というフィールドにデフォルト値が設定されておらず、後方互換性がないことが分かります。
　では、これを後方互換性のある変更に直していきましょう。この Connector では、NOT NULL 制約がなければ、スキーマにデフォルト値 null が設定されます。

```
ALTER TABLE pos_uriage MODIFY age INT;
```

　さきほどのエラーで Kafka Connect のタスクが終了してしまったので、タスクまたはジョブを再起動しておきましょう。

```
(kafka-client)$ curl -X POST http://kafka-broker01:8083/connectors/\
> load-possales-data-sr/restart
(kafka-client)$ curl -X POST http://kafka-broker01:8083/connectors/\
> load-possales-data-sr/tasks/0/restart
```

　この時点で、Kafka Connect はさきほど失敗したデータを再度読み込んでいるはずです。**kafka-avro-console-consumer** を開いている方は出力を確認してみてください。今度は新しいスキーマも登録できているはずです。Schema Registry を見てみましょう。

```
(kafka-client)$ curl -X GET http://kafka-broker01:8081/subjects/\
> possales_sr_pos_uriage-value/versions
[1,2]
```

　バージョンが増えているので、新しいスキーマが登録されています。なかを覗いてみましょう。

```
(kafka-client)$ curl -X GET http://kafka-broker01:8081/subjects/\
>possales_sr_pos_uriage-value/versions/2 | python -m json.tool
{
```

7.7 データ管理とスキーマエボリューション

```
    "id": 2,
    "schema": "{\"type\":\"record\",\"name\":\"pos_uriage\",\"fields\":[{\"name\":
\"seq\",\"type\":\"long\"},{\"name\":\"sales_time\",\"type\":{\"type\":\"long\",\"
connect.version\":1,\"connect.name\":\"org.apache.kafka.connect.data.Timestamp\",\
"logicalType\":\"timestamp-millis\"}},{\"name\":\"sales_id\",\"type\":[\"null\",\"
string\"],\"default\":null},{\"name\":\"shop_id\",\"type\":[\"null\",\"string\"],\
"default\":null},{\"name\":\"item_id\",\"type\":[\"null\",\"string\"],\"default\":
null},{\"name\":\"amount\",\"type\":[\"null\",\"int\"],\"default\":null},{\"name\"
:\"unit_price\",\"type\":[\"null\",\"int\"],\"default\":null},{\"name\":\"age\",\"
type\":[\"null\",\"int\"],\"default\":null}],\"connect.name\":\"pos_uriage\"}",
    "subject": "possales_sr_pos_uriage-value",
    "version": 2
}

$ echo "{\"type\":\"record\",\"name\":\"pos_uriage\",\"fields\":[{\"name\":\"seq\"
,\"type\":\"long\"},{\"name\":\"sales_time\",\"type\":{\"type\":\"long\",\"connect
（中略）
[\"null\",\"int\"],\"default\":null}],\"connect.name\":\"pos_uriage\"}" | python \
> -m json.tool
{
    "connect.name": "pos_uriage",
    "fields": [
        {
            "name": "seq",
            "type": "long"
        },
        （中略）
        {
            "default": null,
            "name": "age",
            "type": [
                "null",
                "int"
            ]
        }
    ],
    "name": "pos_uriage",
```

```
    "type": "record"
}
```

Schema Registry に、2 つ目のバージョンのスキーマが登録されており、2 つ目のほうは age というカラムが追加されていることが分かりました。

S3 への出力はどうなっているでしょうか。出力するために、あと 2 行追加しましょう。

```
INSERT INTO pos_uriage(seq, sales_time, sales_id, shop_id,
        item_id, amount, unit_price, age)
    VALUES (11, '2018-10-21 11:11:11', 'POSSALES00008', 'SHOP001',
        'ITEM009', 1, 120, 25);
INSERT INTO pos_uriage(seq, sales_time, sales_id, shop_id,
        item_id, amount, unit_price, age)
    VALUES (12, '2018-10-21 11:11:11', 'POSSALES00008', 'SHOP001',
        'ITEM010', 1, 140, 25);
```

S3 を確認してみてください。次のようなファイルができているはずです。

```
possales_sr_pos_uriage+0+0000000009.json

{"seq":10,"sales_time":1540120271000,"sales_id":"POSSALES00008","shop_id":"SHOP001","item_id":"ITEM008","amount":1,"unit_price":422,"age":25}
{"seq":11,"sales_time":1540120271000,"sales_id":"POSSALES00008","shop_id":"SHOP001","item_id":"ITEM009","amount":1,"unit_price":120,"age":25}
{"seq":12,"sales_time":1540120271000,"sales_id":"POSSALES00008","shop_id":"SHOP001","item_id":"ITEM010","amount":1,"unit_price":140,"age":25}
```

これで Source 側のスキーマの変更が Sink 側にまで伝わったことになります。このようにして、Kafka で Schema Registry を用いて、後方互換性を維持しながらスキーマエボリューションを実現していくことができるのです。Kafka Connect から Schema Registry の簡単な使い方を説明しましたが、Schema Registry は Kafka Connect だけのものではなく、Producer や Consumer を自分で実装した際にも使えますので、試してみるとよいでしょう。

それでは、後片付けをして終わりにしましょう。Connector を停止します。

```
(kafka-client)$ curl -X DELETE http://kafka-broker01:8083/connectors/load-possales-data-sr
(kafka-client)$ curl -X DELETE http://kafka-broker01:8083/connectors/sink-sales-data-sr
```

Kafka Connect を、[Ctrl] + [C] で終了します。

7.8 本章のまとめ

ここまでで、Kafka Connect を使ったデータハブアーキテクチャの世界の体験は終わりです。いかがでしたでしょうか。Kafka をデータハブとして、複数のシステムが連携する様子が理解できたでしょうか。次は、読者のみなさんがそれぞれのデータハブの世界を考えてみる番です。身の回りのシステムを想像しながら、Kafka Connect を使って実現する方法を考えてみてください。

また、よい題材が思い浮かばないようでしたら、今回取り上げた小売店の例のうちまだ実現されていなかった「3.」のテーマを考えてみてはいかがでしょうか。

3. 販売予測したデータと在庫管理システムのデータを使って、インテリジェントな自動発注を実現する

本章では出てこなかった設定例を試してみたり、ほかの Connector プラグインを試してみたりすると、面白いかもしれません。バンドルされている Connector のほかにも、Certified Connector やその他のコミュニティなどで作られている Connector も多くあります。あるいは、自分で Connector を実装してみるという方法もあります。

どのようなデータハブを作るかは、みなさん次第です。みなさんの考える素晴らしいデータハブの世界を実現してみてください。

Chapter

8

ストリーム処理の基本

CHAPTER 8 ストリーム処理の基本

8.1 本章で行うこと

本章ではストリーム処理の基本について扱います。

まず、ここでいうストリーム処理とは何かについて、簡単に説明します。ストリーム処理は、断続的に流入するデータを随時処理していくような処理モデルです。まとまった単位のデータをまとめて扱うモデルを指すバッチ処理と対比するかたちで、ストリーム処理という言葉が使われています。

バッチ処理は、一般的にジョブと呼ばれる単位で実行されます。ひとまとまりのデータを入力として与え、それを処理し終わったらジョブが完了です。それに対してストリーム処理には、はっきりとした始まりと終わりがありません。KafkaConsumer の API の基本的な使い方の例を見ると、入力され続けるデータを Topic から取り出して処理することを繰り返す無限ループになっていて、もともとストリーム処理的なモデルになっているものと捉えられます。

```
while (running) {
  ConsumerRecords<String, String> records = consumer.poll(1000);
  for (ConsumerRecord<String, String> record : records)
    System.out.println(record.value());
}
```

8.2 Kafka Streams

Kafka Streams は、Kafka がビルトインで提供する、ストリーム処理のための API です。

近年ではストリーム処理に特化した (分散処理) フレームワークも登場していて、代表的なものに Apache Storm[1]、Apache Flink[2]、Spark Streaming[3] などがあります。また、これらのストリーム処理基盤に共通して見られる処理モデルを抽象化した、Apache Beam[4] のような SDK も存在します。

上記の各種分散処理フレームワークでは、Kafka をデータソースとして利用する使い方が定番となっていますが、Kafka それ自体に付属する Kafka Streams を利用することで、手軽にストリーム処理を試してみることができます

本章では、Kafka Streams を理解するためのサンプルとして、ソフトウェアの統計情報であるメトリクスをストリーム処理してみます。

---
[1] http://storm.apache.org/
[2] http://flink.apache.org/
[3] https://spark.apache.org/streaming/
[4] https://beam.apache.org/

8.3 コンピュータシステムのメトリクス

コンピュータシステムの運用において、CPU 使用率やメモリ使用量などを数秒から数分の間隔で定期的に取得し、管理用のサーバーに集約して値のチェックを行うような監視が広く行われています。

CPU 使用率やメモリ使用量は、その瞬間々々でのハードウェアおよびソフトウェアの状態を示す統計値で、これをメトリクスと呼びます。メトリクスは、コンピュータシステムが稼働しているあいだ、断続的に発生し続けるデータと捉えられます。

ネットワークやディスクの I/O といった、OS から取得できるメトリクスに加え、リクエスト処理数のような各種ミドルウェアが提供する、多様なメトリクスが存在します。

メトリクス単体ではただの数値ですが、運用しているソフトウェアの種類、サーバーノードの数に応じて、システム全体で発生するメトリクスはそれなりに大きな量のデータとなります。つまり、メトリクスのデータの集約／処理は、Kafka が得意とするユースケースのひとつと考えることができます。

8.4 Kafka Broker のメトリクスを可視化する

Kafka それ自体も、Broker や Producer、Consumer の状態を監視するためのメトリクスを出力しています。以降では例題として、Kafka Broker のメトリクス[5]を Kafka に書き出し、Kafka Streams を利用してストリーム処理してみます。

8.4.1 メトリクス処理の流れ

環境をセットアップしつつ次の要領で Kafka Broker メトリクスを処理してみましょう。ここでは簡便化をはかるため、単一ノード上に必要なサービスをすべてセットアップする構成としています（図8.1）[6]。

1. Fluentd で Kafka Broker のメトリクスを定期的に取得し、Kafka の Topic に書き込む
2. Kafka Streams でメトリクスのデータを加工する
3. 処理されたメトリクスを Fluentd で取り出し、InfluxDB に格納する
4. InfluxDB に保存されたメトリクスを、Grafana で可視化する

また、次で紹介する設定内容は、同一ノード上に Kafka、Fluentd、InfluxDB、Grafana のすべてをインストールした環境を前提としたもので、接続先ノードがすべて localhost となっています。実用上は、Kafka Streams によるデータ処理と InfluxDB と Grafana によるデータ可視化は、Kafka Broker

---
[5] https://docs.confluent.io/5.0.0/kafka/monitoring.html#broker-metrics
[6] 本章の例は、取り扱うツールやミドルウェアが多いため、できるかぎり単純な構成としました。

CHAPTER 8　ストリーム処理の基本

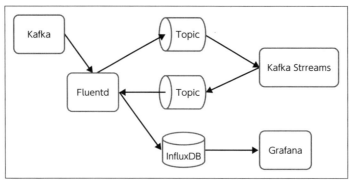

図 8.1　サンプルの処理フロー

ノードとは別のそれぞれ独立したノード上で実行するべきです。Fluentd については、上記の 1 番と 3 番の 2 種類の処理を担っています。1 番の Kafka Broker メトリクスの取得は Kafka Broker ノード上の Fluentd で、3 番の処理済みデータの InfluxDB への格納は InfluxDB 上の Fluentd で、それぞれ行うという使い分けが考えられます。

8.4.2　Kafka のセットアップ

以降は、1 ノード上でサンプルプログラムを稼働させるための必要最小限のセットアップ手順です。ZooKeeper も Confluent Platform に同梱されているものをデフォルト設定で起動するという想定です。実用的な Kafka クラスタのセットアップ手順については、第 3 章を参照してください。

```
$ sudo rpm --import https://packages.confluent.io/rpm/5.0/archive.key

$ cat > /tmp/confluent.repo << EOF
[Confluent.dist]
name=Confluent repository (dist)
baseurl=https://packages.confluent.io/rpm/5.0/7
gpgcheck=1
gpgkey=https://packages.confluent.io/rpm/5.0/archive.key
enabled=1

[Confluent]
name=Confluent repository
baseurl=https://packages.confluent.io/rpm/5.0
```

```
gpgcheck=1
gpgkey=https://packages.confluent.io/rpm/5.0/archive.key
enabled=1
EOF


$ sudo mv /tmp/confluent.repo /etc/yum.repos.d/
$ sudo yum install confluent-platform-oss-2.11
$ sudo systemctl start confluent-zookeeper
$ sudo systemctl start confluent-kafka
```

8.4.3 Jolokia の設定

　KafkaはJMXを利用してメトリクスを提供しています。Java以外の言語で実装されたツールからJMXの情報を取得するため、ここではJolokia[7]を導入します。JolokiaはJavaエージェントライブラリ[8]として、Javaのプログラムからロードされ、HTTPでJMXの情報を取得するための機能を提供します。

　まず、必要なライブラリをJolokiaのWebサイトからダウンロードして、Brokerノードに配置します。

```
$ curl -L -O https://github.com/rhuss/jolokia/releases/download/v1.5.0/\
> jolokia-1.5.0-bin.tar.gz
$ tar zxf jolokia-1.5.0-bin.tar.gz
$ sudo mv jolokia-1.5.0 /opt/
```

　次にKafkaのサービス設定を修正し、JVMオプションを追加し、JolokiaのライブラリがKafkaからロードされるようにします。

　CentOS 7にConfluent PlatformのRPMパッケージをインストールした環境の場合、Kafka Brokerのサービスは`systemd`経由で起動されるため、`confluent-kafka`サービスの設定ファイル（`/lib/systemd/system/confluent-kafka.service`）を編集し、[Service]セクション内に`KAFKA_OPTS`という環境変数の定義を追加します。`KAFKA_OPTS`の値は、Kafkaの起動スクリプトにより、プロセス起動時の追加のJVMオプションとして扱われます。

```
$ cp /lib/systemd/system/confluent-kafka.service /tmp/
$ sudo vi /lib/systemd/system/confluent-kafka.service
```

---
[7] https://jolokia.org/
[8] https://docs.oracle.com/javase/8/docs/api/java/lang/instrument/package-summary.html

CHAPTER 8 ストリーム処理の基本

```
$ diff /tmp/confluent-kafka.service /lib/systemd/system/confluent-kafka.service
12a13
>
Environment=KAFKA_OPTS=-javaagent:/opt/jolokia-1.5.0/agents/jolokia-jvm.jar
```

設定変更後、Kafka Broker を正常に再起動できれば、Kafka Broker のプロセスは、8778 番ポートで接続を待ち受けているはずです。

```
$ sudo systemctl daemon-reload
$ sudo systemctl restart confluent-kafka
$ sudo ss -anlp | grep 8778
tcp    LISTEN     0      10     ::ffff:127.0.0.1:8778            :::*                 users:(("java",pid=2150,fd=100))
```

確認のために、curl コマンドで JMX のメトリクスを取得します。取得されるデータの形式は JSON となっているため、中身を抜き出したり見やすく整形したりするために、python コマンドや jq コマンド[9]などのツールを利用すると便利です。

```
$ curl -s 'http://localhost:8778/jolokia/read/kafka.server:type=ReplicaManager,\
> name=UnderReplicatedPartitions' | python -m json.tool
{
    "request": {
        "mbean": "kafka.server:name=UnderReplicatedPartitions,type=ReplicaManager",
        "type": "read"
    },
    "status": 200,
    "timestamp": 1533793373,
    "value": {
        "Value": 0
    }
}
```

JMX で取得できるメトリクスは、JMX MBean と呼ばれるオブジェクト単位で管理されていて、上記の例のように type や name といったプロパティを指定することで、取得対象を絞り込むことができます。また、

---

[9] https://stedolan.github.io/jq/

```
http://localhost:8778/jolokia/read/kafka.server:*
```

のようにワイルドカードを指定することで、複数の JMX MBean についての情報をまとめて取得できます。
　Kafka のメトリクスでは、JMX MBean のオブジェクト名のドメイン部分に、対応するクラスのパッケージ名が使われているため、次のようなワイルドカード指定で Kafka Broker のすべてのメトリクスの内容を確認できます。出力される内容とそのサイズから、Kafka が非常に多様なメトリクスを提供していることが分かります。

```
$ curl -s 'http://localhost:8778/jolokia/read/kafka.*:*' | python -m json.tool
```

8.4.4 Fluentd（td-agent）のセットアップ

　次に、Fluentd をインストールします。Fluentd はデータコレクタに位置付けられるミドルウェアで、プラグインを組み合わせてさまざまなデータストア間での連携ができることが特徴です。コミュニティベースで数多くのプラグインが開発されており、本章のサンプルで利用する JMX/Kafka/InfluxDB のすべてに対応できる点でユースケースにマッチしています。
　ここでは、Fluentd のパッケージ版である `td-agent`[10] を利用します。

```
$ curl -L https://toolbelt.treasuredata.com/sh/install-redhat-td-agent3.sh | sh
```

　インストール後、Fluentd の設定ファイル（/etc/td-agent/td-agent.conf）に Kafka Broker メトリクスを取得するための設定項目を追加します[11]。今回は `exec input plugin(in_exec)`[12] を利用し、定期的に `curl` コマンドを実行してメトリクスを取得する設定を利用します。この段階では JMX MBean を絞り込まずにまとめて取得することとします。

```
<source>
  @type exec
  tag kafka.metrics.raw.broker
  command curl -s 'http://localhost:8778/jolokia/read/kafka.server:*'
  run_interval 10s
  <parse>
```

---

[10] https://docs.treasuredata.com/articles/td-agent
[11] 本章で挙げている設定例は元の設定ファイルに追記すればよいです。シンタックスの詳細に関しては、Fluentd 公式ドキュメントを参照ください。
[12] https://docs.fluentd.org/v1.0/articles/in_exec

CHAPTER 8 ストリーム処理の基本

```
    @type json
  </parse>
</source>
```

メトリクスを利用してサービスの監視を行う場合、メトリクスをサーバー単位で集計したいため、record_transformer filter plugin（`filter_record_transformer`）[13]を利用してホスト名の情報を付加します。また、メトリクス情報の書き込み先となるKafkaのTopic名についても、この段階で加えておきます[14]。

`td-agent.conf`には、次の内容を追加します。

```
<filter kafka.metrics.raw.*>
  @type record_transformer
  <record>
    topic kafka.metrics
    hostname "#{Socket.gethostname}"
  </record>
</filter>
```

JMXで取得し、ホスト名を付加した情報は、Kafka output plugin[15]を利用して、KafkaのTopicに書き出します。

出力先のTopic名として、さきほどfilter pluginで付加したtopicキーの値が利用されます。また、あとでストリーム処理する際にメトリクスをホスト単位で集計したいため、パーティションキーとしてhostnameの値を利用することで同じノードのメトリクスが同じConsumerに対して渡されるように設定します。また、確認のしやすさのために、データはJSON形式の文字列のまま格納します。

`td-agent.conf`には、次の内容を追加します。

```
<match kafka.metrics.raw.*>
  @type kafka2
  brokers localhost:9092
  topic_key topic
  partition_key_key hostname
  default_message_key nohostname
```

---

[13] https://docs.fluentd.org/v1.0/articles/filter_record_transformer
[14] 本章ではTopic名に「.（ピリオド）」を用いていますが通常、KafkaのTopic名には「.」の利用が推奨されていません。今回はFluentdで用いられるタグの慣例にならい、「.」を用いることにしました。
[15] https://github.com/fluent/fluent-plugin-kafka

```
      max_send_retries 1
      required_acks -1
      <format>
        @type json
      </format>
      <buffer topic>
        flush_interval 10s
      </buffer>
    </match>
```

設定が終わったら、`td-agent`のサービスを再起動して反映させます。

```
$ sudo systemctl restart td-agent
```

デフォルトの設定で動かしていればTopicの自動作成が有効になっているので、この時点でKafka Brokerのメトリクスが`kafka.metrics`に書き込まれているはずです。`kafka-console-consumer`コマンドを実行し、Topicに定期的に情報が書き込まれていることを確認してください。

```
$ kafka-console-consumer --bootstrap-server localhost:9092 --topic kafka.metrics
{"request":{"mbean":"kafka.server:*","type":"read"},"value":{"kafka.server:name=MessagesInPerSec,...（省略）
```

8.4.5 Kafka Streams によるデータ処理

Topicに書き込んだメトリクス情報をKafka Streamsで処理します。簡単な例として、JSONで書き出された情報の一部を取り出すコードを書いてみましょう。

まず`mvn archetype:generate`コマンドを実行して、プロジェクトの雛形を作成します。なお、ここでは第4章の内容に従い、アプリケーションの開発環境が整っているものと仮定して説明します。

```
$ mvn archetype:generate \
> -DgroupId=com.example \
> -DartifactId=kafka-metrics-processor \
> -DarchetypeArtifactId=maven-archetype-quickstart \
> -DinteractiveMode=false
```

CHAPTER 8 ストリーム処理の基本

```
$ cd kafka-metrics-processor
```

ディレクトリツリーのトップに配置されている POM（`pom.xml`）を編集し、プロジェクト設定を追加します（リスト8.1）。

リスト8.1　pom.xml

```xml
<project xmlns="http://maven.apache.org/POM/4.0.0"
    xmlns:xsi="http://www.w3.org/2001/XMLSchema-instance"
  xsi:schemaLocation="http://maven.apache.org/POM/4.0.0
    http://maven.apache.org/maven-v4_0_0.xsd">
  <modelVersion>4.0.0</modelVersion>
  <groupId>com.example</groupId>
  <artifactId>kafka-metrics-processor</artifactId>
  <packaging>jar</packaging>
  <version>1.0-SNAPSHOT</version>
  <name>kafka-metrics-processor</name>
  <url>http://maven.apache.org</url>
  <properties>
    <maven.compiler.source>1.8</maven.compiler.source>
    <maven.compiler.target>1.8</maven.compiler.target>
  </properties>
  <dependencies>
    <dependency>
      <groupId>junit</groupId>
      <artifactId>junit</artifactId>
      <version>3.8.1</version>
      <scope>test</scope>
    </dependency>
    <dependency>
      <groupId>org.apache.kafka</groupId>
      <artifactId>kafka-streams</artifactId>
      <version>2.0.0</version>
    </dependency>
  </dependencies>
</project>
```

追加した内容は次の2点です。

1. Java 8 以降でサポートされたラムダ式を利用したいため、`properties` で明示的に 1.8 を指定
2. Kafka Streams を利用するため、`kafka-streams` に対する `dependency` を追加

次に、アプリケーションのソースコードを記述します。

8.4 Kafka Broker のメトリクスを可視化する

雛形として配置された src/main/java/com/example/App.java を StreamingExample1.java にリネームし、内容をリスト8.2に置き換えてください。

リスト8.2 StreamingExample1.java

```java
package com.example;

import com.fasterxml.jackson.databind.ObjectMapper;
import com.fasterxml.jackson.databind.node.ObjectNode;
import java.util.Arrays;
import java.util.Properties;
import org.apache.kafka.common.serialization.Serdes;
import org.apache.kafka.streams.KafkaStreams;
import org.apache.kafka.streams.KeyValue;
import org.apache.kafka.streams.StreamsBuilder;
import org.apache.kafka.streams.StreamsConfig;
import org.apache.kafka.streams.kstream.Consumed;
import org.apache.kafka.streams.kstream.KStream;
import org.apache.kafka.streams.kstream.Produced;
import org.apache.kafka.streams.kstream.ValueMapper;

public class StreamingExample1 {
  public static void main(final String[] args) throws Exception {
    Properties config = new Properties();
    config.put(StreamsConfig.APPLICATION_ID_CONFIG, "streaming-example-1");
    config.put(StreamsConfig.BOOTSTRAP_SERVERS_CONFIG, "localhost:9092");
    ObjectMapper mapper = new ObjectMapper();
    StreamsBuilder builder = new StreamsBuilder();
    KStream<String, String> metrics = builder.stream("kafka.metrics",
                                          Consumed.with(Serdes.String(), Serdes.String()));
    metrics.flatMapValues(wrap(text -> mapper.readTree(text)))
           .filter((host, root) -> root.has("value") && root.has("hostname") && root.has("timestamp"))
           .flatMapValues(wrap(root -> {
               ObjectNode newroot = mapper.createObjectNode();
               newroot.put("hostname", root.get("hostname"));
               newroot.put("timestamp", root.get("timestamp"));
               newroot.put("BytesIn",
                         root.get("value")
                             .get("kafka.server:name=BytesInPerSec,type=BrokerTopicMetrics")
                             .get("Count"));
               return  mapper.writeValueAsString(newroot);
             }))
           .to("kafka.metrics.processed",
               Produced.with(Serdes.String(), Serdes.String()));

    KafkaStreams streams = new KafkaStreams(builder.build(), config);
```

CHAPTER 8 ストリーム処理の基本

```
    streams.start();
  }

  @FunctionalInterface
  private interface FunctionWithException<T, R, E extends Exception> {
    R apply(T t) throws E;
  }

  private static <V, VR, E extends Exception>
      ValueMapper<V, Iterable<VR>> wrap(FunctionWithException<V, VR, E> f) {
    return new ValueMapper<V, Iterable<VR>>() {
      public Iterable<VR> apply(V v) {
        try {
          return Arrays.asList(f.apply(v));
        } catch (Exception e) {
          e.printStackTrace();
          return Arrays.asList();
        }
      }
    };
  }
}
```

ソースコードをビルドするためには、プロジェクトディレクトリのルートに移動し、`mvn package` コマンドを実行してください。ビルドされたプログラムを含む jar ファイルは、`target` ディレクトリ下に作成されます。

```
$ cd kafka-metrics-processor
$ mvn package
$ ls target
```

本サンプルプログラムは Kafka 2.0.0 を前提に作成されています。サンプルプログラムで利用している Consumed クラスのパッケージ名が変更された影響で、Kafka 1 系に対してはコンパイルが通りません。Kafka 1 系で実行したい場合、サンプルコード冒頭で Consumed クラスを import する箇所を、次のように修正してください。

```
import org.apache.kafka.streams.Consumed;
```

ビルドに成功したら、初めて Kafka Streams のプログラムを実行する前に、まず Kafka Streams が状態を保存するために利用するディレクトリを作成します。次の例では `centos` としていますが、アプリケーションを実行するユーザーとグループを用いるようにしてください。

```
$ sudo mkdir -p /var/lib/kafka-streams/streaming-example-1
$ sudo chown centos:centos /var/lib/kafka-streams/streaming-example-1
```

準備ができたら、`kafka-run-class` コマンドでプログラムを実行します。jar ファイルへのクラスパスは、`CLASSPATH` という環境変数によって指定できます。

```
$ CLASSPATH=target/kafka-metrics-processor-1.0-SNAPSHOT.jar \
> kafka-run-class com.example.StreamingExample1
```

上記のプログラムを起動したままの状態で別のターミナルを起動し、`kafka-console-consumer` コマンドを使って `kafka.metrics.processed` の内容を出力してみてください。うまくいっていれば、サンプルプログラムが出力した JSON が定期的に出力されるはずです。

```
$ kafka-console-consumer --bootstrap-server localhost:9092 \
> --topic kafka.metrics.processed
{"hostname":"host1","timestamp":1533796782,"BytesIn":424114943}
{"hostname":"host1","timestamp":1533796792,"BytesIn":424115538}
 (省略)
```

サンプルプログラムを停止したい場合、キーボードから［Ctrl］＋［C］を入力してください。

8.4.6 InfluxDB へのデータロード

データを可視化するための準備として、Kafka Streams によって処理したデータを、InfluxDB に書き込みます。

InfluxDB は時系列データの格納に特化したデータストア製品で、メトリクスの情報を可視化するために利用する Grafana のデータソースとして利用されます。SQL ライクなクエリを利用して時系列データにアクセスできることが特徴ですが、本書ではユーザーが直接これを利用する場面は想定していません。

Yum リポジトリの定義を追加し、`yum` コマンドでインストールします。本書執筆時には、InfluxDB 1.5.2 をインストールした環境を利用しています。

```
$ cat <<EOF | sudo tee /etc/yum.repos.d/influxdb.repo
[influxdb]
name = InfluxDB Repository - RHEL \$releasever
baseurl = https://repos.influxdata.com/rhel/\$releasever/\$basearch/stable
enabled = 1
```

CHAPTER 8 ストリーム処理の基本

```
gpgcheck = 1
gpgkey = https://repos.influxdata.com/influxdb.key
EOF
$ sudo yum install influxdb
```

ここではデフォルト設定のまま、サービスを起動します。

```
$ sudo systemctl start influxdb
```

InfluxDB の CLI である `influx` コマンドを利用して、データベースを作成しておきます。

```
$ influx -execute 'CREATE DATABASE kmetrics'
```

Kafka の Topic から InfluxDB へのデータロードは、Fluentd を利用して行います。まず `td-agent-gem` コマンドを利用して、必要なプラグインをインストールします。

```
$ sudo td-agent-gem install fluent-plugin-influxdb
```

Fluentd の設定ファイル（`/etc/td-agent/td-agent.conf`）に、Kafka の Topic（`kafka.metrics.processed`）から処理済みのメトリクス情報を読み出し、InfluxDB に書き込むための設定を追加します[16]。

```
<source>
  @type kafka_group
  brokers localhost:9092
  consumer_group kafka-fluentd-influxdb
  topics kafka.metrics.processed
  format json
  offset_commit_interval 60
</source>

<match kafka.metrics.processed>
  @type influxdb
  host   localhost
  port   8086
```

---

[16] ここで用いるインプットプラグインでは読み出した Topic の名前が Fluentd のタグとして用いられます。詳しくは fluent-plugin-kafka プラグインの公式 GitHub の README を確認してください。

```
    dbname kmetrics
    measurement kafka.broker
    tag_keys ["hostname"]
    time_key "timestamp"
    <buffer>
      @type memory
      flush_interval 10s
    </buffer>
  </match>
```

設定が終わったら、`td-agent`のサービスを再起動して反映させます。

```
$ sudo systemctl restart td-agent
```

InfluxDBにデータを書き込むことができたかどうかは、`influx`コマンドを利用して確認できます。まず`kmetrics`データベースに接続します。

```
$ influx -database kmetrics
```

続いてSELECT文を用いて保存されたデータを確認します。

```
> SELECT BytesIn, hostname FROM "kafka.broker" LIMIT 5
name: kafka.broker
time                 BytesIn hostname
----                 ------- --------
1533627522000000000  1736    host1
1533627532000000000  1736    host1
1533627542000000000  44584   host1
1533627552000000000  44584   host1
1533627562000000000  92341   host1
```

時系列データを格納するInfluxDBでは、リレーショナルデータベースとは異なるコンセプト[17]で情報が格納されています。

データの集まりを表す概念がmeasurementで、データベースのテーブルに相当します。上記では、measurement名として、`kafka.broker`を指定しています。

---

[17] https://docs.influxdata.com/influxdb/v1.6/concepts/key_concepts/

CHAPTER 8 ストリーム処理の基本

データレコードは、タイムスタンプ／フィールド値／タグ値で構成されます。フィールドとタグは、それぞれ複数存在します。フィールドとタグはどちらもデータベーステーブルの列に相当するものです。フィールドは時系列の数値データを格納する部分にであるのに対して、タグはフィールド値をグルーピングするためのラベルに当たります。

`fluent-plugin-influxdb` の設定パラメータにおいて、`tag_keys` で指定された要素はタグ、`time_key` で指定された要素はタイムスタンプ、それ以外の要素はフィールドとしてそれぞれ扱います。そのため、サンプルプログラムが出力した次の JSON の場合、`hostname` はタグとして、`BytesIn` はフィールドとして InfluxDB に格納されることになります。

```
{"hostname":"host1","timestamp":1532795422,"BytesIn":94072284}
```

8.4.7 Grafana のセットアップ

Grafana を利用して、InfluxDB に格納したメトリクス情報を可視化してみましょう。
yum コマンドで Grafana をインストールします[18]。

```
$ sudo yum install https://s3-us-west-2.amazonaws.com/grafana-releases/release/\
> grafana-5.2.1-1.x86_64.rpm
```

ここでは、デフォルト設定のままサービスを起動します。Grafana は、ユーザーが作成するダッシュボードの定義などをデータベースに格納します。デフォルトでは SQLite を利用する設定となっているため、とくにデータベースのセットアップをしなくても起動できますが、実用上は PostgreSQL や MySQL などを利用すべきでしょう。データベースの設定や、管理者パスワードの指定などは、Grafana の設定ファイル（`/etc/grafana/grafana.ini`）に記述します。

```
$ sudo systemctl start grafana-server
```

サービスを起動すると、Grafana の Web インターフェイスに 8080 番ポート[19]からアクセスできます。Web ブラウザで http://<ホスト名>:8080/ を開き、admin ユーザーでログインしてください。

まず最初の設定として、データソースとして InfluxDB のデータベースを追加します。図 8.2 で示す画面左側にある Configuration メニューから、Data Sources を選択してください。

---

[18] コマンド例の URL は執筆時点でのバージョンなので、いま現在の最新版を利用したい場合、Grafana の Web サイト（https://grafana.com/grafana/download?platform=linux）からダウンロード URL を確認してください。
[19] grafana.ini の設定次第ではポート番号が 8080 ではない可能性があります。各自の設定に基づいたポート番号を使用してください。

8.4 Kafka Broker のメトリクスを可視化する

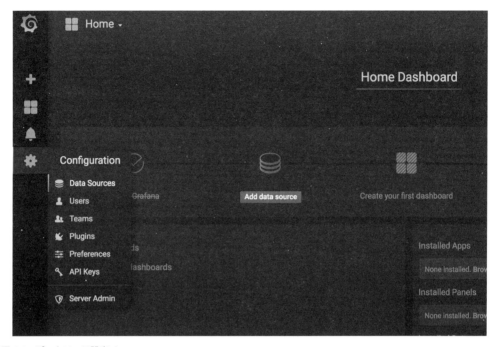

図 8.2　データソース設定メニュー

［Add data source］ボタンを押すと、データソースの設定画面が表示されるので必要な値を入力します。例では、表 8.1 に示す値を入力しています。Type の InfluxDB については、ドロップダウンから選択してください。図 8.3 にデータソースの設定の様子を示します。

表 8.1　データソースの設定項目

設定項目	値
Name	influxdb
Type	InfluxDB
URL	http://localhost:8086
Database	kmetrics

設定を入力したら、［Save & Test］ボタンをクリックして、保存します。

データソースの設定が終わったら、ダッシュボードを作成します。図 8.4 のように、画面左側にある「＋（プラス）」マークの［Create］ボタンをクリックし、「Dashboard」を選択してください。すると、新規ダッシュボードが追加されます。

CHAPTER 8 ストリーム処理の基本

図 8.3　InfluxDB に接続するためのデータソース設定

図 8.4　ダッシュボードを追加

　新規ダッシュボード画面では、パネル追加用のタブが表示されているので、「Graph」を選択してグラフを追加してください（図 8.5）。

　グラフ追加直後は「Panel Title」と表示されているタイトル部分をクリックし、「Edit」を選択することで、グラフの内容を編集できます（図 8.6）。

　グラフの編集画面では、Data Source としてさきほど定義した influxdb を選択してください。また、

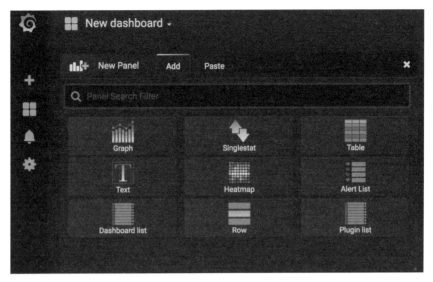

図 8.5　グラフを追加

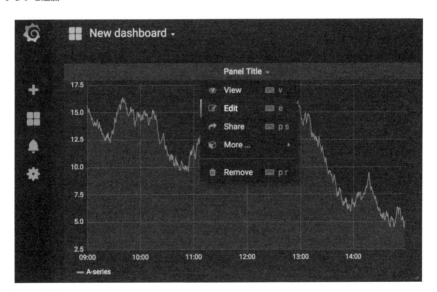

図 8.6　グラフの編集

図 8.7 に示すように、クエリエディタ画面では、BytesIn フィールドの値を取り出すようなクエリの内容を記述してください。

図 8.7　クエリエディタ

クエリエディタ右側のメニューボタンから「Toggle Edit Mode」を選択すると、InfluxDB に対するクエリを直接テキストで記述することもできます。ここでのクエリは次の内容となっています。

```
SELECT "BytesIn" FROM "kafka.broker" WHERE $timeFilter GROUP BY "hostname"
```

クエリを入力すると、InfluxDB から取得したデータをもとに、図 8.8 のようなグラフが出力されるはずです。

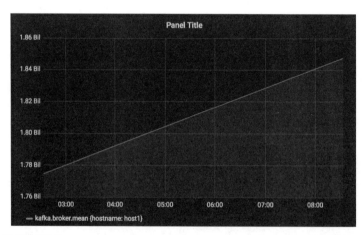

図 8.8　入力バイト数のグラフ

サンプルプログラムで取り出したのは、Kafka Broker が Consumer に対して送信したデータ量（バイト数）の値です。これは Kafka Broker 起動後からの累積値なので、プロットすると単調増加する右肩上がりのグラフになります。時間あたりのデータ量が多い状況はグラフの傾きとなって表れますが、サーバーの負荷状況を確認するためには使いにくいグラフです。そのため、クエリを修正して、累計のデータ

量そのものではなく時間あたりのデータ量（bytes/sec）をプロットしてみましょう。

Fluentdの設定により10秒間隔でデータを取得していますが、図8.9の例では1分間隔での値の差分に基づいて時間あたりのデータ量を計算しています[20]。

```
SELECT non_negative_derivative(last("BytesIn"), 1m) / 60
    FROM "kafka.broker" WHERE $timeFilter GROUP BY time(1m), "hostname"
```

図8.9　時間あたりの入力バイト数のクエリ

これにより、サーバーの負荷状況の目安となる、単位時間あたりのデータ量が、そのまま縦軸に表れるグラフになります。

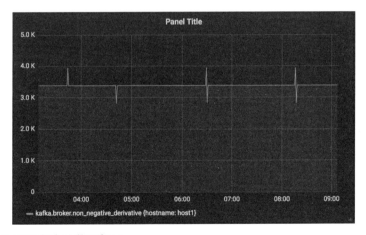

図8.10　時間あたりの入力バイト数のグラフ

---

[20] 各データポイントの差分を利用すると、粒度が小さすぎて変化率が大きく上下してしまう場合にこのような時間軸でのまとめこみが利用できます。

CHAPTER 8 ストリーム処理の基本

8.5 サンプルプログラムの解説

以降では、前節で利用したサンプルプログラム（`StreamingExample1.java`）について見ていきましょう。

8.5.1 Streams DSL

サンプルプログラムのメイン部分では、KStream クラス[21]のオブジェクトを作成しています。

```
StreamsBuilder builder = new StreamsBuilder();
KStream<String, String> metrics = builder.stream("kafka.metrics",
                        Consumed.with(Serdes.String(), Serdes.String()));
```

KStream は Kafka Streams が提供するクラスで、Streams DSL[22]と呼ばれる抽象度の高い API の一部です。上記の例の場合、`kafka.metrics` という Topic から取得したレコードの集まりを抽象化したものです。

また、Kafka Streams の KStream クラスに似た機能を提供する例として、Java の Streams API[23]があります。配列やリストに代表されるコレクション的なデータに対して、`filter` メソッドで特定の条件を満たす要素を抜き出したり、`map` メソッドで変換処理（関数）を各要素に適用したりするインターフェイスを提供しています。Streams API を利用することで、データへの複雑な変換を繰り返すようなコードを見通しよく記述できます。次のサンプルコードは Java のドキュメントから引用したものですが、データの抽出条件や各要素に対する操作を Java 8 から利用できるラムダ式[24]で記述することで、コンパクトで読みやすくなっています。

```
int sum = widgets.stream()
                 .filter(b -> b.getColor() == RED)
                 .mapToInt(b -> b.getWeight())
                 .sum();
```

Kafka Streams の KStream クラスも同様の機能を提供しています。処理の対象となる KStream の各要素は断続的に Kafka の Topic に格納され続けるレコードであり、処理も断続的に行われます。

---

[21] https://kafka.apache.org/20/javadoc/org/apache/kafka/streams/kstream/KStream.html
[22] https://kafka.apache.org/20/documentation/streams/developer-guide/dsl-api.html
[23] https://docs.oracle.com/javase/8/docs/api/java/util/stream/package-summary.html
[24] https://docs.oracle.com/javase/tutorial/java/javaOO/lambdaexpressions.html

8.5 サンプルプログラムの解説

サンプルプログラムで、KStream に対する操作を定義しているのが次の部分です。KStream に対して flatMapValues メソッドによる値の変換と、filter メソッドによる要素の抽出を適用しています。処理後のデータは to メソッドにより、Kafka の kafka.metrics.processed という Topic に書き出すよう指定しています。

```
metrics.flatMapValues(wrap(text -> mapper.readTree(text)))
    .filter((host, root) -> root.has("value") && root.has("hostname")
                                   && root.has("timestamp"))
    .flatMapValues(wrap(root -> {
        ObjectNode newroot = mapper.createObjectNode();
        newroot.put("hostname", root.get("hostname"));
        newroot.put("timestamp", root.get("timestamp"));
        newroot.put("BytesIn",
            root.get("value")
                .get("kafka.server:name=BytesInPerSec,type=BrokerTopicMetrics")
                .get("Count"));
        return  mapper.writeValueAsString(newroot);
    }))
    .to("kafka.metrics.processed",
        Produced.with(Serdes.String(), Serdes.String()));
```

Topic から取り出したレコードの値は JSON の文字列です。ここでは JSON を処理するためのライブラリである Jackson[25] を利用しており、最初の flatMapValues メソッドで適用する操作として、JSON の文字列をパースして Jackson のオブジェクトに変換します[26]。

次に、filter メソッドで処理に必要なフィールドを持たない、つまり処理することができないレコードを除外しています。

次の flatMapValues メソッドでは、入力となる JSON のオブジェクトから一部データを取り出して新しい JSON を作成し、その文字列表現を値とする変換を適用しています。

ここまでの定義をもとに Kafka Streams オブジェクトを生成し、start メソッドを呼ぶことで Kafka Streams の処理のメインループを実行するスレッドが起動します。

```
KafkaStreams streams = new KafkaStreams(builder.build(), config);
streams.start();
```

---

[25] https://github.com/FasterXML/jackson
[26] Kafka の Java クライアントライブラリそれ自体が Jackson に依存しているため、同じモジュールを流用しています。

8.5.2 ストリーム処理のエラーハンドリング

　ストリーム処理では断続的に入力されるデータを処理し続けるため、処理できないデータレコードがあった場合、そこでプログラムがエラー終了してしまうと不都合です。エラーの内容をログに記録するなどしたうえでそのレコードはスキップし、次のデータレコードの処理に進むのが基本的なエラーハンドリングの方針となります。

　データストリームの各要素に対する処理をラムダ式で記述した場合、次のように簡潔に書けることが利点です。

```
stream.mapValues(v -> v.toLowerCase())
```

しかし、例外処理を記述する必要がある場合は、見通しが悪くなってしまいがちです。

```
stream.mapValues(v -> {
  try {
    // throws IndexOutOfBoundsException
    return v.substring(3);
  } catch (Exception e) {
    return "";
  }
})
```

　その場合、例外処理を含むコードブロックをメソッドとして定義し、それを呼び出すのがひとつの方法です。

```
stream.map((k, v) -> mysub(k, v))
（中略）
private static String mysub(String v) {
  try {
    // throws IndexOutOfBoundsException
    return v.substring(3);
  } catch (Exception e) {
    return "";
  }
}
```

サンプルプログラムでは、同じパターンでの例外処理が複数箇所あるようなケースへの対応の一例としてラムダ式の関数をラップし、例外が発生した場合には空リストを返す関数に変換するメソッドを定義しています。`wrap` メソッドでラップした関数を呼び出す場合には、`mapValues` ではなく `flatMapValues` メソッドを利用します。

```
stream.flatMapValues(wrap(v -> v.substring(3)))
 （中略）
@FunctionalInterface
private interface FunctionWithException<T, R, E extends Exception> {
  R apply(T t) throws E;
}

private static <V, VR, E extends Exception>
    ValueMapper<V, Iterable<VR>> wrap(FunctionWithException<V, VR, E> f) {
  return new ValueMapper<V, Iterable<VR>>() {
    public Iterable<VR> apply(V v) {
      try {
        return Arrays.asList(f.apply(v));
      } catch (Exception e) {
        e.printStackTrace();
        return Arrays.asList();
      }
    }
  };
}
```

8.6 ウィンドウ処理

　前節で解説したサンプルプログラムは、各入力メッセージをそれぞれ独立に処理するシンプルなものでした。しかし、ストリーム処理で複数のメッセージについてデータを集計したい場合もあります。
　そのようなユースケース向けに Streams DSL が提供する機能のひとつとして、ここではタイムウィンドウ集約処理（以降、本章ではたんにウィンドウ処理と呼びます）を取り上げます。

8.6.1 ウィンドウ処理のサンプルプログラム

前節のサンプルプログラムでは、メトリクスデータの値を取り出しただけですが、それを改変して、直近1分間のメトリクスをもとに、データ量の時間平均を求める処理にします[27]。

以降では、サンプルプログラム（`StreamingExample2.java`）を主要な部分に分けて説明していきます。

8.6.2 メッセージのタイムスタンプ

Kafka の Topic に格納されたメッセージを1分間の時間幅ごとで集計するとすると、集計の基準として使いたい時刻は Fluentd でメトリクスを取得した時点の時刻です。しかし、Kafka Streams のデフォルトでは、メッセージが Topic に格納された際にメタデータとして付与されるタイムスタンプが各メッセージの時刻として扱われてしまいます。

そのため、ストリームを生成する際にユーザー定義の時刻を使うためのコードを追加します。ユーザー定義の時刻を取得するための TimestampExtractor インターフェイスの実装として、次のようなクラスを定義します。

Fluentd でメトリクスを取得した際の時刻は JSON の `timestamp` フィールドに格納されているので、それを取り出します。単位は秒ですが、Kafka 側では時刻をミリ秒で扱うため 1000 倍してミリ秒に変換しています。

```java
public static class MetricsTimeExtractor implements TimestampExtractor {
  @Override
  public long extract(ConsumerRecord<Object, Object> record, long previousTimestamp) {
    JsonNode root = (JsonNode) record.value();
    if (root != null && root.has("timestamp")) {
      return root.get("timestamp").asLong() * 1000L;
    }
    else {
      return previousTimestamp;
    }
  }
}
```

次に、サンプルコード冒頭のストリーム定義部分を次に示します。上記の TimestampExtractor 実装

---

[27] ウィンドウ処理のサンプルプログラムは `StreamingExample2.java` として、本書の Web サイトからダウンロードできます。

を使うよう指定しています。

```
Properties config = new Properties();
config.put(StreamsConfig.APPLICATION_ID_CONFIG, "streaming-example-2");
config.put(StreamsConfig.BOOTSTRAP_SERVERS_CONFIG, "localhost:9092");
Deserializer<JsonNode> jsonDeserializer = new JsonDeserializer();
Serializer<JsonNode> jsonSerializer = new JsonSerializer();
Serde<JsonNode> jsonSerde = Serdes.serdeFrom(jsonSerializer, jsonDeserializer);
ObjectMapper mapper = new ObjectMapper();

StreamsBuilder builder = new StreamsBuilder();
KStream<String, JsonNode> metrics =
    builder.stream("kafka.metrics",
                   Consumed.with(Serdes.String(), jsonSerde)
                       .withTimestampExtractor(new MetricsTimeExtractor()));
```

　前節の`StreamingExample1`では、文字列として格納されたJSONをJacksonのオブジェクトに変換する処理をストリーム処理のユーザーコードの一部として実行していました。ここでは、Kafka Streamsのフレームワーク側で時刻を取り出す処理を挟む都合上、Kafka ConnectのJsonSerializerおよびJsonDeserializerを利用して、フレームワーク側でJSONの文字列からオブジェクトへの変換を行わせるよう、コードを修正しています。そのため、ストリームの型が`KStream<String, String>`から`KStream<String, JsonNode>`に変わっています。

　メッセージの時刻をどのように扱うかについては、ストリーム処理基盤全般で基本的に同じ考え方に基づいていて、Kafkaのドキュメント[28]でも、次の3種類の時刻があるという解説があります。

- Event time
  もともとのメッセージが生成された（つまりイベントが発生した）時刻

- Processing time
  メッセージを処理した時刻

- Ingestion time
  メッセージがKafkaのTopicに格納された時刻

---

[28] https://kafka.apache.org/20/documentation/streams/core-concepts

8.6.3 タイムウィンドウ集計

定義したストリームから、必要なメトリクスを取り出す部分は次の内容で、`StreamingExample1` と同じです。

```
metrics.filter((host, root) -> root.has("value") && root.has("hostname")
                                                && root.has("timestamp"))
    .flatMapValues(wrap(root -> {
        ObjectNode newroot = mapper.createObjectNode();
        newroot.put("hostname", root.get("hostname"));
        newroot.put("timestamp", root.get("timestamp"));
        newroot.put("BytesIn",
            root.get("value")
                .get("kafka.server:name=BytesInPerSec,type=BrokerTopicMetrics")
                .get("Count"));
        return newroot;
    }))
```

これに続く、メッセージを一定幅のタイムウィンドウごとに集計する処理は、次のように記述します。

```
.groupByKey()
.windowedBy(TimeWindows.of(70000).advanceBy(10000))
.aggregate(
    () -> mapper.createObjectNode(),
    (k, v, agg) -> {
        ObjectNode o = (ObjectNode)agg;
        if (!agg.has("timestamp_0")) o.put("timestamp_0", v.get("timestamp").asLong());
        if (!agg.has("first")) o.put("first", v.get("BytesIn").asLong());
        o.put("last", v.get("BytesIn").asLong());
        o.put("hostname", k);
        o.put("timestamp", v.get("timestamp").asLong());
        o.put("width", o.get("timestamp").asLong() - o.get("timestamp_0").asLong());
        return o;
    },
    Materialized.with(Serdes.String(), jsonSerde))
```

まず groupByKey メソッドで、メッセージのキーごとに集約すると指定します。メッセージのキーは、ホスト名です。

次に windowedBy メソッドで集計するタイムウィンドウを定義します。TimeWindows.of(70000).advanceBy(10000) は、幅が 70 秒で、10 秒単位で（始点と終点が）スライドするタイムウィンドウを意味します。ここでは 1 分間隔での値との差分を求めたいのですが、幅をちょうど 60 秒にすると、1 分前のメッセージが同じウィンドウ内に含まれないため、60 秒より大きなウィンドウ幅にしています。

aggregate メソッドが、ウィンドウ内での集計の定義です。メソッドの第 1 引数として、集計結果を表すオブジェクトの初期値を返す関数を与えます。ここでは、集計値を格納するための JSON のオブジェクトを新規作成しています。第 2 引数として、集計ロジックを表す関数を与えます。この関数はウィンドウ内のメッセージのキー／バリュー／集計値を受け取り、更新された集計値を返します。ウィンドウにメッセージが追加されるごとに関数が呼び出されるものと考えてください。

ウィンドウ内で、1 分間でのデータ量の時間平均を「最後の値 - 最初の値 / 時間幅」として求める[29]ために、これらの値を集計用の JSON オブジェクトに保存し、順次更新します。

aggregate メソッドの第 3 引数は、集計したデータを保存する方法の指定です。aggregate メソッドの返り値は Kafka Streams でキーバリュー的なデータ構造を格納するために利用される、KTable[30] 型のオブジェクトです。ここでは、このテーブルデータへの更新ログを、Kafka の Topic に格納するための Serde を指定しています。

上記はすこし複雑なので aggregate メソッドの Javadoc[31] もあわせて参照してください。

8.6.4 集計データの書き出し

タイムウィンドウでの集計値をもとに平均値を計算し、Kafka の Topic に書き戻す処理が次の部分です。

```
.toStream()
.filter((k, v) -> v.get("width").asLong() >= 60)
.selectKey((k, v) -> k.key())
.flatMapValues(wrap((agg -> {
    ObjectNode o = (ObjectNode)agg;
    o.put("BytesIn_avg_1m",
        (o.get("last").asLong() - o.get("first").asLong()) / o.get("width").asLong());
    o.remove("timestamp_0");
```

---

[29] 今回取り扱う数値が単調増加であるため、このような簡易的な計算で済みます。
[30] https://kafka.apache.org/20/javadoc/org/apache/kafka/streams/kstream/KTable.html
[31] https://kafka.apache.org/20/javadoc/org/apache/kafka/streams/kstream/TimeWindowedKStream.html#aggregate-org.apache.kafka.streams.kstream.Initializer-org.apache.kafka.streams.kstream.Aggregator-org.apache.kafka.streams.kstream.Materialized-

```
      return mapper.writeValueAsString(o);
   })))
   .to("kafka.metrics.example2",
      Produced.with(Serdes.String(), Serdes.String()));
```

`toStreams` メソッドは文字どおり、KTable を KStream に変換します。

`toStreams` メソッドで生成したストリームには、ウィンドウの内容が更新される都度ウィンドウの内容を示すメッセージが入力されるため、集計に必要なタイムウィンドウの終点ぶんまでのデータが出揃ったウィンドウのみを次の `filter` メソッドで抽出しています。サンプルでは、ウィンドウ内の最初のメッセージと最後のメッセージのタイムスタンプの差が 60 秒以上であれば、必要なデータが揃ったものとみなしています。

この時点でのストリームのデータ型は `KStream<Windowed<String>, JsonNode>` となっています。出力時にウィンドウの情報は不要なので、`selectKey` メソッドで、ホスト名（String）がキーとなるよう変換しています。

最後に、`flatMapValues` メソッドを利用して時間あたりのデータ量を計算して JSON に追加し、文字列に変換したうえで `to` メソッドで指定した Topic に出力するよう、定義しています。

8.6.5 サンプルの実行

サンプルプログラムの実行手順は、`StreamingExample1` の場合と同様です。

```
$ mvn package
$ sudo mkdir -p /var/lib/kafka-streams/streaming-example-2
$ sudo chown centos:centos /var/lib/kafka-streams/streaming-example-2
$ CLASSPATH=target/kafka-metrics-processor-1.0-SNAPSHOT.jar kafka-run-class \
> com.example.StreamingExample2
```

サンプルプログラムを起動したら、Topic の `kafka.metrics.example2` に期待するデータが出力されているか確認してみてください。

```
$ kafka-console-consumer --bootstrap-server localhost:9092 \
> --topic kafka.metrics.example2
{"first":1873014653,"last":1873232986,"hostname":"host1","timestamp":1534642413,"w
idth":60,"BytesIn_avg_1m":3638}
{"first":1873086300,"last":1873269571,"hostname":"host1","timestamp":1534642423,"w
idth":60,"BytesIn_avg_1m":3054}
```

```
{"first":1873086602,"last":1873341259,"hostname":"host1","timestamp":1534642433,"w
idth":60,"BytesIn_avg_1m":4244}
{"first":1873160553,"last":1873341561,"hostname":"host1","timestamp":1534642443,"w
idth":60,"BytesIn_avg_1m":3016}
（後略）
```

8.7 Processor API

Streams DSL は、Processor API[32]と呼ばれる Kafka Streams の低レベル API をベースに作られ
ています。Streams DSL が提供していないロジックが必要であれば、Processor API を利用して自前で
定義し、既存の Streams DSL の機能と組み合わせて使うこともできます。本章では Processor API に
ついては紹介しませんが、Streams DSL の語彙の拡張が必要になった場合、既存の DSL 実装を参考にし
て、実装するとよいでしょう。

8.8 メトリクスの種類

サンプルプログラムで処理の対象としたのは、`kafka.server:name=BytesInPerSec,type=Broker
TopicMetrics` という MBean 名で管理されている、Kafka Broker が受信したデータ量についての統
計情報です。この情報の JSON をよく見ると、バイト数のカウント値だけではなく、`OneMinuteRate` や
`FiveMinuteRate` といった別の統計値もセットで出力されています。

```
$ curl -s 'http://localhost:8778/jolokia/read/kafka.server:name=BytesInPerSec,\
> type=BrokerTopicMetrics' | python -m json.tool
{
    "request": {
        "mbean": "kafka.server:name=BytesInPerSec,type=BrokerTopicMetrics",
        "type": "read"
    },
    "status": 200,
    "timestamp": 1533800181,
    "value": {
        "Count": 432600128,
        "EventType": "bytes",
```

---
[32] https://kafka.apache.org/documentation/streams/developer-guide/processor-api.html

```
            "FifteenMinuteRate": 2558.6842226309213,
            "FiveMinuteRate": 2556.04116895831,
            "MeanRate": 2504.0010071127776,
            "OneMinuteRate": 2813.3492767628372,
            "RateUnit": "SECONDS"
    }
}
```

　これは、Kafka のメトリクス機能の実装において、Metrics ライブラリ[33]を利用していることによるものです。Metrics ライブラリでは、メトリクスが Gauge、Counter、Histogram、Meter、Timer の 5 種類に分類され[34]、パターンごとに必要とされる値の集計を行う機能が提供されています。それぞれのメトリクス種別は、次のような位置付けとなっています。

- Gauge
  シンプルな単一の値。データ型は任意

- Counter
  整数型のカウンタ値。値の更新はインクリメント／デクリメントにより行われる

- Histogram
  浮動小数点数型の値の分布を示す。最大値／最小値／平均値／標準偏差／ 99 パーセンタイル値といった集計値が計算される

- Meter
  時間あたりのイベント発生量（スループット）を示す。時間平均や、5 分幅／ 15 分幅での指数移動平均が計算される

- Timer
  処理時間のヒストグラム。処理の開始から終了までの時間を計測し、所要時間について Histogram と同様の統計値を計算される

　Kafka の `kafka.server:name=BytesInPerSec,type=BrokerTopicMetrics` という MBean は、Meter 型に対応付けられています。Meter 型のデータを JMX 経由で取得できるようにするための MeterMBean クラス[35]のドキュメントが、どのような値が取得できるのかについての参考になりま

---

[33] https://metrics.dropwizard.io/
[34] https://metrics.dropwizard.io/2.2.0/manual/core/
[35] https://metrics.dropwizard.io/2.2.0/apidocs/com/yammer/metrics/reporting/JmxReporter.MeterMBean.html

す。KafkaメトリクスでMetricsライブラリを利用したものについては、大半がGaugeかMeterに対応付けられます。

じつはKafkaのMeter型のメトリクスであれば、ライブラリ内で時間平均を計算してくれているので、「ウィンドウ処理」の項で行ったように自前のストリーム処理で集計しなくても済みます。また、単純なGauge型の値でも、InfluxDBのような時系列DBに格納することで可視化時に集計を行うこともできます。

多様な値を収集し可視化するだけではなく、集計値をもとにリアルタイムにアラームを飛ばすなど、複数の用途に分岐して処理をするユースケースでこそKafka Streamsによるストリーム処理を本格的に活用できるはずです。

8.9 Kafka Streamsを利用するメリット

Kafka Streamsを利用してアプリケーションを実装することで、プリミティブなKafkaのAPIを利用する場合よりも見通しがよく、メンテナンスしやすいコードを書くことができます。さらに、Kafka StreamsはKafkaに付随するライブラリであるため、導入が容易です。

また、Kafkaの機能を上手に使えるという観点で利点を挙げると、Kafkaのクライアントライブラリの機能性を活用して、複数のプロセスによる並列処理を容易に実現できる点がポイントでしょう。並列処理の難しい部分である処理の振り分けと排他制御については、Consumer Group内でのConsumerに対するTopic Partitionの割り当てによって透過的に実現されます。エラーハンドリングの観点では、ストリーム処理の過程でエラーが発生した場合の途中からの処理の再開についても、Kafkaのオフセット管理機構によりシンプルに実現できます。

なお、Kafka Streamsで処理したデータは、必ずしもKafkaのTopicに書き出さなければならないわけではありません。ただし、データの入力スループットが大きい場合、必然的にストリーム処理の出力スループットも大きくなりがちなので、データの出力先としても高性能でスケーラブルなKafkaが有力な候補となります。その点、Kafkaのコア部分と同一のプロジェクトで開発されているKafka Streamsは安心して使うことができるでしょう。

8.10 本章のまとめ

本章では基本的なストリーム処理のサンプルとして、Kafka Streamsを利用してメトリクスデータを処理する流れを紹介しました。

実装したサンプルプログラムは、オーソドックスなパターンとしてKafkaのTopicからデータを読み出し、結果をKafkaのTopicに書き込むものでした。

入力データをKafkaに投入し、出力データをKafkaから取り出す連携ツールとしてFluentdを利用しました。Kafkaそれ自体も、外部のデータソースやデータシンクと連携するためのKafka Connectを提

CHAPTER 8 ストリーム処理の基本

供しているので、要件に応じて使い分けるとよいでしょう。

加工したメトリクスデータは時系列データベースであるInfluxDBに格納し、Grafanaで可視化しました。スタンドアローンの環境でも試しやすいという点から、InfluxDBとGrafanaを取り上げましたが、時系列データベースとしてはOpenTSDB[36]、可視化ツールとしてはKibana[37]など、同様の機能を提供するプロダクトが存在します。背景となる考え方は共通しているので、こちらもそのときのニーズに応じて使い分けてください。

また、題材として取り上げたKafkaそれ自体のメトリクスの仕組みと内容については、Kafkaを運用するためのバックグラウンドの知識としても活用してください。

---

[36] http://opentsdb.net/
[37] https://www.elastic.co/products/kibana

Chapter

Structured Streaming による
ストリーム処理

Structured Streaming によるストリーム処理

9.1 本章で行うこと

　前章では Kafka Streams を用いて、Kafka に蓄積されたデータを Kafka 自身でストリーム処理する方法を解説しました。Kafka は Kafka Streams を用いる以外に、外部のストリーム処理エンジンと組み合わせて利用することもできます。これによって Kafka Streams では実現が難しい複雑なデータ処理を行ったり、機能の補完が可能になります。本章では、外部のストリーム処理系として、「Apache Spark」のコンポーネントのひとつである「Structured Streaming」を用い、Kafka と組み合わせてストリーム処理アプリケーションを組み立てる例を紹介します。

　本章では、まず 9.2 節「Apache Spark と Structured Streaming」で、Spark と Structured Streaming の概要を解説します。続く 9.3 節「サンプルアプリケーション動作環境」では本章で作成するサンプルアプリケーションの動作環境について説明します。また、9.4 節「Apache Spark のセットアップ」、9.5 節「Tweet Producer」ではサンプルアプリケーションの実行に必要な各種準備を行い、9.6 節「Kafka と Structured Streaming の連携の基本」で実際に Kafka と Structured Streaming を組み合わせたストリーム処理アプリケーションの作成方法を解説します。

　Spark および Structured Streaming は Scala、Python、Java などのプログラミング言語でアプリケーション開発が可能ですが、本章 9.6 節「Kafka と Structured Streaming の連携の基本」で作成するアプリケーションには、開発に最も利用されている言語のひとつである Scala を用います。一方 9.5 節「Tweet Producer」ではストリーム処理アプリケーションにデータを供給する簡単な Producer を作成しますが、こちらには Java を用います[1]。

9.2 Apache Spark と Structured Streaming

　本節では Apache Spark と Structured Streaming について説明します。

9.2.1 Apache Spark

　Apache Spark は、OSS の並列分散処理系です。Apache Hadoop の MapReduce フレームワークなどと同様、複数のコモディティなサーバから構成されるクラスタを用いて、大規模データのバッチ処理を並列に行うことができます。元はカリフォルニア大学バークレイ校で 2009 年に研究プロジェクトとして開発が始まりましたが、2013 年に Apache Software Foundation に寄贈されました。Spark は先に世の中に登場した並列分散処理系である MapReduce フレームワークと比較して効率的にデータ処理が行えるよう設計されています。加えてさまざまなプログラミング言語でアプリケーション開発が可能なこと

---

[1] Kafka の以前のバージョンでは Scala で記述された Producer 向けの API が存在していましたが、Kafka 2.0 ではコードベースから削除されました。

や、機械学習、クエリ処理、そして本章のテーマであるストリーム処理向けのものなど、特定の用途における並列分散処理の活用を容易にするコンポーネントが付属している点も特徴です。

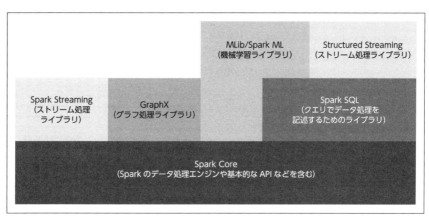

図 9.1　Spark に付属するさまざまなライブラリ

Spark を用いて開発したアプリケーションはクラスタマネージャによって計算リソースが管理されたクラスタ上で動作します。クラスタマネージャには Hadoop の YARN や Apache Mesos、Spark に同梱されている Standalone に加えて、本書執筆時点で最新のバージョン 2.3.1 では Kubernetes もサポートしています。

9.2.2　Spark のデータ処理モデル

Spark は処理対象のデータを RDD（Resilient Distributed Dataset）と呼ばれる耐障害性を有する分散コレクションに抽象化します。すなわち処理対象のレコード 1 件 1 件を RDD の要素として扱います。

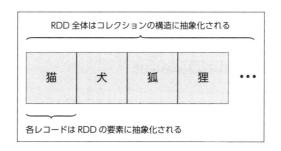

図 9.2　RDD の構造

プログラミングの側面からは、RDD はデータ処理を記述するためのインターフェイスとみなすことができます。処理対象のデータを RDD に抽象化することで、プログラマは分散処理を意識することなく、コレクション処理を記述するようにアプリケーションを開発できます。Spark では処理対象のファイルや RDBMS のテーブルなど、処理対象のデータに対して RDD のインターフェイスを与える手段を提供しています。

```
val rdd = sc.textFile("data.txt")   (1) 処理対象のデータを RDD に抽象化。
                                        ここではテキストデータを RDD に抽象化している
val wordCountRDD = rdd.flatMap(_.split(" ")).map(word => (word, 1)).reduceByKey(_ + _)   (2)
wordCountRDD.saveAsText("result.txt")                                                    (3)
```

RDD に対しては、個々の要素に対してユーザーが定義した関数を適用する `map` や、ユーザーが与えた条件にマッチする要素のみを篩い分ける `filter`、特定のキーごとに要素をグループ化して集約処理を行う `reduceByKey` など、事前に定義されたいくつかの関数を適用することでデータ処理ロジックを記述できます。このような、RDD に対する何らかの処理を記述するための関数を「Transformation」と呼びます（上記 (2) では `flatMap` や `map`、`reduceByKey` が Transformation）。Transformation ひとつひとつは単純なデータ処理を行うものが多いですが、複数連ねることで複雑なデータ処理ロジックを記述できます。データの処理結果をどのように扱うかは「Action」と呼ばれるカテゴリの関数を用いて記述します。Action のなかには、たとえばデータ処理結果をファイルに保存するものなどが含まれています（上記 (3) の `saveAsText` は RDD の内容をテキストファイルに保存する Action）。

プログラマが記述したデータ処理ロジックは、スケジューラなどとともに「Driver Program」にまとめられます。Driver Program は、「Driver」と呼ばれるプロセスで実行されます。Spark アプリケーションの実行の仕方によって、クラスタ内の 1 台のスレーブサーバー上で Driver が起動する場合と、Spark アプリケーションを起動するクライアントが Driver を兼ねる場合があります[2]。

「スケジューラ」はプログラマが記述したデータ処理ロジックに基づいて、クラスタ上での分散処理を制御する役割を担います。スケジューラは記述されたデータ処理の内容を元に「Job」やそれを並列処理可能な単位に分割した「Task」と呼ばれる処理単位を生成し、実行をスケジューリングします。Task を実行するのはスレーブサーバー上で動作する「Executor」と呼ばれるプロセスです。Spark ではクラスタ内の複数の Executor が並列に Task を実行することで、クラスタ全体で並列分散処理を実現しています。

9.2.3 DataFrame/Dataset

RDD は Spark を用いてアプリケーションを開発するうえで最も基本的なデータ構造であり、インターフェイスです。しかし複雑な処理を組み立てると人手での最適化が難しくなったり、処理の見通しが悪く

---

[2] たとえばクラスタマネージャに YARN を利用している場合は、ApplicationMaster が Driver を兼ねています。

なったり、開発言語によって大きくパフォーマンスが異なるという課題があります[3]。

これらの課題を解決したデータ構造として、近年は「DataFrame/Dataset」が利用されるケースが多くなってきました。DataFrame/Dataset は Spark のコンポーネントのひとつ Spark SQL における基本的なデータ構造です。処理対象のデータをリレーショナルデータベースにおけるテーブル状の構造に抽象化し、カラム名やデータ型などのスキーマを与えることができます。本書では、以降表記の簡略化のために、DataFrame/Dataset をたんに Dataset と表記します[4]。

プログラミングの側面からは、Dataset は RDD と同様にデータ処理を記述するためのインターフェイスであるとみなせます。ただし RDD とは異なり、プログラマは SQL における SELECT 句に相当する `selectExpr` や、WHERE 句に相当する `filter`（もしくは `where`）などで Dataset に対するクエリを記述することで、データ処理アプリケーションを開発できます。このような宣言的な API が整備されているため、複雑な処理を組み立てる場合でも RDD をベースとした処理よりも見通しがよくなります。また Dataset をベースとした処理は Spark SQL のオプティマイザによって最適化され、開発言語によらず JVM で実行可能なコードが生成されます。このため人手での最適化の手間を省けたり、また開発言語の違いによる性能差が出にくいのです。

9.2.4 Structured Streaming

「Structured Streaming」は Spark を構成するコンポーネントのひとつで、ストリーム処理を複数のサーバーで並列に実行するために用いられます。Spark では従来から Spark Streaming と呼ばれるストリーム処理向けのコンポーネントが提供されていますが、Structured Streaming は Spark SQL の上に成り立つ新しいストリーム処理向けのコンポーネントです。障害発生後の一貫したリカバリを目指した設計になっていたり、イベントタイムウィンドウ集約処理のサポートなど Spark Streaming では実現が難しかった機能が実装されています。また Structured Streaming が Dataset を対象とした処理系であるという点も特徴的です。Spark Streaming では、DStream と呼ばれる RDD と似たデータ構造に対してデータ処理を記述します。DStream を操作する API には RDD と似たものが提供されていますが、必ずしも同様の使用感が得られるわけではありません。

一方 Structured Streaming は Dataset をベースとしているため、Spark SQL でバッチ処理アプリケーションを開発する場合と同様の API で処理が記述できます。したがって、バッチ処理とストリーム処理を混在させる場合でも、統一された方法で処理を記述できます。さらに Spark SQL のオプティマイザ

---

[3] クラスタ内での並列処理に際して、Executor は JVM 上で動作しますが、データ処理ロジックを記述したプログラミング言語によっては処理の一部が Executor とは異なる別のプロセスによって実行されます。たとえば Python でデータ処理を記述した場合は、スレーブサーバー上で実行される一部の処理が Python プログラムとして実行されます。この場合、たとえば Python インタプリタのパフォーマンスや Executor と Python で動作する部分のプログラムとの通信が、Scala や Java でデータ処理ロジックを記述した場合と比較してパフォーマンスが劣化する原因となります。

[4] 歴史的な経緯をすこし説明すると、DataFrame については Spark 1.0.0 で Spark SQL が導入された際には SchemaRDD という名前でしたが、バージョン 1.3.0 で DataFrame と名称を改めました。その後バージョン 1.6.0 で DataFrame を一般化した Dataset と呼ばれるデータ構造が導入され現在に至ります。

による最適化が施されるメリットもあります。

9.2.5 Structured Streaming のデータ処理モデル

多くのストリーム処理系はストリームデータが到着したタイミングで処理が行われる、イベントドリブンな方式を採用しています。一方、Structured Streamingでは「トリガー」と呼ばれるデータ処理のためのタイミングを定義します。トリガーでは、定期間隔で繰り返しデータを受信し、数100ミリ秒から数秒程度の短いバッチ（マイクロバッチ）を繰り返し実行することでストリーム処理を実現しています[5]。

また、データモデルにも特徴があります。Structured Streamingではデータストリームを RDBMS におけるテーブルのように扱います。そしてデータストリーム中のデータを、テーブルに無限に追記されるレコードのように扱います。この仮想的なテーブルを「Input Table」と呼びます（図9.3）。

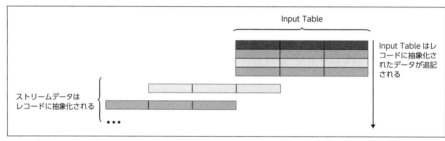

図9.3 Input Table

トリガーごとに実行されるマイクロバッチでは、インクリメンタルにレコードが追記されるInput Tableに対してクエリを実行するようにデータ処理を行います。そしてInput Tableに対してクエリを実行した結果得られるテーブルを「Result Table」と呼びます。

マイクロバッチ1回あたりの出力はResult Tableに含まれるレコードの一部、もしくは全部ですが、出力されるレコードは「出力モード」によって制御されます。出力モードは次の3つが定義されています。

Completeモード

生成されたResult Tableに含まれるレコードをすべて出力します。

---

[5] Spark 2.3.0 からはミリ秒オーダーのレイテンシで処理可能なエンジンがStructured Streamingに導入されましたが、現時点では実験的な導入という位置づけであるため、本書での説明は割愛します。

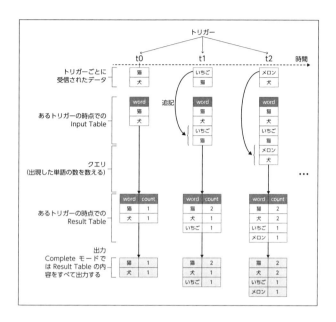

Update モード

直前のトリガーで生成された Result Table から更新もしくは追記されたレコードを出力します。

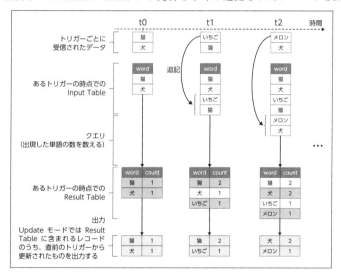

CHAPTER 9 Structured Streaming によるストリーム処理

▌Append モード

直前のトリガーで生成された Result Table に対して、追記されたレコードを出力します。

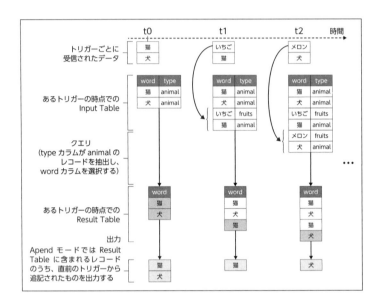

どの出力モードが設定できるかは、クエリで表現されたデータ処理の種類によって異なります[6]。以下は各出力モードが設定可能な処理の一例です。

- Complete モード
  集約処理（ウォーターマークの設定の有無に依らない）

- Update モード
  カラムの選択やフィルタ、集約処理（ウォーターマークの設定の有無に依らない）

- Append モード
  カラムの選択やフィルタ、ジョイン、ウォーターマークが設定された集約処理[7]

プログラミングの側面では、Dataset が Input Table や Result Table、およびその中間テーブルのイ

---

[6] このような制約があるのは、Structured Streaming のデータモデルの概念と現実的なデータの格納スペースのギャップや、処理内容と出力モードのセマンティクスとのあいだに一貫性を持たせるためです。
[7] ウォーターマークについてはダウンロードコンテンツ「イベントタイムとウォーターマークを利用したストリーム処理」で解説します。

ンターフェイスとなります。InputTable に相当する Dataset に対してクエリを記述すると中間テーブルに相当する Dataset が得られます。そして中間テーブルに相当する Dataset にも同様にクエリを記述し、これを繰り返して最終的に得られる Dataset は Result Table に相当します。また InputTable に相当する Dataset から Result Dataset に相当する Dataset を得るまでの一連のクエリは、マイクロバッチ1回あたりで実行されるものになります。

9.3 サンプルアプリケーション動作環境

本章後半で Kafka と Structured Streaming を用いたサンプルアプリケーションを作成します。これに先立って、本節でアプリケーションの実行環境の準備を行います。

9.3.1 サンプルアプリケーションの構成

本章では図 9.4 に示す構成で、Twitter から流れてくるツイートデータを処理するアプリケーションを作成しながら Kafka と Structured Streaming の連携方法を解説します。

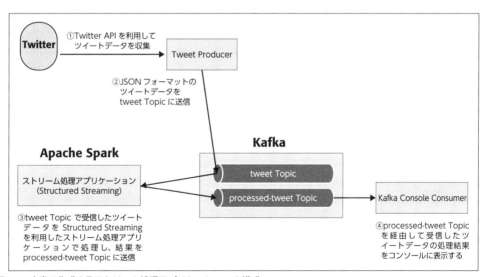

図 9.4　本章で作成するストリーム処理アプリケーションの構成

ツイートデータは Twitter Producer が Twitter API を用いて収集し、tweet という Topic に配信されます（図 9.4-①②）。Twitter API を用いて取得できるツイートデータは JSON フォーマットで構造

化されており、ツイート本文だけではなく、発信したユーザーや言語、リツイート数など、さまざまな属性が付帯しています。

Structured Streaming でストリーム処理を行う部分では、Topic の `tweet` からツイートデータをロードし、加工してから `processed-tweet` という Topic に書き出します（図 9.4-③）。最終的に、`processed-tweet` に書き出された処理結果は Kafka に付属する Kafka Console Consumer を用いてコンソールに表示します（図 9.4-④）。以上が本章で作成するアプリケーションの一連の流れです。

Structured Streaming でストリーム処理を行う部分は、データ処理の種類を変えながらいくつかのサンプルアプリケーションを作成していきます。

9.3.2 サンプルアプリケーションの実行環境

本章で作成するサンプルアプリケーションの動作環境は表 9.1 に示すものを想定しています。このうち、`spark-client` を除くサーバーは第 3 章で構築した Kafka クラスタと同じ構成です。

表 9.1 本章で作成するアプリケーションの動作環境

ホスト名	説明
`producer-client`	Tweet Producer を動作させるホスト。Tweet Producer のビルド環境も兼ねる
`spark-client`	Structured Streaming によるストリーム処理アプリケーションを起動するクライアントホスト。ストリーム処理アプリケーションのビルド環境も兼ねる
`kafka-broker01` `kafka-broker02` `kafka-broker03`	`kafka-broker01`〜`kafka-broker03` で Kafka クラスタを構成する。`tweet` Topic と `processed_tweet` Topic はこの Kafka クラスタ上に作成される。Kafka クラスタを動作させるために必要になる ZooKeeper もこのサーバーに同居させる
`consumer-client`	Console Consumer を起動し、`processed_tweet` Topic から受信したデータをコンソールに表示する
`kafka-client`	Topic を作成するなど、Kafka クラスタの管理に関する操作を行う

■ 実行環境の構築

`spark-client` に Spark をインストールする方法については 9.4 節「Apache Spark のセットアップ」で、`producer-client` 上で動作する Tweet Producer の作成については 9.5 節「Tweet Producer」でそれぞれ説明します。

また `producer-client` と `spark-client` はアプリケーションの開発環境も兼ねており、ビルドには Maven を利用します。そのため、4.2.2「Apache Maven のインストール」（P. 68）を参考に Oracle JDK と Maven をインストールしてビルド環境を構築し、インターネットに接続できる状態にしてください。

Kafka クラスタと ZooKeeper クラスタの構築方法、および起動／停止方法は 3.3 節「Kafka の構築」と 3.4 節「Kafka の起動と動作確認」を参照してください。

本章では表9.1のように複数のマシンそれぞれに異なる役割を与えていますが、単一のマシン上でアプリケーションの動作確認をすることも可能です。その場合はZooKeeperやBrokerを1プロセスずつ起動するのが簡単です。この場合の環境構築手順も3.3節「Kafkaの構築」で紹介しています。

■ クラスタおよびローカルモードでの実行

SparkおよびStructured Streamingを用いて開発されたアプリケーションを動作させるプロダクション環境には、YARNなどのクラスタマネージャで管理されたクラスタを利用するのが一般的です。ただしクラスタの構築手順は本書の範囲を超えるため、作成したアプリケーションはクラスタマネージャを用いない「ローカルモード」で動作させることにします。ローカルモードとは、Sparkアプリケーションを起動するクライアントがDriverとして振る舞い、複数のスレッドを用いてクラスタ上でのExecutorによる並列分散処理をエミュレートする動作モードです。おもにアプリケーション開発時の動作確認などに用いられます。

本書ではローカルモードでアプリケーションを動作させる前提で説明を進めますが、作成するアプリケーションはクラスタ上で実際に並列処理させることも可能です。クラスタマネージャにYARNを用い、Hadoopクラスタ上でアプリケーションを動作させる場合の設定などについては、コラム「SparkをHadoopと組み合わせて利用する場合の設定」（P. 230）で補足します。

■ Topicの生成

サンプルアプリケーションで使用するTopicの`tweet`および`processed-tweet`は、Kafkaクラスタを起動した状態で、`kafka-client`で次のコマンドを実行し作成してください[8]。

```
・tweet Topic の作成
(kafka-client)$ kafka-topics \
> --zookeeper kafka-broker01:2181,kafka-broker02:2181,kafka-broker03:2181 \
> --create \
> --topic tweet \
> --partitions 1 \
> --replication-factor 1
・processed-tweet Topic の作成
(kafka-client)$ kafka-topics \
> --zookeeper kafka-broker01:2181,kafka-broker02:2181,kafka-broker03:2181 \
> --create \
> --topic processed-tweet \
```

---

[8] このような操作を行うサーバとして`kafka-client`が存在し、他章でもTopicの作成などはこのサーバで行っています。

CHAPTER 9 Structured Streaming によるストリーム処理

```
> --partitions 1 \
> --replication-factor 1
```
↑ここでは Replication 数と Partition 数を 1 に設定して Topic を作成していますが、
これらの値は適宜変更してもかまいません。

9.4 Apache Spark のセットアップ

本節では Apache Spark のと Structured Streaming のセットアップについて解説します。

9.4.1 Apache Spark のインストール

Apache Spark は次の URL からダウンロードします。

https://spark.apache.org/downloads.html

Web ブラウザで上記 URL にアクセスすると、図 9.5 の画面が表示されます[9]。

図 9.5 Apache Spark のダウンロードページ（その 1）

Download Apache Spark セクションの「Choose a Spark release」は「2.3.1(Jun 08 2018)」を選択し、「Choose a package type」は「Pre-built for Apache Hadoop 2.7 and later」を選択してください。そして「Download Spark」の右側の「spark-2.3.1-bin-hadoop2.7.tgz」リンクをクリックすると図 9.6 の画面に遷移します。

---

[9] このスクリーンキャプチャを取得したとは、SF Pride というイベントに合わせて Spark のロゴの星の部分が虹色にアレンジされていました。通常は星の部分がオレンジに彩色されています。

We suggest the following mirror site for your download:

http://ftp.yz.yamagata-u.ac.jp/pub/network/apache/spark/spark-2.3.1/spark-2.3.1-bin-hadoop2.7.tgz

Other mirror sites are suggested below.

It is essential that you verify the integrity of the downloaded file using the PGP signature (.asc file) or a hash (.md5 or .sha* file).

Please only use the backup mirrors to download KEYS, PGP and MD5 sigs/hashes or if no other mirrors are working.

図 9.6　Apache Spark のダウンロードページ（その 2）

　図 9.6 の「We suggest the following mirror site for your download:」というメッセージの下にあるリンクをクリックするとダウンロードが始まります[10]。

　ダウンロードしたファイルは `spark-client` 上で展開し、Spark をインストールするパスにリネームします。本書では `/usr/local/spark` にリネームします。

```
(spark-client)$ tar xfzv spark-2.3.1-bin-hadoop2.7.tgz
(spark-client)$ sudo mv spark-2.3.1-bin-hadoop2.7 /usr/local/spark
```

　また次のように `/etc/profile.d/spark.sh` を編集して環境変数 `SPARK_HOME` にインストールパスを設定し、環境変数 `PATH` に Spark 関連のコマンドへのパスを追記します。

```
↓ sudo コマンドを利用するか、root 権限を持つユーザーで編集する
export SPARK_HOME=/usr/local/spark
export PATH="${SPARK_HOME}/bin:${PATH}"
```

　`spark.sh` の編集を終えたら設定内容を反映し、`spark-shell --version` を実行してください。次のような出力が表示されていればインストールは成功しています。

```
(spark-client)$ source /etc/profile
(spark-client)$ spark-shell --version
Welcome to
```

---

[10] ミラーサイトは自動的に選択されるため、図 9.6 に記載されている URL とは異なる場合があります。

CHAPTER 9　Structured Streamingによるストリーム処理

```
      ____              __
     / __/__  ___ _____/ /__
    _\ \/ _ \/ _ `/ __/  '_/
   /___/ .__/\_,_/_/ /_/\_\   version 2.3.1
      /_/

Using Scala version 2.11.8, Java HotSpot(TM) 64-Bit Server VM, 1.8.0_181
Branch
Compiled by user vanzin on 2018-06-01T20:37:04Z
Revision
Url
Type --help for more information.
```

9.4.2　メタデータディレクトリの作成

　Structured Streamingでは障害などによってストリーム処理が中断したあと、途中から再開できるようなリカバリの仕組みがあります。この仕組みの一環として、Structured Streamingではストリーム処理実行中にリカバリに必要なメタデータをファイルシステム上に記録します。メタデータを記録するファイルシステムは、プロダクション環境ではHDFSなどの分散ファイルシステムが用いられるのが一般的ですが、ローカルモードでは動作確認などを目的にクライアントのローカルファイルシステムを用いることも可能です。本書では`spark-client`上でアプリケーションを実行するユーザーのローカルファイルシステム上のホームディレクトリに、メタデータ格納用のディレクトリを作成します。

```
(spark-client)$ mkdir ${HOME}/.structured_streaming_meta
```

SparkをHadoopと組み合わせて利用する場合の設定

　Sparkでは、データの入出力や、Structured Streamingのメタデータの格納場所などに、Hadoopの分散ファイルシステム「HDFS（Hadoop Distributed Filesystem）」を利用できます。SparkからHDFSを利用するには、Sparkのディレクトリツリーの`/conf/spark-env.sh`を編集し、変数`HADOOP_CONF_DIR`にHadoopの設定ファイル（`core-site.xml`、`hdfs-site.xml`）が格納されたディレクトリを設定してください。

```
HADOOP_CONF_DIR=<Hadoopの設定ファイルが格納されたディレクトリ>
```

core-site.xml と hdfs-site.xml が HDFS を利用するように編集されていれば、Spark から HDFS を利用できるようになります。たとえば、先の 9.4.2「メタデータディレクトリの作成」では HDFS との連携の設定を行っていないため、Structured Streaming は spark-client のローカルファイルシステム上のメタデータのパスを参照します。しかし HDFS と連携した場合、デフォルトで HDFS 上のパスを参照するようになります（事前に HDFS 上にメタデータ用のディレクトリを作成し、アプリケーションを実行するユーザーが書き込み可能な権限を与えておく必要があります）。

　さらに HADOOP_CONF_DIR に設定したディレクトリの yarn-site.xml が編集され、YARN が利用できる状態になっている場合はアプリケーションを YARN 管理下のクラスタで動かせます。事前に HDFS 上のホームディレクトリ（/user/<アプリケーションを実行するユーザー名>）を作成し、このユーザーが書き込み可能な権限を与えておいてください。

　これはアプリケーションの実行に際して一時的なデータを格納するディレクトリが、デフォルトでホームディレクトリ上に作成されるためです。9.6 節「Kafka と Structured Streaming の連携の基本」では spark-shell コマンドで、またダウンロードコンテンツの「イベントタイムとウォーターマークを利用したストリーム処理」では spark-submit コマンドでそれぞれアプリケーションを実行する手順を解説しています。これらのコマンドに --master yarn オプションを付与することで、サンプルアプリケーションを YARN 管理下のクラスタ上で実行可能です。さらに --deploy-mode オプションで Driver がどこで動作するかを制御できます。

　--deploy-mode に指定する引数に client を指定した場合はクライアントが Driver として動作し、cluster を指定した場合はスレーブサーバー上で動作する ApplicationMaster が Driver として動作します。ただし spark-shell コマンドでは --deploy-mode に cluster は指定できません。また --deploy-mode を省略すると、--deploy-mode client が指定されたのと同じ挙動を示します。

> ・spark-submit を用いて、アプリケーションを YARN 管理下のクラスタで動かす場合
> (spark-client)$ spark-submit --master yarn --deploy-mode cluster <アプリケーションのJARファイル>
> ・Spark Shell を用いて記述した処理を YARN 管理下のクラスタでアプリケーションを実行する場合
> (spark-client)$ spark-shell --master yarn

　本書では core-site.xml、hdfs-site.xml、yarn-site.xml ほか Hadoop 関連の設定ファイルの編集方法やクラスタ構築方法の解説は割愛しますが、Hadoop がインストールされたクラスタ環境がある場合や別途書籍などを参照して Hadoop クラスタを構築する場合は、本章で解説するアプリケーションをぜひ実際の分散環境で動かしてみてください。

9.5　Tweet Producer

　本章で作成するアプリケーションはツイートデータを入力データとして扱います。データストリーム中を流れてくるツイートデータを Kafka に送信するのは Tweet Producer の役割です。本節では Tweet Producer の作成とビルド、および設定について解説します。なお Tweet Producer は Twitter API を利用してツイートデータを収集します。Twitter API の利用には、事前に Twitter アカウントの作成と次の 4 つのキーやトークン、シークレットの取得が必要です。

- Consumer Key
- Consumer Secret
- Access Token
- Access Token Secret

次の URL から、アカウントの作成や各種キー、トークン、シークレットの取得を事前に行ってください。

- アカウントの作成
  https://twitter.com

- 各種キー、トークン、シークレットの取得
  https://apps.twitter.com

9.5.1 Tweet Producer の作成

Tweet Producer は、Twitter API を利用する部分を除き、第 4 章で作成した Producer と同じ要領で作成できます。Tweet Producer のソースコード（`TweetProducer.java`）の内容は**リスト 9.1** のとおりです。

リスト 9.1　TweetProducer.java

```java
package com.example.chapter9;

import java.util.Properties;
import org.apache.kafka.clients.producer.KafkaProducer;
import org.apache.kafka.clients.producer.ProducerConfig;
import org.apache.kafka.clients.producer.ProducerRecord;
import org.apache.kafka.common.serialization.ByteArraySerializer;
import org.apache.kafka.common.serialization.StringSerializer;

import twitter4j.Status;
import twitter4j.StatusAdapter;
import twitter4j.StatusListener;
import twitter4j.TwitterObjectFactory;
import twitter4j.TwitterStream;
import twitter4j.TwitterStreamFactory;

public class TweetProducer {

    private void printUsageAndExit(int code) {
        System.err.println("Usage: TweetProducer <client id> <bootstrap servers> <topic>");
        System.exit(code);
```

```
    }

    private Properties makeProperties(String clientId, String bootstrapServers) {
        Properties kafkaProps = new Properties();
        kafkaProps.put("client.id", clientId);
        kafkaProps.put("bootstrap.servers", bootstrapServers);
        kafkaProps.put("key.serializer", ByteArraySerializer.class.getName());
        kafkaProps.put("value.serializer", StringSerializer.class.getName());

        return kafkaProps;
    }

    public void run(String[] args) {

        if (args.length < 3) {
            printUsageAndExit(-1);
        }

        String clientId = args[0];
        String bootstrapServers = args[1];
        String topic = args[2];
        Properties props = makeProperties(clientId, bootstrapServers);

        TwitterStream stream = TwitterStreamFactory.getSingleton();

        StatusListener listener = new TweetProducerStatusListener(props, topic);
        stream.addListener(listener);
        stream.sample();
    }

    public static void main(String[] args) {
        new TweetProducer().run(args);
    }

    private static class TweetProducerStatusListener extends StatusAdapter {
        private KafkaProducer<byte[], String> producer;
        private String topic;

        public TweetProducerStatusListener(Properties props, String topic) {
            this.producer = new KafkaProducer<>(props);
            this.topic = topic;
        }

        @Override
        public void onStatus(Status status) {
```
(1) (2) (3) (4) (5)

```
                String jsonStatus = TwitterObjectFactory.getRawJSON(status);
                ProducerRecord record = new ProducerRecord<byte[], String>(topic, jsonStatus);     (6)
                producer.send(record);
            }
        }
    }
```

以降ではおもにツイートデータの収集に関する部分に焦点を当ててソースコードの解説をします。

Kafka に送信するデータには Key と Value が設定できますが、Tweet Producer はツイートデータを Kafka に送信するにあたって Key を設定しません。したがって便宜的に `key.serializer` プロパティには `ByteArraySerializer` を指定します。Value には JSON フォーマットのツイートデータを文字列として設定します。そのため `value.serializer` プロパティには `StringSerializer` を設定します（リスト9.1-（1））。

ツイートデータの収集には Twitter4J[11] を用います。Twitter4J は Twitter API を Java から利用できるようにしたラッパーライブラリです。ツイートデータをストリームデータとして収集するためには TwitterStream クラスのインスタンスが必要です。`TweetStreamFactory.getSingleton` メソッドによってシングルトンインスタンスを取得します（リスト9.1-（2））。

TweetStream を用いると、ストリームデータとして流れてくるツイートデータが到着するのを待ち受けて、イベントドリブンで任意の処理を実行することができます。この処理は StatusAdapter のサブクラスの `onStatus` メソッドに実装します。本章では StatusAdapter のサブクラスとして `TweetProducerStatus` を実装しています（リスト9.1-（5））。

`TweetProducer` の目的はツイートデータを Kafka に送信することなので、`onStatus` メソッドにはツイートデータを ProducerRecord のインスタンスに格納する処理や、それを tweet Topic に配信するロジックを実装します。`onStatus` メソッドが受け取る Status オブジェクトがツイートデータ1件を表しています。この Status オブジェクトから JSON フォーマットのツイートデータを取得します。Twitter4J では、TweetObjectFactory を用いることで JSON フォーマットのツイートデータを取得できます。こうして得られた JSON フォーマットのツイートデータから `ProducerRecord` のインスタンスを生成し、tweet Topic に配信します（リスト9.1-（6））。

リスト9.1-（3）では TweetProducerStatusListener のインスタンスを TweetStream の `addListener` メソッドで登録しています。これによって、受信した Tweet データが `onStatus` メソッドに定義した内容で処理されるようになります。リスト9.1-（4）で、実際にストリームデータとして流れてくるツイートデータの収集を開始しています。`TweetStream` ではストリームデータとして流れてくるツイートデータの収集方法が選択できます。ここではツイートデータをサンプリングして収集する `sample` メソッドを用いています。

---

[11] http://twitter4j.org/ja/index.html

9.5.2 Tweet Producer のビルド

Mavenプロジェクトを作成して TweetProducer.java をビルドします。producer-client 上に図9.7のような Maven プロジェクト（tweet-producer プロジェクト）のディレクトリ構造を作成し、tweet-producer/src/main/java/com/example/chapter9 以下に TweetProducer.java を配置してください。またリスト9.2 の pom.xml を tweet-producer ディレクトリの直下に配置してください。

```
tweet-producer
├── pom.xml
└── src
    └── main
        └── java
            └── com
                └── example
                    └── chapter9
                        └── TweetProducer.java
```

図 9.7 tweet-producer プロジェクトのディレクトリ構成図

リスト 9.2 tweet-producer プロジェクトの pom.xml

```xml
<project xmlns="http://maven.apache.org/POM/4.0.0"
    xmlns:xsi="http://www.w3.org/2001/XMLSchema-instance"
    xsi:schemaLocation="http://maven.apache.org/POM/4.0.0 http://maven.apache.org/xsd/maven-4.0.0.xsd">
    <modelVersion>4.0.0</modelVersion>

    <groupId>com.example.chapter9</groupId>
    <artifactId>tweet-producer</artifactId>
    <version>1.0-SNAPSHOT</version>
    <packaging>jar</packaging>

    <name>tweet-producer</name>

    <properties>
        <project.build.sourceEncoding>UTF-8</project.build.sourceEncoding>
        <project.reporting.outputEncoding>UTF-8</project.reporting.outputEncoding>
        <java.version>1.8</java.version>
        <kafka.version>2.0.0-cp1</kafka.version>
        <twitter4j.version>4.0.6</twitter4j.version>
```

```xml
        </properties>

        <repositories>
          <repository>
            <id>confluent</id>
            <url>https://packages.confluent.io/maven/</url>
          </repository>
        </repositories>

        <dependencies>
          <dependency>
            <groupId>org.twitter4j</groupId>
            <artifactId>twitter4j-stream</artifactId>
            <version>${twitter4j.version}</version>
          </dependency>
          <dependency>
            <groupId>org.apache.kafka</groupId>
            <artifactId>kafka-clients</artifactId>
            <version>${kafka.version}</version>
          </dependency>
        </dependencies>

        <build>
          <plugins>
            <plugin>
              <groupId>org.apache.maven.plugins</groupId>
              <artifactId>maven-compiler-plugin</artifactId>
              <version>3.7.0</version>
              <configuration>
                <source>${java.version}</source>
                <target>${java.version}</target>
              </configuration>
            </plugin>
            <plugin>
              <groupId>org.apache.maven.plugins</groupId>
              <artifactId>maven-dependency-plugin</artifactId>
              <executions>
                <execution>
                  <phase>compile</phase>
                  <goals>
                    <goal>copy-dependencies</goal>
                  </goals>
                </execution>
              </executions>
              <configuration>
                <includeScope>runtime</includeScope>
```

```
            <outputDirectory>assembly</outputDirectory>
          </configuration>
        </plugin>
      </plugins>
    </build>
  </project>
```

ソースコードとpom.xmlを配置したら、次のようにmvnコマンドを実行してビルドします。

```
(tweet-producer)$ mvn compile
（省略）
[INFO] BUILD SUCCESS
（省略）
```

[INFO] BUILD SUCCESSというメッセージがコンソールに表示されていれば、ビルドが正常に完了しています。

9.5.3 設定ファイルの配備

Tweet ProducerにはTwitter4Jを利用するための設定が必要です。設定は`twitter4j.properties`に記述します。本書では、`tweet-producer`ディレクトリの直下に`conf`ディレクトリを作成し、`twitter4j.properties`を配置します。`twitter4j.properties`は次のように編集してください。また、Tweet Producerを実行するユーザーが読み取り可能になるようにアクセス権限を設定してください。

```
jsonStoreEnabled=true
oauth.consumerKey=<Consumer Key>
oauth.consumerSecret=<Consumer Secret>
oauth.accessToken=<Access Token>
oauth.accessTokenSecret=<Access Token Secret>
```

`jsonStoreEnabled`は、TweetObjectFactoryにJSONフォーマットのツイートデータを保持するかどうかを制御するプロパティです。`true`に設定することで保持を有効にします。JSONフォーマットのツイートデータを保持するためにメモリを消費するため、デフォルトでは`false`が設定されていますが、本章で作成するアプリケーションはJSONフォーマットのツイートデータが必要なため、`true`を設定します。

`oauth`で始まるプロパティには、取得した各種キー、トークンおよびシークレットを設定してください。

Structured Streaming によるストリーム処理

9.5.4 Tweet Producer の起動／停止と動作確認

　本項では Tweet Producer の起動／停止方法の説明および動作を行います。動作確認は事前に Kafka クラスタと Kafka Console Consumer を起動した状態で行ってください。Kafka Console Consumer 起動の際、`--topic` オプションには `processed-tweet` を指定してください。

```
(consumer-client)$ kafka-console-consumer \
> --bootstrap-server kafka-broker01:9092,kafka-broker02:9092,kafka-broker03:9092 \
> --topic processed-tweet
```

　以降、本章で Kafka Console Consumer を起動する際コマンドラインの表記は省略しますが、上記のコマンドを同様に実行してください。

　Tweet Producer の起動には、次のような内容の `start-tweet-producer.sh` を利用します。本書では `start-tweet-producer.sh` を `tweet-producer` ディレクトリの直下に配置し、実行可能なパーミッションを設定する想定で説明を進めます。

```
#!/usr/bin/env bash

BASE_DIR="$(dirname $0)"
CLASSPATH="${CLASSPATH}:${BASE_DIR}/assembly/*:${BASE_DIR}/target/classes:${BASE_DIR}/conf"

java -cp "${CLASSPATH}" com.example.chapter9.TweetProducer "$@"
```

　このスクリプトは次の形式で利用します。

```
start-tweet-producer.sh <Tweet Producer を識別する ID> <最初に接続する Broker のホストとポート> <Topic>
```

　9.3.1「サンプルアプリケーションの構成」（P. 225）で、本章では Tweet Producer は `tweet` という Topic にツイートデータを配信すると説明しましたが、この時点ではまだ Structured Streaming によるストリーム処理を実装していません。そのため、ここでの動作確認にかぎり、Kafka Console Consumer がツイートデータを受け取れるように Tweet Producer の出力先に `processed-tweet` Topic を指定します。

```
# tweet-producerディレクトリに移動してから次のコマンドを実行する
(producer-client)$ ./start-tweet-producer.sh \
                   "Tweet Producer" \
```

```
                    "kafka-broker01:9092,kafka-broker02:9092,kafka-broker03:9092" \
                    processed-tweet
(省略)
```

Tweet Producer が起動すると、ツイートデータを収集し、コマンドラインで指定した Topic へのツイートデータの配信が始まります。これによって `processed-tweet` Topic にツイートデータが配信され、Kafka Console Consumer を起動した `consumer-client` のコンソールに JSON フォーマットのツイートデータが出力されていることが確認できます。

```
{"extended_tweet":{"extended_entities":{"media":[{"display_url":"pic.twitter.com/*
*********", ...
{"quoted_status":{"extended_entities":{"media":[{"display_url":"pic.twitter.com/**
********", ...
{"in_reply_to_status_id_str":null,"in_reply_to_status_id":null,"created_at": ...
```

Tweet Producer が起動しているあいだは、指定した Topic へツイートデータを配信し続けます。Tweet Producer を停止するには、[Ctrl] + [C] をタイプしてください。

9.6 Kafka と Structured Streaming の連携の基本

ここまでで Tweet Producer と Broker を経由し、Structured Streaming にツイートデータを供給する準備が整いました。本節では Structured Streaming によるシンプルなストリーム処理を組み立てながら、Kafka と Structured Streaming の連携方法を解説します。

9.6.1 Spark Shell の起動

本節では、処理の組み立てに「Spark Shell」を用います。Spark Shell とは Spark に付属するツールで、Scala によるコードの記述と実行をインタラクティブに行えるシェルです。コードを都度ビルドする必要がないため、プロトタイプの作成段階において試行錯誤するのに便利なツールです。Spark Shell は `spark-client` 上で `spark-shell` コマンドによって起動します。

```
(spark-client)$ spark-shell --master local[10] \
> --packages org.apache.spark:spark-sql-kafka-0-10_2.11:2.3.1
```

`--master local[10]` オプションは、Spark Shell をローカルモードで起動するために指定しています。

CHAPTER 9 Structured Streaming によるストリーム処理

ブラケットのなかの数字はエミュレートする並列度です。また `--packages` オプションは Spark Shell を起動するうえで常に必要なオプションではありませんが、本書では Spark Shell から Kafka と連携するためのライブラリを実行時にダウンロードするために指定します。

起動すると scala> というプロンプトが表示されます。プロンプトに続けてコードを記述できます。Spark Shell から抜けるには、:q コマンドに続けて［Enter］を入力するか［Ctrl］＋［D］を押してください。

```
（省略）
Spark context available as 'sc' (master = local[10], app id = local-1534574055020).
Spark session available as 'spark'.
Welcome to
      ____              __
     / __/__  ___ _____/ /__
    _\ \/ _ \/ _ `/ __/  '_/
   /___/ .__/\_,_/_/ /_/\_\   version 2.3.1
      /_/

Using Scala version 2.11.8 (Java HotSpot(TM) 64-Bit Server VM, Java 1.8.0_181)
Type in expressions to have them evaluated.
Type :help for more information.

scala> :q         scala> のプロンプトに続けてコードやコマンドが入力できる
                  :q コマンドで Spark Shell から抜けられる
```

本節の残りの項では、Spark Shell を用いて Kafka と Structured Streaming の連携方法や、ストリーム処理ロジックの組み立て方を説明します。事前に Spark Shell を起動した状態で読み進めてください。

9.6.2 Dataset の生成

Structured Streaming によるストリーム処理の組み立ては、入力データに対応した Dataset を生成するところから始まります。このためにはじめに用いるのが、DataStreamReader です。DataStreamReader は SparkSession の `readStream` メソッドを呼び出すことで取得できます。SparkSession は Spark SQL においてセッションを表すクラスです。Spark Shell を起動した際の `Spark session available as 'spark'.` というメッセージから確認できるように、Spark Shell でははじめから `spark` という名前のインスタンスが生成されています。

```
scala> val reader = spark.readStream
```

DataStreamReader には `format` メソッドで入力データのフォーマット（Kafka のデータや各種ファイルフォーマット）を設定する必要があります。Kafka からデータを受信する場合は `kafka` を設定します。

```
scala> val formatConfigured = reader.format("kafka")
```

Kafka からデータを受信する場合、Executor は Broker に対して Consumer として動作します。Consumer としての動作は DataStreamReader の `option` を用いて制御できます。通常の Consumer では、最初に接続する Broker のリスト、Group ID、レコードの Key と Value のデシリアライザの設定が必須でしたが、Structured Streaming では Broker のリストのみが必須の設定項目です。Broker のリストは、`kafka.bootstrap.servers` オプションで設定します。設定する Broker リストのフォーマットは Kafka の `bootstrap.servers` プロパティに指定するものと同じです。またデータの受信元となる Topic の設定は表 9.2 のいずれかのオプションで設定します。

表 9.2　データの受信元となる Topic を設定するためのオプション

オプション	設定値の形式	例

assign	次の JSON フォーマットで Topic と Partition 番号のリストの組を列挙する。{<Topic 名 >:[< パーティション番号をカンマ切りで列挙 >],…}	Topic1 の Partition0、1、2 と topic2 の Partition3、4、5 から受信する場合
		{
		　"topic1":[0,1,2],
		　"topic1":[3,4,5]
		}

subscribe	データの受信元となる Topic をカンマ区切りで列挙する	topic1、topic2、topic3 から受信する場合 `topic1, topic2, topic3`
subscribePattern	Java の正規表現の記法で受信元となる Topic のパターンを記述する	topic1、topic2、topic3 から受信する場合 `topic[1-3]`

`format` メソッドは DataStreamReader インスタンス自身を返すので、これに続けて `option` メソッドを呼び出せます。また `option` メソッドは連ねて呼び出すことで、複数のオプションを設定できます。ここでの例では、Broker のリストには表 9.1 に示した `kafka-broker01`～`kafka-broker03` を利用するように `kafka.bootstrap.servers` オプションを設定します。また図 9.4（P. 225）で示したとおり、ツイートデータを `tweet` Topic から受信するように `subscribe` オプションを設定します。

```
scala> val optionConfigured =
          formatConfigured.
            option("subscribe", "tweet").
```

CHAPTER 9 Structured Streaming によるストリーム処理

```
        option("kafka.bootstrap.servers",
            "kafka-broker01:9092,kafka-broker02:9092,kafka-broker03:9092")
```

なお複数のオプションを設定する場合 `option` を連ねて呼び出すほか、`options` を用いると複数のオプションをまとめた Map を渡すこともできます。

```
scala> val kafkaOptions =
  Map(
    "subscribe" -> "tweet",
    "kafka.bootstrap.servers" ->
        "kafka-broker01:9092,kafka-broker02:9092,kafka-broker03:9092")
scala> val optionConfigured = formatConfigured.options(kafkaOptions)
```

また最初に接続する Broker のリストを設定する `bootstrap.servers` プロパティを含め、Kafka が定義している Consumer 向けのプロパティは通常のプロパティ名の先頭に `kafka.` を付与することで、オプションとして設定できます。ただし、先述の `group.id`、`key.deserializer`、`value.deserializer` を含め、表 9.3 のプロパティは設定できません。

表 9.3 設定不可能な Consumer 向けプロパティ

プロパティ	説明
`group.id`	Group ID はストリーム処理の実行ごとに自動的に設定される
`auto.offset.reset`	Structured Streaming では独自の方法で Offset を管理しているため、これらのプロパティは利用できない
`enable.auto.commit`	
`key.deserializer`	Structured Streaming では Key と Value を ByteArraySerializer でデシリアライズするため、明示的にデシリアライザを設定することはできない。また、データの破棄や実行時エラーにつながる可能性があるため、`ConsumerInterceptor` を設定することはできない
`value.deserializer`	
`interceptor.classes`	

このほかにデータの読み出しを開始する Offset を制御するものをはじめ、いくつかが定義されています。こちらについてはドキュメント「Structured Streaming + Kafka Integration Guide」[12]を参照してください。

フォーマットやオプションが設定された DataStreamReader に対して `load` メソッドを呼び出すと Dataset が生成されます。ここで得られた Dataset は 9.2.5「Structured Streaming のデータ処理モデル」(P. 222) で説明した Input Table に相当します。

生成された Dataset（次のコード例では `tweetDS`）には自動的にスキーマが付与されています。スキーマは Dataset の `printSchema` メソッドで確認できます。

---

[12] https://spark.apache.org/docs/latest/structured-streaming-kafka-integration.html

9.6 Kafka と Structured Streaming の連携の基本

```
scala> val tweetDS = optionConfigured.load
scala> tweetDS.printSchema
root
 |-- key: binary (nullable = true)
 |-- value: binary (nullable = true)
 |-- topic: string (nullable = true)
 |-- partition: integer (nullable = true)
 |-- offset: long (nullable = true)
 |-- timestamp: timestamp (nullable = true)
 |-- timestampType: integer (nullable = true)
```

付与されるスキーマは format メソッドで設定したフォーマットによって異なりますが、Kafka の場合は表 9.4 のスキーマが付与されています[13]。

表 9.4　Kafka から受信したデータをもとに生成される Input Table のスキーマ

カラム	データ型	意味
key	binary	Key として設定されたデータ
value	binary	Value として設定されたデータ
topic	string	Topic 名
partition	int	Partition 番号
offset	long	Offset
timestamp	long	タイムスタンプ
timestampType	int	timestamp カラムに設定された値が表すタイムスタンプの種類。Kafka が管理するタイムスタンプの種類に応じて、次のように決まる CreateTime（ProducerRecord が作られた時刻を表す場合）：0 LogAppendedTime（Broker がログにデータを追記した時刻を表す場合）：1

　Kafka から受信するデータの Key と Value は、表 9.4 のとおり生成された Dataset の key カラムと value カラムにバイナリ型（binary）で格納されます。また 9.5 節「Tweet Producer」で作成した Tweet Producer では、ツイートデータを Kafka に送信するデータの Value として表現しました。したがって、送信されたツイートデータは tweetDS の value カラムに格納されます。

---

[13] 自動的にスキーマを付与する以外に明示的にスキーマを付与する方法もありますが、脱線するため本書では説明を割愛します。

CHAPTER 9 Structured Streaming によるストリーム処理

9.6.3 クエリの記述

　生成された Dataset に対しては、Spark SQL が提供する API を利用してクエリを記述できます。このような API には 9.2.3「DataFrame/Dataset」(P. 220) で説明したとおり、`selectExpr` や `filter`（または `where`）など、SQL の句に似たメソッド群が含まれています。これらを用いて元のツイートデータを加工するクエリを記述する例を紹介します。

　前節で生成した `tweetDS` の `value` カラムには、JSON フォーマットのツイートデータが格納されます。そして JSON の各フィールドはツイートの属性を表現しています。

　たとえば、ツイートデータのなかには `retweeted_status` 属性が含まれているものがありますが、この属性が含まれているツイートデータは、別のツイートのリツイートであることを表しています。また、リツイート元のツイートデータの各種属性は、`retweeted_status` 属性の値として入れ子のかたちで表現されています。

　このなかにテキスト本文を表す `text` 属性や、リツイートされた回数を表す `retweet_count` 属性、[いいね！] ボタンが押された回数を表す `favorite_count` 属性があります。

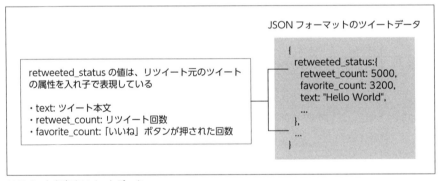

図 9.8　リツイートを表すツイートデータ

　この 3 つの属性を用いて、リツイート数と [いいね！] ボタンが押された回数がともに 1000 回以上のツイートデータ抽出するクエリを記述してみましょう。ここでは図 9.9 に示す 3 つのステップでクエリを記述します。

　ツイートデータの各属性は JSON のフィールドとして `value` カラムに格納されています。後続の処理で条件にマッチするツイートデータを抽出しやすいように、最初のステップでは各属性をそれぞれ独立したカラムにマッピングさせた Dataset（`selectedDS`）に射影します。

　2 つ目のステップでは `selectedDS` からリツイート回数と [いいね！] ボタンが押された回数がともに 1000 回以上のツイートデータを抽出します。抽出したツイートデータは `processed-tweet` に出力します（図 9.4 参照）。Kafka の Topic に出力するデータは Dataset の `value` カラムに含める必要がありま

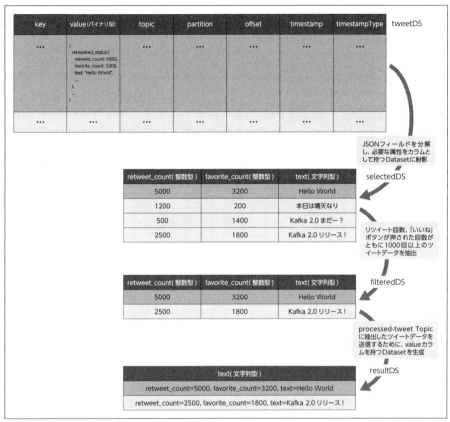

図 9.9 条件にマッチするツイートデータを抽出するフロー

す。そのため、3つ目のステップでは、`value` カラムに、

`retweet_count=<リツイート回数 >, favorite_count=<[いいね！]ボタンが押された回数 >, text=<ツイート本文 >`

のフォーマットで抽出したツイートデータを記録した Dataset（`resultDS`）を生成します。以降では各ステップのクエリを記述する方法を解説します。

1つ目のステップでは Dataset の射影を行うために `selectExpr` を利用し、図 9.10 の流れで `selectedDS` を生成します。`selectExpr` は SQL における SELECT 句に相当する処理を行うメソッドで、射影元となる Dataset のカラムを指定したり、式を記述できます。ツイートデータの各種属性は JSON のフィールドとして `value` カラムに格納されます。そのため図 9.9 の `selectedDS` を生成するには、必要な JSON フィールドを取り出す式を `selectExpr` に指定する必要があります。

CHAPTER 9　Structured Streaming によるストリーム処理

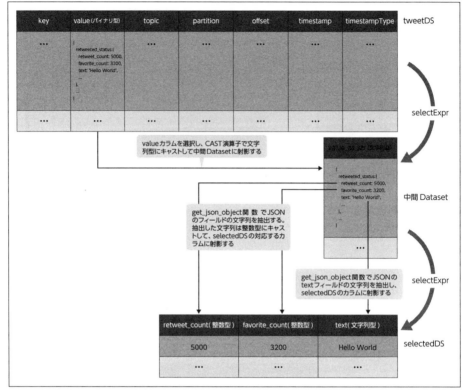

図 9.10　tweetDS から selectedDS を生成するフロー

　Spark SQL では SQL と同様に多くのビルトイン演算子や関数が提供されており、JSON フォーマット文字列から特定のフィールドを取り出すのには get_json_object 関数が利用できます。get_json_object 関数は JSON フォーマットの文字列が格納されたカラムから、JSONPath 記法[14]を用いて対応するフィールドの値を取り出す関数です。ただし、get_json_object 関数に渡す引数は文字列型でなければなりません。したがって tweetDS の value カラムにバイナリ型で格納されたツイートデータを文字列型にキャストする必要があります。また get_json_object 関数が返す値の型は文字列型ですが、後続で filteredDS を生成するステップではリツイート回数や［いいね！］ボタンを押された回数を数値的に比較する必要があります。そのため get_json_object 関数で得られた retweet_count 属性と favorite_count 属性の値を整数型にキャストする必要があります。データ型のキャストには CAST 演算子が利用できます。

　以上を踏まえ、図 9.10 に示す処理を行うクエリは次のように記述します（紙面の都合により⇒で折り返しています）。

---

[14] http://goessner.net/articles/JsonPath/

9.6 Kafka と Structured Streaming の連携の基本

```
scala> val selectedDS =
       tweetDS.selectExpr("CAST(value AS string) AS value_as_str").
               selectExpr("CAST(get_json_object(value_as_str, '$.retweeted_statu ⇒
                          s.retweet_count') AS int) AS retweet_count",
                          "CAST(get_json_object(value_as_str, '$.retweeted_statu ⇒
                          s.favorite_count') AS int) AS favorite_count",
                          "get_json_object(value_as_str, '$.retweeted_status.tex ⇒
                          t' ) AS text")
```

`get_json_object` 関数内で都度 `tweetDS` の `value` カラムを文字列形にキャストするのを避けるため、一度 `value_as_str` カラムを持つ中間的な Dataset に射影してから `selectedDS` に射影しています。`selectExpr` には、SQL の SELECT 句のようにカラムや式をカンマ区切りで列挙して記述できます。2 つ目の `selectExpr` では `get_json_object` 関数で `retweet_count` 属性と `favorite_count` 属性、そして `text` 属性を得るための式を列挙して記述しています[15]。

また生成したカラムには AS 演算子を用いて、属性の名前と同じエイリアスを与えています。こうして得られた `selectedDS` のスキーマは次のようになります。

```
scala> selectedDS.printSchema
root
 |-- retweet_count: string (nullable = true)
 |-- favorite_count: string (nullable = true)
 |-- text: string (nullable = true)
```

`selectExpr` によって新たな Dataset が生成されましたが、このようにメソッドを呼び出すごとに生成される Dataset は、Input Table から Result Table を得るに至るまでの中間的なテーブルを抽象化したものです。

続いて図 9.9 の 2 つ目のステップを行うクエリを記述します。DataFrame 中のレコードのうち、特定の条件にマッチしたもののみを抽出するには `filter`（もしくは `where`）を利用します。`filter` は SQL における WHERE 句と似ており、Dataset 中のカラムなどをオペランドとして条件式を記述することで、条件にマッチしたレコードを抽出した Dataset を生成します。前段の `selectExpr` で AS 演算子を用いて各カラムにエイリアスを付与しました。したがって `filter` に記述する条件式のオペランドはエイリアスで参照することができます。以上を踏まえると、2 つ目のステップの処理は次のように記述できます。

---

[15] ここでの例では文字列で表現された数値を CAST 演算子を用いて明示的にキャストしていますが、実際には整数型や実数型などの数値型を扱うコンテキストでは暗黙的に数値型にキャストされます。ここでは CAST 演算子の説明のために明示的にキャストしています。

CHAPTER 9 Structured Streaming によるストリーム処理

```
scala> val filteredDS = selectedDS.filter(
                        "retweet_count >= 1000 AND favorite_count >= 1000" )
```

　条件式には>、<、>=、<= などをはじめ、SQL でサポートしている一般的な演算子や関数が利用できます。また AND 演算子や OR 演算子で複数の条件式を組み合わせることもできます。

　最後に、抽出したツイートデータを `processed-tweet` Topic に出力するために、図9.9 の3つ目のステップを行うクエリを記述します。`filteredDS` の各カラムに格納された値を連結して

retweet_count=<リツイート回数>, favorite_count=<[いいね！] ボタンが押された回数>, text=<ツイート本文>

のフォーマットの文字列を生成するには `CONCAT` 関数を用います。そして `selectExpr` を利用して、生成した文字列を `resultDS` の `value` カラムに射影します（紙面の都合により⇒で折り返しています）。

```
scala> val resultDS = filteredDS.selectExpr("CONCAT('retweet_count=', retweet_coun ⇒
                 t, ', ', 'favorite_count=', favorite_count, ', ', 'text=', text) AS value")
```

　このように、最終的に得られる Dataset（ここでは `resultDS`）が 9.2.5「Structured Streaming のデータ処理モデル」（P. 222）で説明した Result Table に相当します。

Spark SQL のデータ型

　Spark SQL は独自の型システムを持っており、Apache Hive でサポートされているデータ型と互換のあるものが利用できます。

　Spark SQL がサポートする Hive の機能やデータ型：https://spark.apache.org/docs/latest/sql-programming-guide.html#supported-hive-features

　たとえば 9.6.3「クエリの記述」（P. 244）で行ったように CAST 演算子を用いてデータ型をキャストする場合などには Hive がサポートしている型名を指定できます。

9.6.4 出力の設定とストリーム処理の開始

　ここまでで、Result Table に相当する Dataset を生成しました。以降では Result Table の内容を Topic の `processed-tweet` に出力する方法を解説します。

Result Table の内容を出力するには DataStreamWriter を用います。これは DataStreamReader と対になるモジュールで、Dataset に抽象化されたデータを何らかのフォーマットで出力するのに用います。DataStreamWriter のインスタンスは、DataFrame の `writeStream` メソッドを呼び出すことで得られます。

```
scala> val writer = resultDS.writeStream
```

DataStreamReader に対して入力データのフォーマットに応じた設定を行ったように、DataStreamWriter についても出力先のフォーマットに応じた設定が必要です。出力先に Kafka を設定するには、DataStreamWriter の `format` メソッドを呼び出して `kafka` を設定します。

```
scala> val writerWithFormat = writer.format("kafka")
```

Kafka を出力先とする場合、Structured Streaming は Result Table に相当する Dataset のスキーマのうち、表 9.5 の条件に当てはまるものを特別に扱います。

表 9.5 特別な意味を持つスキーマ

カラム	データ型	説明
`key`（オプション）	string または binary	値は Topic で送信するレコードの Key として扱われる
`value`（必須）	string または binary	値は Topic で送信するレコードの Value として扱われる
`topic`（オプション）	string	レコードを送信する Topic 名として扱われる。このカラムは必須ではないが、設定がない場合は DataStreamWriter の `option` メソッドを用いて、`topic` オプションによってレコードの送信先となる Topic を設定する必要がある

本節で作成するアプリケーションでは Result Table に `key` カラムと `topic` カラムが存在しませんが、存在する場合、Result Table 内の各レコードの出力先の Partition や Topic は表 9.5 のとおりそれぞれ `key` カラムや `topic` カラムの値に基づいて決定されます。`value` カラムに格納されるデータは Kafka の Topic に出力されます。Structured Streaming は `value` カラムのデータを ByteArraySerializer を用いてシリアライズするため、`value` カラムはバイナリ型（binary）か、文字列型（string）でなければなりません。このため、9.6.3「クエリの記述」（P. 244）において `value` カラムを持つ `resultDS` を生成しました。

Kafka を出力先とする場合、Executor は Broker に対して Producer として動作します。StreamReader 同様、StreamWriter についても Producer としての動作を `option` メソッドによって制御可能です。Producer には最初に接続する Broker のリストとレコードの Key と Value のシリアライザの設定が必須でしたが、Kafka に出力する場合は Key と Value のシリアライザに ByteArraySerializer を用います。そのため `key.serializer` および `value.serializer` プロパティを明示的に設定することはできません。最初に接続する Broker のリストは、`kafka.bootstrap.servers` オプションで設定します。

Result Table に含まれるレコードの出力先となる Topic の設定方法は 2 つあります。Dataset の `topic` カラムを利用してレコードの出力先の Topic を決定する方法はすでに説明しました。もうひとつは `topic` オプションに出力先となる Topic を設定する方法です。この場合、出力対象となるすべてのレコードが、`topic` オプションに設定した Topic に出力されます。ここでは `option` を用いて Broker のリストと出力先の Topic (`processed-tweet`) を設定します。

```
scala> val writerWithOption =
         writerWithFormat.option("kafka.bootstrap.servers",
           "kafka-broker01:9092,kafka-broker02:9092,kafka-broker03:9092").
           option("topic", "processed-tweet")
```

また Kafka が定義している Producer 向けのプロパティは Consumer 向けのプロパティと同様、通常のプロパティ名の先頭に `kafka.` を付与することでオプションとして設定できます。ただし、`key.serializer` および `value.serializer` プロパティは設定できません。

Structured Streaming では、ストリーム処理が中断したあと、停止した時点から再開できるようにメタデータを記録する機能があります。メタデータを記録したり、記録したメタデータを元にストリーム処理を途中から再開するには、`option` メソッドで `checkpointLocation` オプションを設定します。オプションの値はメタデータを記録するディレクトリです。このディレクトリはアプリケーションごとに用意する必要があります。ここでは 9.4.2「メタデータディレクトリの作成」(P. 230) で作成した `.structured_streaming_meta` を親ディレクトリとし、`example1` ディレクトリを設定します。なお、`example1` ディレクトリは自動的に作成されるため、明示的な作成は不要です。

```
scala> val homeDir = sys.env("HOME")
scala> val writerWithMetaDir =
         writerWithOption.option("checkpointLocation",
           s"$homeDir/.structured_streaming_meta/example1")
```

すでに説明したとおり、Structured Streaming はトリガーと呼ばれる定期間隔でマイクロバッチを繰り返し実行することでストリーム処理を実現しています。トリガーは DataStreamWriter の `trigger` メソッドと `Trigger.ProcessingTime` で設定します。`Trigger.ProcessingTime` にはマイクロバッチを実行する間隔を <数字> <単位> のように設定できます。ここでは 2 seconds (2秒) を設定しています。

```
scala> import org.apache.spark.sql.streaming.Trigger
scala> val writerWithTrigger =
         writerWithMetaDir.trigger(Trigger.ProcessingTime("2 seconds"))
```

出力モードは DataStreamWriter の `outputMode` メソッドで設定します。`outputMode` メソッドには、

9.6 Kafka と Structured Streaming の連携の基本

各出力モードに応じて `append`（Append モード）、`complete`（Complete モード）、`update`（Update モード）のいずれかを設定します。9.2.5「Structured Streaming のデータ処理モデル」（P. 222）で説明したとおり、クエリに含まれるデータ処理の内容によって設定可能な出力モードが異なります。この例で用いた `selectExpr` と `filter` はいずれも集約処理を行いません。またあるトリガーで生成される Result Table の内容は、当該トリガーで受信したレコードを処理した結果を、直前のトリガーで生成された Result Table に追記したものになります。したがって Append モードか Update モードを設定し、トリガーごとに Result Table の差分のレコードのみを出力します。

```
scala> val writerWithOutputMode = writerWithTrigger.outputMode("append")
```

ここまでで、Result Table に含まれるレコードを `processed-tweet` Topic に出力する準備ができました。DataStreamWriter の `start` を呼び出すと、マイクロバッチの繰り返しによるストリーム処理が始まります。次のコードを実行する前に、Broker と Tweet Producer、および Kafka Console Consumer を起動した状態にしてください。なお Tweet Producer の起動に当たっては、ツイートデータの配信先に `tweet` Topic を指定してください。

```
(consumer-client)$ kafka-console-consumer \   ← Kafka Console Consumer の起動
> --bootstrap-server kafka-broker01:9092,kafka-broker02:9092,kafka-broker03:9092 \
> --topic processed-tweet
```

```
(producer-client)$ ./start-tweet-producer.sh \   ← Tweet Producer の起動
> "Tweet Producer" \
> "kafka-broker01:9092,kafka-broker02:9092,kafka-broker03:9092" \
> tweet
```

```
scala> val streamingQuery = writerWithOutputMode.start   ←ストリーム処理の開始
```

Structured Streaming のストリーム処理エンジンにデータが供給されてデータ処理が行われ、その結果が `processed-tweet` Topic に出力されます。そして `consumer-client` では Kafka Console Consumer が `processed-tweet` Topic から処理結果を読み取り、コンソールに表示しているのを確認できます。

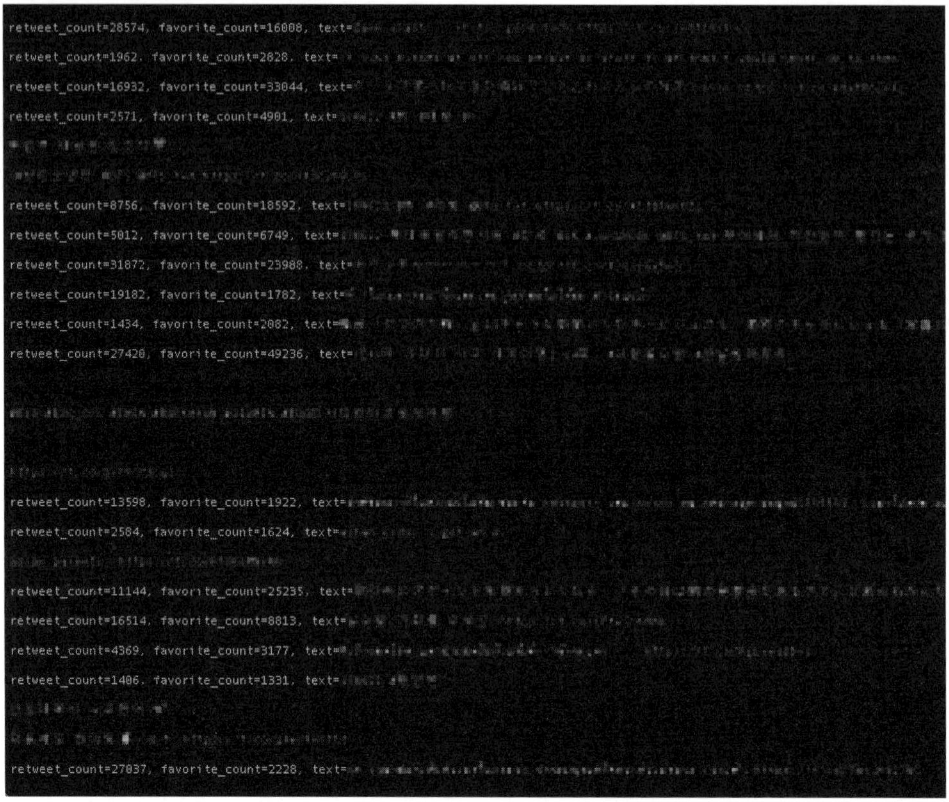

CHAPTER 9　Structured Streaming によるストリーム処理

図9.11　サンプルコード実行例

　ストリーム処理を停止するには、StreamingQuery の `stop` を呼び出します。`stop` を呼び出すと、Kafka Console Consumer を起動しているコンソールに新たなツイートデータが出力されなくなります。

```
scala> streamingQuery.stop
```

9.6 Kafka と Structured Streaming の連携の基本

> ### リカバリの仕組みと Kafka Sink のフォールトトレラントセマンティクス
>
> ストリーム処理では、障害発生後の一貫したリカバリのために、どの時点までのストリームデータが処理され、その結果が出力先に反映されているかを保証する仕組みを有していることが望まれます。またこの「保証」の程度は、次の3つのセマンティクスに分類されます。
>
> Exactly Once：厳密に1回だけ処理結果が反映されていることが保証される
> At Least Once：最低1回は反映されていることが保証される
> At Most Once：高々1回反映されていることが保証される
>
> Structured Streaming では処理結果の出力先によってサポートされているセマンティクスが異なりますが、Kafka に出力する場合には At Least Once のセマンティクスがサポートされています。
>
> Structured Streaming において、リカバリのために記録されるメタデータには、次のトリガーで実行されるマイクロバッチを識別する「マイクロバッチ ID」と当該マイクロバッチで処理するオフセットがデータソースごとに記録された「オフセットログ」、完了したマイクロバッチ ID が記録された「コミットログ」などが含まれます[a]。
>
> オフセットログによって、あるマイクロバッチを再実行する際に再び同じオフセットのデータを処理対象とすることが保証されます（実際に同じデータが処理されるかどうかは、もちろんストリームデータの送信元の特性に依存します）。また、コミットログによってどのマイクロバッチまでが成功したか判定できるため、リカバリ時に再実行すべきマイクロバッチを決定できます。
>
> オフセットログとコミットログはマイクロバッチごとに記録されます。コミットログにマイクロバッチ ID が記録されるタイミングは処理済のデータを出力したあとです。したがってデータを出力したあとコミットログに記録されるまでのあいだに障害などでストリーム処理が停止してしまった場合、リカバリによって再度同じデータが処理されます。
>
> このとき、出力先の特性によっては重複してデータが書き込まれますが、次のマイクロバッチが実行されている時点で少なくとも1回は直前のマイクロバッチの処理結果が出力されていると保証されます（こちらについても、出力先で永続化されたかどうかは出力先の特性に依存します）。Structured Streaming でデータ処理した結果の出力先が Kafka の場合、上記の状況下では処理結果は重複して Topic Partition に書き込まれる可能性があります。
>
> ---
> [a] ここでの「オフセット」は Structured Streaming が次のデータの読み出し位置を抽象化した概念ですが、データソースに Kafka を用いる場合、オフセットには Kafka の Partition の Offset がそのまま利用されます。

9.6.5 集約処理を含むストリーム処理

はじめに組み立てたアプリケーションでは、集約処理を伴わないシンプルな変換でストリーム処理を構成しました。続いてすこし複雑な処理の例として、特定のキーに基づいて集約処理を行う例を解説します。

本項ではアプリケーションの作成に再び Spark Shell を利用します。前項で実行したストリーム処理を停止していない場合は事前に停止しておいてください。

ツイートデータには、発信されている言語が lang 属性に記録されています。これをもとに、図 9.12 に示す流れで言語ごとのツイートデータの数を集計してみます。

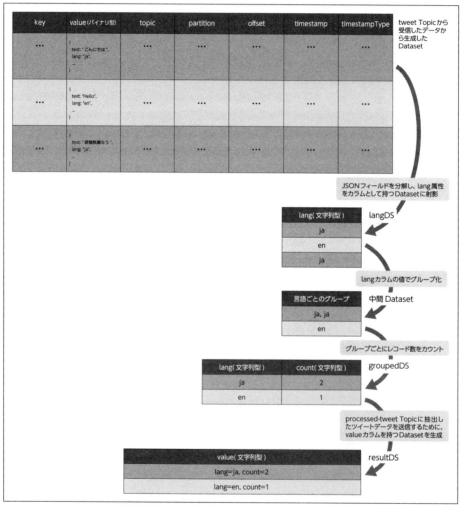

図9.12　ツイートの回数を言語ごとに集計

はじめに 9.6.3「クエリの記述」（P. 244）で selectedDS を生成したのと同じ要領で langDS を生成し

ます。

```
scala> val langDS =
       spark.readStream.format("kafka").
       option("subscribe", "tweet").
           option("kafka.bootstrap.servers",
           "kafka-broker01:9092,kafka-broker02:9092,kafka-broker03:9092").
       load.
       selectExpr("CAST(value AS string) AS value").
           selectExpr("get_json_object(value, '$.lang') AS lang")
```

続けて集約処理は次のように記述できます。

```
scala> import org.apache.spark.sql.functions.count
↓レコード全体で集計するため count 関数には"*"を指定しているが、カラムを指定することもできる
scala> val groupedDS = langDS.groupBy("lang").agg(count("*") as "count")
```

　langDS の lang カラムにはツイートデータの発信言語が記録されています。そのため言語ごとに集計を行うためには、はじめに langDS の lang カラムをキーとしてレコードをグループ化します。これは図 9.12 で langDS から中間 Dataset を生成する部分に相当します。キーごとのグループ化には groupBy を利用し、グループ化のキーとして用いるカラムを指定します。この例ではキーに指定するのは単一のカラムですが、複数のカラムを指定する場合は、groupBy("<カラム 1>", "<カラム 2>", ...) のようにカンマ区切りで指定できます。なお groupBy にはキーとなるカラムを文字列で指定することはできますが、selectExpr や filter とは異なり式を記述することはできません。式を記述するためには文字列ではなく識別子を用いた記法を利用する必要があります。ダウンロードコンテンツの「イベントタイムとウォーターマークを利用したストリーム処理」でこの例を取り上げます。

　グループ化したレコードに対する具体的な集約処理は、groupBy に続けて agg メソッドの引数として記述します。集約処理の記述には、AVG や SUM、COUNT など、SQL で一般的に用いられる関数が利用できます。ここでは言語ごとのツイートデータの数を集計したいので、COUNT 関数を用います。ただし、agg に渡す関数や式は文字列ではなく識別子を用いた記法で記述する必要があるので注意してください[16]。

　COUNT 関数に対応する識別子は、org.apache.spark.sql.functions のなかの count（すべて小文字）で定義されています。この例では count の引数にアスタリスクを与えています。この場合はグループに含まれるすべてのレコードを対象とした集計を行います。一方、count の引数には特定のカラムを指

---

[16] Spark SQL では式を文字列ではなく識別子を用いて記述することもできます。Spark SQL のほとんどの API は文字列と識別子を用いた記法の両方に対応していますが、ごく一部どちらか一方にしか対応していないものもあります。Spark 2.3.1 の時点では agg は識別子にのみ対応しているため、ここでは識別子で式を記述しました。

定することもできます。この場合は指定したカラムの値がNULLのレコードは集計の対象から外れます。

集約処理の結果を`processed-tweet` Topicに出力するため、`groupedDS`から`resultDS`を生成します。この例では`value`カラムに`lang=<言語> count=<出現回数>`の形式の文字列を格納します。

```
scala> val resultDS =
         groupedDS.selectExpr("CONCAT('lang=', lang, ' count=', count) AS value")
```

以降では`resultDS`の内容を`processed-tweet` Topicに出力するためのコードを記述します。DataStreamWriterを用いてフォーマットや各種オプション、トリガーを設定する点は9.6.4「出力の設定とストリーム処理の開始」(P. 248)で説明した内容と同様です。一方出力モードの設定については違いがあります。集約処理を含むクエリでは「ウォーターマーク」を設定する場合を除いて、出力モードにCompleteモードもしくはUpdateモードを設定する必要があります[17]。Completeモードを設定した場合はトリガーごとにResult Tableに含まれる集約処理の結果をすべて出力します。Updateモードを設定した場合は、直前のトリガーのResult Tableに含まれる集約処理結果から更新のあったものを出力します。次のコードを実行すると、出力のための各種設定が行われ、集約処理が開始します。事前にKafkaクラスタとTweet ProducerおよびKafka Console Consumerを起動した状態にしてください。

```
scala> spark.conf.set("spark.sql.shuffle.partitions", 10)[18]
scala> import org.apache.spark.sql.streaming.Trigger
scala> val homeDir = sys.env("HOME")
scala> val streamingQuery = resultDS.writeStream.
       format("kafka").
       option("topic", "processed-tweet").
       option("kafka.bootstrap.servers",
           "kafka-broker01:9092,kafka-broker02:9092,kafka-broker03:9092").
       option("checkpointLocation", s"$homeDir/.structured_streaming_meta/example2").
       trigger(Trigger.ProcessingTime("2 seconds")).
       outputMode("complete").
       start
```

---

[17] ウォーターマークについてはダウンロードコンテンツの「イベントタイムとウォーターマークを利用したストリーム処理」で解説しています。

[18] Sparkでは集約処理などを行う場合、同じグループに属するレコードを同じタスクで処理するために「シャッフル」と呼ばれるExecutor間でのデータ交換が行われます。`spark.sql.shuffle.partitions`プロパティはシャッフル後のタスク数を制御するプロパティで、デフォルトは200です。ローカルモードで200タスク処理すると少々動作が重くなる可能性があるため、この例では少なめに設定しています。実際にクラスタ上で動作させる場合は、規模に応じてこのプロパティを調整してください。

上記コードが実行されると、Kafka Console Consumer を起動している `consumer-client` のコンソールに、言語ごとの出現回数が表示されるのが確認できます。

```
lang=en count=7202
lang=vi count=2
lang=ne count=1
lang=sl count=5
lang=ro count=13
lang=und count=1407
lang=ur count=44
lang=lv count=5
lang=pl count=71
lang=pt count=1822
lang=tl count=111
lang=in count=266
lang=ko count=525
（省略）
```

9.7　本章のまとめ

　本章ではサンプルアプリケーションの作成を通して Kafka と Structured Streaming を連携し、高度なストリーム処理を実現する方法を解説しました。Structured Streaming の機能についてはごく一部を紹介しましたが、ほかにもさまざまなデータ処理を行うための機能が備わっています。

　また、ダウンロードコンテンツの「イベントタイムとウォーターマークを利用したストリーム処理」では、本章で触れなかった Structured Streaming のより高度なストリーム処理アプリケーションの実装方法や、ビルドとパッケージング方法についても解説しています。そちらもあわせてご覧ください。

`https://www.shoeisha.co.jp/book/present/9784798152370`

Chapter

10

Kafkaで構成するIoTデータハブ

CHAPTER 10　Kafka で構成する IoT データハブ

10.1　本章で行うこと

　本章ではサンプルとして IoT 風アプリケーションを実装します。第 1 章で紹介したとおり、Kafka はもともと Web サイトのログを扱うシステムとして開発されましたが、現在では IoT を実現する道具立てとして利用されることもあります。IoT における Kafka の使い所や特徴、活用イメージをつかむための簡単なサンプルについて順を追って説明していきます。

10.2　IoT に求められるシステム特性と Kafka

　本章で作成するサンプルプログラムの説明の前に、改めて IoT の持つ意味について確認し、IoT に求められるシステムについて考えてみましょう。IoT（Internet of Things：モノのインターネット）は抽象的な概念ですが、従来の PC や IA サーバーに加え、携帯電話／家電製品／センサーなどさまざまなデバイスがインターネットに接続され相互に制御する状態を表現する単語です。接続される「モノ」も多種多様であり、広義で捉えると PC やスマートフォンなども IoT の要素のひとつといえますが、本章では従来はインターネットに接続されていなかったセンサーのようなデバイスの活用をメインのターゲットとします。なお、そのようなデバイスの呼称として、インターネットにつながるモノを IoT デバイス（PC ／サーバー／スマートフォン等も含む）と呼ぶのに対し、本章で扱うセンサーのようなデバイスのことを「センサーデバイス」と呼ぶことにします。

　IoT を実現する仕組みでは、上記のとおりさまざまな機器／デバイスがつながってシステムを構成します。その価値を引き出すために、技術的な観点ではシステムにどのような特性や課題が挙げられるか考えてみましょう。以下に例を記載します。

▌センサーデバイスには PC や IA サーバーほどの計算性能／ストレージがない

　センサーデバイスは設置場所（サイズ／重量）や電源／バッテリーの制約から、PC やサーバーのような演算装置／メモリ／ストレージを搭載できないことがあります。データ連携において典型的な、データを 1 時間から 1 日程度蓄積して送信するといったパターンも、そもそもデータが蓄積できず実現が難しいケースも想定されます。そのため、時々刻々と発生するデータをほぼそのままのかたちでインターネットに流すことになりがちです。

▌多数（数千あるいは数万以上）のデバイスが接続される

　インターネットに接続されるデバイスは年々増加しているといわれます。総務省の『平成 29 年度 情報通信白書』[1]によると、2016 年時点で 173 億個の IoT デバイスが存在し、2020 年は約 300 億個に増加すると予想され、自動車業、産業用途の増加率が高い傾向にあります。扱うシステム規模にも依存します

---

[1] 総務省 平成 29 年度 情報通信白書 第 3 部『IoT 化する情報通信産業』、http://www.soumu.go.jp/johotsusintokei/whitepaper/ja/h29/pdf/n3300000.pdf

が、数千〜数百万のデバイスを1つのシステムとして扱うこともあるでしょう。計算機の制約によりひとつのデータは小さくても、多数のデバイスの送信となるとデータの総発生量／総流量は大きくなります。

▎低遅延なデータ処理が求められる

　こちらもシステム要件に依存するものの、IoTの文脈では低遅延な処理が望まれると考えられます。ほかのデバイスの制御、検知した異常のヒトへの通知といった用途を想定すると、エッジでのデータ発生から活用までの遅延が大きくては要件を満すことができないことも考えられます。「ひとまずデータを受信／蓄積してからの活用」というアーキテクチャでは低遅延な処理は難しく、最終的なデータ活用の実現までを視野に入れた拡張性のあるアーキテクチャが求められます。

　これらの特性／課題に対し、Kafkaはどのように貢献できるでしょうか。本書をここまで読んだ方にはもはや説明不要かもしれませんが、IoTデータを1箇所に集めて活用するデータパイプラインの中心として利用することが可能です[2]。多数のセンサーデバイスから発出される大量のメッセージを想定すると、Kafkaが備えるデータ連携のスループットやスケーラビリティは有用です。発生したデータを入力とし、リアルタイムかつ多様な分析／活用を試みる場合は、Kafkaにデータを投入することで後続の大量データ処理向けソフトウェアの選択肢も広がるでしょう。

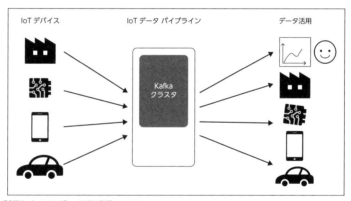

図10.1　Kafkaを利用したIoTデータ送受信システム

10.2.1 想定するユースケース

　本章でKafkaを利用して実現するユースケースを簡単に説明します。

---

[2] 逆に、中央システムにデータを集めずエッジ同士で通信するようなケースではKafkaの出番は少ないでしょう。

- センサーデバイスを利用し、センサーデータ（例：温度、湿度、二酸化炭素濃度、加速度、etc……）を定期的に取得／送信する
- デバイスは多数配置し、送信するデータは最終的にはデータ分析システムに連携し分析／活用を行う
- データはストリーム処理や一定期間のデータ蓄積と複数活用するため、データハブの役割を担うメッセージ基盤として Kafka を利用する

次節より、センサーから送信されるデータを受信し活用するための Kafka クラスタを「センサーデータ向けデータハブ」と称し、サンプルアプリケーションを設計／構築していきます。

10.3 センサーデータ向けデータハブの設計

センサーデータを受信するデータハブで必要となる機能について見ていきます。そして、その機能を実現するために必要な設計を行います。

10.3.1 実現する機能について

本章での IoT 向けデータハブで実現する基本機能として「センサーデータの受信機能」を実現する必要があります。多数のデバイスから送信される細かなデータを Kafka Broker で受信するための構成について説明していきます。

また、センサーデバイスが扱うデータについて定義します。前節で説明したように、「センサーデバイスのハードウェアリソースが限定的」という想定のもと、最低限のデータしか送信できないこととし、数秒に 1 度の頻度で次の情報を送信するものとします。

- デバイス ID
- タイムスタンプ
- センサー情報

データ中には最低限の情報しかありません。上記の情報のみでは下流システムの処理で実現可能なデータ活用は限定的でしょう。たとえば、温度センサーを配置して「部屋 XX の温度が一定以上に上がったためアラートメールを出す」といった処理は、センサーの配置場所の情報と組み合わせて活用しないと実現できません。一般的には、デバイスのマスター情報を別途管理し、デバイス ID で紐付ける処理を挟むことでデータが拡充され、複数の属性情報に応じた処理が可能となります[3]。ストリーム処理における活用対象のデータに対して、マスターデータなどを紐付け補強する処理は「エンリッチメント（Enrichment）」と表現されることが多く、本章でも以降「エンリッチメント処理」と表現します。

---

[3] これは RDBMS におけるトランザクションデータとマスターデータの関係と似ています。

10.3 センサーデータ向けデータハブの設計

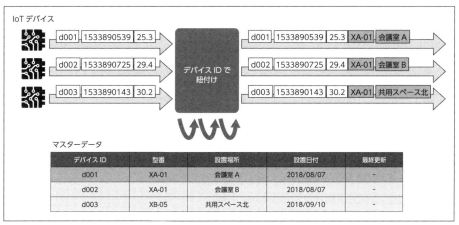

図10.2　データのエンリッチメント

　エンリッチメント処理をデータの受信からデータ活用のあいだのどのタイミングで行うかも重要な設計ポイントです。考えられる3つのパターンを図10.3に示します。

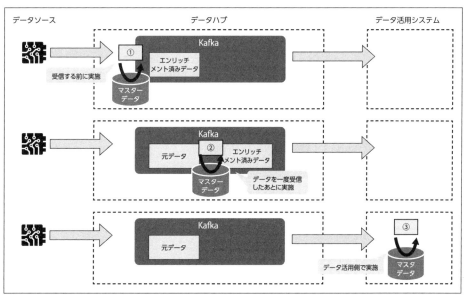

図10.3　エンリッチメントのタイミング

- ①データを Kafka で受信する前に実施
  Kafka Broker で受信する前にエンリッチメント処理をする方針。Kafka Broker では元のソースデータが利用できなくなるが、Broker の I/O は②と比べて少ないというメリットがある

- ②データを一度 Kafka で受信したあとで実施
  Kafka Broker で一度受信し、データハブ内でエンリッチメント処理を行う方式。元の Message の Topic とエンリッチメント済み Topic が必要になるため、Kafka Broker の I/O 量は①に比べると増える

- ③データ活用側で実施（データハブでは実施せず、データをそのまま流す）
  エンリッチメント済みデータ情報を利用する下流システムが少なければ、データハブ側ではデータを一切加工せずそのまま下流システムに渡し、下流システムに任せることも考えられる。Kafka Broker の I/O 量は最も少ないと考えられる[4]

　上記の設計は上流システム、下流システムも含めたデータパイプライン全体の要件や制約によって決めるべきであり、いずれかが優れている／劣っているというわけではありません。本章のサンプルでは、元データ、エンリッチメント処理済みデータの両方を下流システムに提供可能というメリットを重視し、Kafka 側でより多くの処理とデータを持つ②のパターンで実装します。
　ここまでをまとめると、センサーデータ向けデータハブシステムの概要は図 10.4 のようになります。

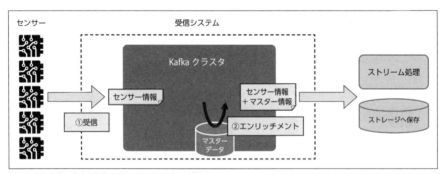

図 10.4　センサーデータ向けデータハブシステムの概要

このシステムでは、メイン機能として次の 2 つを実現します。

- センサーデータの受信機能
- データのエンリッチメント機能

---

[4] ここでのエンリッチメント処理は情報を付加する処理を想定しています。

以降では、2つの機能について、より細かな設計を行います。

10.3.2 センサーデータの受信機能の設計

デバイスデータの受信をKafkaで実現する方法について考えます。KafkaのMessage受信の基本は、Producer APIで実装されたアプリケーションによりMessageを送信し、Brokerで受信するというものです（第2章参照）。Kafkaの機能やスケーラビリティを実現するため、ProducerはMessageのデータ通信以外にもBrokerとのメタデータのやり取りや送信先パーティションの決定などを行っています。「デバイスの計算リソースが限定的」という特徴を考慮すると、センサーデバイス側でKafkaのProducer相当の処理を行うことは厳しいでしょう。Producerとして行うべき処理はデータハブ側で実装するものとします。

デバイス側の計算コストを極力下げるため、デバイス～データハブ間の通信プロトコルは極力軽量なものを採用しましょう。本章ではIoT向けの通信プロトコルとも呼ばれる「MQTT」を利用します。

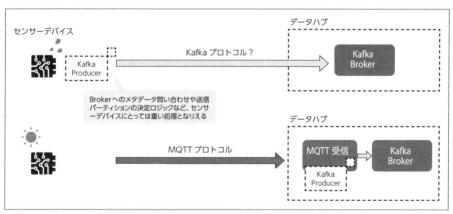

図10.5 センサーデバイスとデータハブをつなぐMQTT

■ MQTTについて

MQTT（Message Queuing Telemetry Transport）は、軽量なPublish-Subscribe（以降、本章ではPub/Subと記載する）型メッセージプロトコルです。TCP/IPをベースに動作します。米IBMにより考案され、現在は標準化団体により標準化が進められています。本書執筆時点ではバージョン5が整備中です。MQTTがIoTに適している理由として次のような点が挙げられます。

- 同レイヤのHTTPと比較してヘッダサイズが小さく、通信のオーバーヘッドが少ない

- Pub/Sub 型メッセージングモデル[5]による非同期通信
- MQTT クライアントが QoS（サービス品質）を指定することが可能

■ Kafka Connect の利用

　Kafka Broker は直接 MQTT プロトコルでの通信はできないため、Kafka Broker の前段で MQTT プロトコルを受け付け、Kafka Producer として Broker へ送信する機能を用意します。本章では第 7 章のデータハブのサンプルアプリケーションでも利用している「Kafka Connect」を用います。米 Confluent より MQTT 用の Kafka Connect プラグイン Kafka-Connect-MQTT[6]が提供されているため、これを利用しましょう。本書執筆時点では 1.0-preview（試用）版という位置付けですが、インストール手順の簡単化のため、利用することにしましょう。

■ MQTT Broker

　Kafka Connect MQTT (Source) は MQTT プロトコルのやり取りのなかで Subscriber として動作しますが、MQTT の Broker としての機能はありません[7]。デバイスからの MQTT による送信を受信する MQTT Broker の機能が必要になります。本章では、MQTT の OSS 実装のひとつである「Mosquitto」を利用します。Kafka-Connect-MQTT は MQTT の Subscriber として MQTT プロトコルで受信するとともに、Kafka の Producer として Kafka Broker にデータを送る役割となります。

　ここまで説明した、MQTT の受信機能は図 10.6 のようになります。

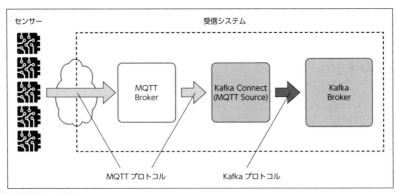

図 10.6　受信部分のアーキテクチャ

---

[5]Kafka も Pub/Sub 型メッセージングモデルに近い思想のため、Topic 等のよく似た用語が用いられます（例：MQTT Broker）。読み進めていくなかで混同しないようにご注意ください。

[6]https://docs.confluent.io/current/connect/kafka-connect-mqtt/mqtt_source_connector.html

[7]Confluent が提供する商用ライセンス製品である Confluent Enterprise には、Broker 機能を備えた MQTT Proxy も存在します。

10.3.3 データのエンリッチメント機能の設計

本項ではエンリッチメント処理を実現するための構成について考えます。先述のとおり、エンリッチメント処理は流れてくるセンサーデータとマスターデータの結合処理です。アプリケーションの実装については、第8章でも紹介したKafka Streamsを用います。エンリッチメント処理の実装時の注意として、マスターデータのデータストアへのクエリ（問い合わせ）が多くなる点が挙げられます。基本的にはデータの流入1件に対して1件の結合が発生することとなり、秒間1万Messageの流入であれば1万回／秒のクエリとなります。多数のデータ流入が想定される場合は、マスターデータのデータストアについてもKafkaと同じようなスケーラビリティを備えるのが望ましいでしょう。本章ではKafka Streamsの機能を用いたJOIN処理のサンプル紹介も兼ねて、KTableを利用した実装を行います[8]。

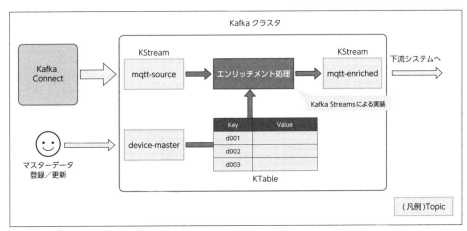

図10.7 エンリッチメント処理の実装

■ KStreamとKTableのJOIN

主要なKafka Streams APIのひとつでエンリッチメント処理でも用いるKTableについては、第8章の`groupByKey`を用いたウィンドウ集計後のオブジェクトとしても触れましたが、ここでも改めて紹介します。KTableは、Kafka StreamsのAPIドキュメントでは「changelog stream」と説明されます[9]。

---

[8] データストアへのクエリは「プライマリキーによる1件問い合わせ」のようにシンプルになります。今回はKTableを利用しますが、クエリの柔軟性に制限をかけてスケーラビリティを追求したKey-Valueストアのようなプロダクトが有効な選択肢になります。もしデータ流入量（≒クエリ量）や扱うマスターデータ量がそれほど多くないことが予見できるなら、より高度なデータ操作言語（SQL）を備えるRDBMSで十分なケースも考えられます。
[9] 対するKStreamは「record stream」と表現されます。

その名のとおりストリームをテーブル的に扱う場合に便利で、処理の内部でステートを持ち、Keyに基づく最新の値を保持します。第8章の例でもある、ウィンドウ処理後の集計結果のステート保持のほか、今回紹介するStreamとあわせてJOINする用途でも利用可能です。

KStreamとKTableをJOINする場合の特徴として「KStream、KTableに対応するTopicのPartition数が同一で、かつPartitioningのポリシーが同一である」という制約があります。やや分かりづらい概念ですが、ほかの分散処理フレームワークにも見られるDistributed Hash Joinの動作をPartitionの仕組みで実現したものともいえます。処理プログラムは、異なるTopic間で、結合対象のMessageが同一のPartitionに含まれている前提で処理を行います。

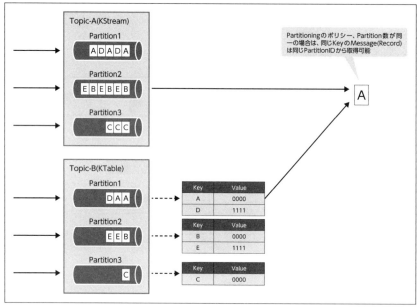

図10.8 KTableとJOINにおける制約

上記の制約を受けないために、今回の実装ではKTableの派生ともいえる「GlobalKTable」を用います（図10.9）。

GlobalKTableはPartitionの情報を重複して各処理ワーカーが保持し、パーティション数の制約を受けません。一方、重複するぶんだけワーカーが持つテーブル情報が増大するために、非常に大きなテーブルを保持する場合にはメモリ使用量に関する問題を引き起こしかねず、その結果性能問題にも発展する可能性があることに注意してください。

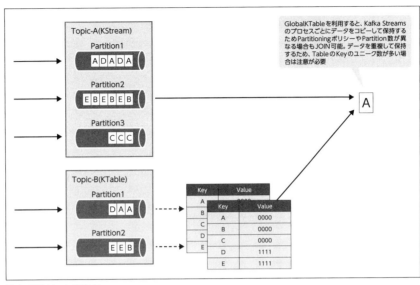

図 10.9　GlobalKTable と注意点

10.4　センサーデータ向けデータハブの構築

10.4.1　本章で構築するセンサーデータ向けデータハブの環境

　本節ではセンサーデータ向けデータハブの構築を行います。図 10.10 に示す環境を構築し、ここまでに説明した内容を実際に動作させます。

　本節では図 10.10 のうち、点線で囲まれている箇所を新たに構築します。それ以外の箇所は、第 3 章の内容に沿って構築された Kafka 環境をそのまま利用します。

　インストールおよびアプリケーションのビルドのために、各サーバーはインターネットに接続された状態になっている必要があります。また、新たに構築するサーバーの mosquitto-broker は kafka-broker01 とそれぞれ互いに通信でき、各自のホスト名で名前解決ができるようになっている必要があります。

　また、本章では Kafka Streams のアプリケーションの開発を行う環境も必要になります。本章ではこの開発環境のホスト名を dev としてコマンド例の箇所に記載します。開発環境には JDK および Apache Maven が必要になります。3.3.2「JDK のインストール」(P. 54) と 4.2.2「Apache Maven のインストール」(P. 68) にそれぞれインストール方法が記載されています。

CHAPTER 10 Kafkaで構成するIoTデータハブ

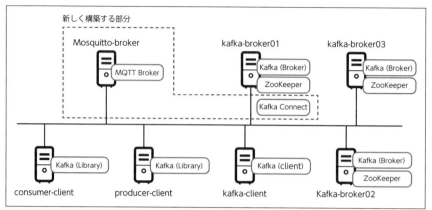

図10.10　本章で構築するセンサーデータ向けデータハブの構成

10.4.2 データの流れ

本章ではKafkaで複数のTopicを扱うことになるため、各種Topicの用途やデータの流れについて説明します。サンプルアプリケーションで扱うKafka BrokerのTopicは次のとおりです。

mqtt-source：Kafka Connect MQTTが入力とするTopic
device-master：センサーデバイスのマスター情報を登録するTopic
mqtt-enriched：Kafka Streamsにより上記2つのTopicのMessageに対しエンリッチメント処理を行った出力先のTopic

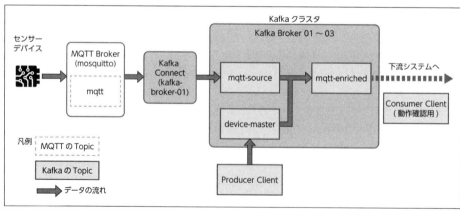

図10.11　コンポーネント別のデータの流れ

上記Topicのコンポーネント上の配置とデータの流れについて図10.11に示しました。MQTT Brokerでも Topic が必要になるのてで、本章ではシンプルに mqtt というトピックを利用し、データの入力とKafka Connectによる連携を行います。

■ Topic の作成

サンプルアプリケーションで利用する3つのトピックである mqtt-source、mqtt-enriched、device-master を作成しておきます。

```
(kafka-client)$ kafka-topics \
> --zookeeper kafka-broker01:2181,kafka-broker02:2181,kafka-broker03:2181 \
> --create --topic mqtt-source --partitions 3 --replication-factor 1
(kafka-client)$ kafka-topics \
> --zookeeper kakfa-broker01:2181,kafka-broker02:2181,kafka-broker03:2181 \
> --create --topic mqtt-enriched --partitions 3 --replication-factor 1
```

device-master については前節で説明した Kafka Streams における KTable として利用します。KTable として利用する場合の Message 削除ポリシーとして、デフォルトの「古い Message が削除される」設定では、長期間更新されないデバイス情報が読めなくなってしまいます。削除ポリシーを第2章で紹介した Compaction（P. 42）としましょう。`--config` で指定して Topic を作成してください。

```
(kafka-client)$ kafka-topics \
> --zookeeper kafka-broker01:2181,kafka-broker02:2181,kafka-broker03:2181 \
> --create --topic device-master --partitions 3 --replication-factor 1 \
> --config cleanup.policy=compact
```

10.4.3 センサーデータ受信機能の実現

本項ではセンサーデバイスから MQTT を受信して Kafka に Publish する環境を構築していきます。大きく分けて次の2つのステップとなります。

1. Mosquitto のインストールと設定
2. Kafka-Connect-MQTT のインストールと設定

今回 Mosquitto は専用のサーバーに1台用意する構成とします。ミドルウェア間の疎通確認のためであれば Broker に同居する構成でもよいでしょう。その場合、IP アドレス等は適宜読み替えてください。

CHAPTER 10 Kafkaで構成するIoTデータハブ

■ Mosquittoのインストールと設定

　MQTTを受信するためのMosquittoをインストールします。Mosquittoに必要なパッケージはCentOS標準のリポジトリには含まれませんが、EPEL（Extra Package for Enterprise Linux）に含まれているため今回はそちらを利用します。次のコマンドでEPELを参照リポジトリに追加します。

```
(mosquitto-broker)$ sudo yum install epel-release
```

　`yum`コマンドで`mosquitto`および`mosquitto-clients`をインストールします。

```
(mosquitto-broker)$ sudo yum install mosquitto
```

　`systemctl`コマンドでMosquittoサーバー（MQTT Broker）を起動しましょう。

```
(mosquitto-broker)$ sudo systemctl start mosquitto
```

　以上でMosquittoの導入は完了です。MQTT Brokerとして最低限の動作確認のため、とくににコンフィグを変更せずにデフォルト設定での構築としていますが、MosquittoにはSSLによる通信経路の暗号化やACL機能、QoS設定などさまざまな機能が備わっています。興味があれば調べてみてください。

■ Kafka-Connect-MQTTのインストールと設定

　Kafka-Connect-MQTTをインストールします。第7章ではConfluent Platformにバンドルされているものでしたが、MQTTプラグインは外部ツールとなるため、追加で環境設定を行います。コミュニティ版Kafkaを利用する場合はjarファイルを所定のディレクトリに配置する必要がありますが、Confluent PlatformをインストールUした場合、Confluent Hub Clientツール[10]が同梱されています。

```
(kafka-broker01)$ sudo yum install confluent-hub-client
```

　Confluent Hub Clientを利用し、次のコマンドでプラグインのインストールを行います。

```
(kafka-broker01)$ sudo confluent-hub install \
> confluentinc/kafka-connect-mqtt:1.0.0-preview
Do you want to install this into /root/work/share/confluent-hub-components? (yN) y
（省略）
```

---

[10] https://docs.confluent.io/current/confluent-hub/client.html

Kafka Connect の起動前に、本章のアプリケーション向けの設定変更を行います。Kafka Connect を利用してデータを受信した場合、デフォルトではデータの受信後に JSON オブジェクトとしてコンバートされます。本章のプログラムでは JSON にコンバートせず、MQTT で渡されたペイロードをそのままプログラム中で利用するため、コンバーターの設定を `ByteArrayConverter` に変更しておきましょう。

```
(kafka-broker01)$ cp /etc/kafka/connect-distributed.properties \
> connect-distributed-mqtt.properties
(kafka-broker01)$ vim connect-distributed-mqtt.properties
(省略)
bootstrap.servers=kafka-broker01:9092,kafka-broker02:9092,kafka-broker03:9092
group.id=connect-cluster-mqtt
(省略)
value.converter=org.apache.kafka.connect.converters.ByteArrayConverter
(省略)
```

Message 内容の補足ですが、Kafka-Connect-MQTT 利用時は、MQTT のペイロードが Kafka の Message 中の Value として送信されます。Message の Key には MQTT Broker の Topic 名が格納されますが、本章では利用しません。作成した設定ファイルを指定して、Kafka Connect を起動します。

```
(kafka-broker01)$ connect-distributed ./connect-distributed-mqtt.properties
```

起動できたら、インストールした Connector がロードされているか確認しましょう。REST API 経由で MQTT 関連の Connector が表示されるか確認します。

```
(kafka-broker01)$ curl http://localhost:8083/connector-plugins | python -m json.tool
(省略)
    {
        "class": "io.confluent.connect.mqtt.MqttSinkConnector",
        "type": "sink",
        "version": "0.0.0.0"
    },
    {
        "class": "io.confluent.connect.mqtt.MqttSourceConnector",
        "type": "source",
        "version": "0.0.0.0"
    },
(省略)
```

CHAPTER 10　Kafkaで構成するIoTデータハブ

Connectorがロードされていることを確認したら、MQTTのSource Connectorを有効にしましょう。次のコマンドでJSONのコンフィグをREST API経由で投入します。

```
(kafka-broker01)$ echo '
{
  "name" : "MqttSourceConnector",
  "config" : {
    "name" : "MqttSourceConnector",
    "connector.class" : "io.confluent.connect.mqtt.MqttSourceConnector",
    "tasks.max" : "1",
    "mqtt.server.uri" : "tcp://mosquitto-broker:1883",
    "mqtt.topics" : "mqtt",
    "kafka.topic" : "mqtt-source"
  }
}
' | curl -X POST -d @- http://localhost:8083/connectors \
> --header "content-Type:application/json"
```

ここで設定しているプロパティは次のとおりです。

- `mqtt.server.uri`
  MQTT BrokerのURI。「,（カンマ）」で区切ることで複数指定可能

- `mqtt.topics`
  MQTTでSubscribeするトピック。こちらも「,（カンマ）」で区切ることで複数指定が可能

- `kafka.topic`
  Messageを送信するKafka側のTopic

■ センサーデータ受信の動作確認

ここまで設定した環境が正しく動作しているか、MQTTでデータを送信しKafkaで受信する確認を行います。Mosquittoのクライアント機能（Publisher）を利用し、MQTTによりデータを送信しましょう。Kafka ConnectでSubscribeしているTopic（今回の例では`mqtt`）へデータをPublishします。

```
(mosquitto-broker)$ mosquitto_pub -d -t mqtt -m "Hello! MQTT"
```

Kafka Brokerまでデータが届いているか確認しましょう。本章でもデータの送達確認で何度か登場し

ている Console Consumer を使って Kafka の Topic のデータを確認します。

```
(consumer-client)$ kafka-console-consumer \
> --bootstrap-server=kafka-broker01:9092,kafka-broker02:9092,kafka-broker03:9092 \
> --topic mqtt-source --from-beginning
Hello! MQTT
```

Mosquitto から MQTT で送信した Message が表示されれば成功です。Kafka で MQTT プロトコルを受け取る準備が整いました。

`mqtt-source` の Topic は次項より説明するサンプルアプリケーションでも利用します。「Hello! MQTT」という Message が Partition 内に残っていると今回のアプリケーションにおいては不都合なため、Partition 内のレコードの削除の手順の紹介を兼ねて Message を削除しておきましょう。ここでは `kafka-delete-record` というコマンドを利用して削除しますが、Topic の Partition ごとにどの Offset 以前を読めなくするかという情報を定義した JSON ファイルが必要です。そこで、全パーティションの最新 Offset まで読めなくする次の JSON ファイル（`delete-record.json` とします）をエディタで作成してください。

```
{
 "partitions": [
    {
        "topic": "mqtt-source",
        "partition": 0,
        "offset": -1
    }, {
        "topic": "mqtt-source",
        "partition": 1,
        "offset": -1
    }, {
        "topic": "mqtt-source",
        "partition": 2,
        "offset": -1
    }
 ],
 "version": 1
}
```

作成した JSON ファイルを指定し、コマンドを実行します。

```
(kafka-client) $ kafka-delete-records --bootstrap-server 192.168.11.9:9092 \
> --offset-json-file delete-record.json
Executing records delete operation
Records delete operation completed:
partition: mqtt-test-source-0        low_watermark: 0
partition: mqtt-test-source-1        low_watermark: 0
partition: mqtt-test-source-2        low_watermark: 1
```

これでさきほどテスト送信したMessageが読めなくなりました。Console Consumerで`--from-beginning`オプションを付けても、さきほどのMessageが取得できないのがことを確認できます（実際のコマンドは割愛します）。

10.4.4 エンリッチメント機能の実現

ここまでの説明で、MQTTのデータの受信が可能となりました。ここからは、もうひとつのメイン機能であるエンリッチメントを実現します。

■ マスターデータの登録

作成済みの`device-master`のTopicに、センサーデバイスのマスター情報を投入しておきましょう。表10.1のようなシンプルな3件のデータを登録します。

表10.1 マスターデータの登録

Key	Value			
デバイスID	型番	設置場所	設置日付	最終更新日時
d001	XA-01	会議室A	2018/09/07	-
d002	XA-01	会議室B	2018/09/07	-
d001	XA-01	会議室A	2018/10/10	-

Value部分には複数のデータが含まれます。複数データの格納方法もデータ容量や性能を考慮したさまざまな方法が考えられますが、サンプルアプリでは簡単にするためテキストによるCSV形式とします。

次のようにKafka Console Producerを実行し、マスターデータを登録しましょう。先に設定したCompactionの動作や後ほど説明するKafka StreamsによるJOINのためには、MessageにKey、Valueを正しく含める必要があります。Kafka Console Producerを最小限のオプションで実行するとKeyがNullになりValueにしかデータが含まれないため、`--property`オプションで追加設定を行い、KeyとValueのセパレータ（:）を設定しています。

```
(producer-client)$ kafka-console-producer \
> --broker-list kafka-broker01:9092,kafka-broker02:9092,kafka-broker03:9092 \
> --topic device-master --property "parse.key=true" --property "key.separator=:"
d001:XA-01,会議室A,20180807,-
d002:XA-02,会議室B,20180807,-
d003:XB-05,共用スペース北,20180910,-
```

入力が完了しKafka Console Producerを停止したい場合、キーボードから[Ctrl]+[C]を入力してください。

念のため、Kafka Console Consumerで正しく登録されているか確認しましょう。次のコマンドを実行してTopicにPublish済みのメッセージを確認します。ProducerでKeyもあわせて送信しているので、KeyとValueを表示する設定としています。また、表示の分かりやすさのため、セパレータを<separator>に変更しました。

```
(consumer-client)$ kafka-console-consumer \
> --bootstrap-server kafka-broker01:9092,kafka-broker02:9092,kafka-broker03:9092 \
> --topic device-master --from-beginning --property "print.key=true" \
> --property "key.separator=<separator>"
d001<separator>XA-01,会議室A,20180807,-
d002<separator>XA-02,会議室B,20180807,-
d003<separator>XB-05,共用スペース北,20180910,-
```

Kafka Console Consumerを停止する場合、キーボードから[Ctrl]+[C]を入力してください。

これで、Topic `device-master` にデータが投入されました。データ削除ポリシーをCompactionに設定しているため、時間経過でMessageが削除されることはありません。

本節ではKafka Console Producerを通しての非常に簡単なデータ投入ですが、実際の運用におけるマスターデータの追加／更新などを考慮するとデータベース内でマスターデータを管理し、適宜連携させるといった構成も考えられるでしょう。RDBMSとKafkaを連携させる場合は第7章で説明したJDBC Connectorなどを参考にしてください。

■ Kafka Streamsによるエンリッチメント機能の実装

Kafka Streamsで、流れてくるセンサーデータとマスターデータを紐付けるJavaプログラムを実装していきます。センサーデバイスから送信されるデータの内部フォーマットはマスターデータと同じくCSVとし、次の形式でデータが格納されているものとします。

<デバイスID>,<タイムスタンプ>,<センサー情報1>,<センサー情報2>

CHAPTER 10　Kafkaで構成するIoTデータハブ

それではKafka Streams APIを用いたエンリッチメント処理を行うプログラムを記述しましょう。第4章の内容をもとに、MavenによるJavaアプリケーション開発の環境を構築済みであることを前提として記載を進めます。

`mvn archetype:generate` コマンドを実行して、プロジェクトの雛形を作成します。

```
(dev)$ mvn archetype:generate \
> -DgroupId=com.example.chapter10 \
> -DartifactId=kafka-enrichment-sample \
> -DarchetypeArtifactId=maven-archetype-quickstart \
> -DinteractiveMode=false
```

ディレクトリツリーのトップに配置されているPOM（pom.xml）を編集し、プロジェクト設定を追加します。追加部分は第8章と同一で、Java8利用の指定とKafka Streamsの`dependency`への追加となります。

```
（省略）
  <properties>
    <maven.compiler.source>1.8</maven.compiler.source>
    <maven.compiler.target>1.8</maven.compiler.target>
  </properties>
  <dependencies>
（省略）
    <dependency>
      <groupId>org.apache.kafka</groupId>
      <artifactId>kafka-streams</artifactId>
      <version>2.0.0</version>
    </dependency>
（省略）
```

配置された`src/main/java/com/example/chapter10/App.java`を`KafkaEnrichmentSample.java`にリネームし、内容を次のように置き換えてください。なお、紙面の都合で改行している箇所がありますので、サンプル集に含まれているソースコード`KafkaEnrichmentSample.java`も参考にしてください。

```
package com.example.chapter10;

import java.util.Properties;
```

```java
import org.apache.kafka.common.serialization.Serdes;
import org.apache.kafka.streams.KafkaStreams;
import org.apache.kafka.streams.StreamsBuilder;
import org.apache.kafka.streams.StreamsConfig;
import org.apache.kafka.streams.kstream.KStream;
import org.apache.kafka.streams.kstream.GlobalKTable;
import org.apache.kafka.streams.kstream.Consumed;
import org.apache.kafka.streams.kstream.Produced;
import org.apache.kafka.streams.KeyValue;

public class KafkaEnrichmentSample {

    private static String sensordataTopicName = "mqtt-source";
    private static String masterdataTopicName = "device-master";
    private static String enrichedTopicName = "mqtt-enriched";

    public static void main(final String[] args) throws Exception {
        Properties config = new Properties();
        config.put(StreamsConfig.APPLICATION_ID_CONFIG, "kafka-enrichment");
        config.put(StreamsConfig.BOOTSTRAP_SERVERS_CONFIG,
            "kafka-broker01:9092,kafka-broker02:9092,kafka-broker03:9092");

        StreamsBuilder builder = new StreamsBuilder();

        KStream<String, String> mqttSource = builder.stream(sensordataTopicName,
                Consumed.with(Serdes.String(), Serdes.String()));
        GlobalKTable<String, String> deviceMasterTable =
            builder.globalTable(masterdataTopicName,
                Consumed.with(Serdes.String(), Serdes.String()));

        mqttSource
                .map((key, value) -> KeyValue.pair(value.split(",")[0], value))
                .leftJoin(deviceMasterTable,
                        (sensorKey,sensorValue) -> sensorKey,
                        (sensorValue,masterValue) ->
                            SensorDataJoiner(sensorValue,masterValue))
```

```
                .to(enrichedTopicName,
                    Produced.with(Serdes.String(), Serdes.String()));

        KafkaStreams streams = new KafkaStreams(builder.build(), config);
        streams.start();
    }

    private static String SensorDataJoiner(String sensorValue, String masterValue) {
        StringBuilder sb = new StringBuilder();
        sb.append(sensorValue.split(",",2)[1]);
        sb.append(",");
        sb.append(masterValue);
        return new String(sb);
    }
}
```

プロジェクトのルートディレクトリに移動し、`mvn package` コマンドでビルドします。

```
(dev)$ cd kafka-enrichment-sample
(dev)$ mvn package
```

正しくビルドが行われるとプロジェクトのルートディレクトリの下の `target` ディレクトリの下に `kafka-enrichment-sample-1.0-SNAPSHOT.jar` という jar ファイルができています。この jar ファイルをアプリケーションを実行するサーバーである `producer-client` に転送しておきます。ここでは `producer-client` のホームディレクトリに配置するものとします。

第 4 章の手順と同様に、Kafka Streams が状態を保存するためのディレクトリを作成しておきます。

```
(producer-client)$ sudo mkdir -p /var/lib/kafka-streams/kafka-enrichment
(producer-client)$ sudo chown $(whoami):$(whoami) /var/lib/kafka-streams/kafka-enrichment
```

`kafka-run-class` コマンドで実行しましょう。

```
(producer-client)$ CLASSPATH=~/kafka-enrichment-sample-1.0-SNAPSHOT.jar \
> kafka-run-class com.example.chapter10.KafkaEnrichmentSample
```

■ エンリッチメント機能の動作確認

上記のプログラムと Kafka-Connect（MQTT）を起動したままの状態で別のターミナルを起動し、動作確認を行います。フォーマットに従って、Mosquitto のクライアントプログラムを用いてデータを送信してみます。

```
(mosquitto-broker)$ mosquitto_pub -d -t mqtt -m "d001,`date +%s`,30.5,1200"
```

Kafka Console Consumer にて、エンリッチメント済みの Topic（`mqtt-enriched`）に書き込まれた Message を取得します。

```
(consumer-client)$ kafka-console-consumer \
> --bootstrap-server kafka-broker01:9092,kafka-broker02:9092,kafka-broker03:9092 \
> --topic mqtt-enriched --from-beginning --property "print.key=true" \
> --property "key.separator=<separator>"
d001<separator>1534396810,30.5,1200,XA-01,会議室A,20180807,-
```

正しく環境を構成できていれば、上記のようにセンサーデータに対してマスターデータを組み合わせたデータが取得できることを確認できるはずです。

■ サンプルコードの解説

シンプルなコードですが、センサーデータとマスターデータを JOIN する DSL 部分について解説します。

```
mqttSource
        .map((key, value) -> KeyValue.pair(value.split(",")[0], value))
```

Kafka Connect MQTT により送信されるメッセージは、

Key：MQTT Broker のトピック名
Value：Message のペイロード（今回は、デバイス ID ／タイムスタンプ／センサー情報 1 ／センサー情報 2）

というフォーマットで受信するため、Value のなかのデバイス ID を抽出し新たな Key としています。

Key：デバイス ID
Value：Message のペイロード（今回は、デバイス ID ／タイムスタンプ／センサー情報 1 ／センサー情報 2）

次の部分がセンサーデバイス情報とマスターテーブルを結合する処理です。

```
.leftJoin(deviceMasterTable,      (1)
        (sensorKey,sensorValue) -> sensorKey,     (2)
        (sensorValue,masterValue) -> SensorDataJoiner(sensorValue,masterValue))    (3)
```

(1) は結合対象の GlobalKTable を指定しています。(2) は、KStream の Key、Value から結合の条件となる Key を抜き出す関数を指定します。ここでは、前段の map 処理でデバイス ID を Key として抽出済みのため、Key をそのまま利用しています。たとえば Value の値を用いて結合 Key を抽出する場合は、そのための関数を記述することで Value に基づいた結合条件を加えることも可能です。右側テーブル（ここではデバイスマスターテーブル）については、Key の値が用いられます。(3) で、結合対象の両方のテーブルの Value を入力として、結合後の新たな KStream の Value を生成する関数を引数とします。ここでは 2 つの CSV をもとに新たな CSV を生成するメソッドを別で定義しています。

```
.to(enrichedTopicName,
        Produced.with(Serdes.String(), Serdes.String()));
```

生成した新たなストリームデータ（エンリッチメント済みデータ）を次の Topic に送信します。

10.5 実際のセンサーデータの投入とデータ活用に向けて

ここまでの説明で、Kafka を中心に据えたシステムで MQTT による受信やエンリッチメント処理によりセンサーデータを連携できるようになりました。しかし、データハブとしての機能のみの説明ではもともとの狙いである IoT を扱うシステムのイメージが湧かない場合もあると思います。そこで最後に実際にセンサーデータを投入する例をご紹介し、さらにその活用例についても説明します。

本節の内容を実践するにあたっては追加のデバイスが必要になります。比較的入手が容易で、リファレンスとなる情報も豊富なプロトタイピング向け IoT デバイスとして、次の 2 つが知られています。

Raspberry Pi：https://www.raspberrypi.org
Arduino：https://www.arduino.cc

本節では Raspberry Pi を利用します（図 10.12）。本章で述べた「リソースに制限の多いデバイス」というには、Linux OS が動作可能という状況などリッチなハードウェアですが、USB センサーと組み合わせるとデバイスのプロトタイピング向けには非常に簡素になるためおすすめです。

10.5 実際のセンサーデータの投入とデータ活用に向けて

図 10.12　Raspberry Pi のイメージ

10.5.1 Raspberry Pi からのセンサーデータの送信

　近年は IoT デバイス向けの USB 接続可能なセンサーデバイス、それらを Linux などの OS から扱うためのライブラリもさまざまなものが入手可能となっています。Raspberry Pi の環境と、USB 接続可能なセンサーデバイスが利用できることを前提にセンサーデータ送信アプリケーションの実現方法を紹介します。なお、センサーデータ取得部分についてはデバイスが提供するライブラリに依存するため疑似コードとしています。

　Raspberry Pi はデフォルトの構成でも Python 環境がインストールされています。Python から利用可能な MQTT クライアントライブラリとして「Eclipse Paho」[11]を紹介します。

　Raspberry Pi に接続されたデバイスから、本章のセンサーデータとして想定する次の CSV フォーマットでセンサーデータを送信する疑似プログラムを説明します。

デバイス ID, タイムスタンプ, センサー情報 1, センサー情報 2

　接続したセンサーからは二酸化炭素濃度、温度が取得できるものとして、センサー情報 1、センサー情報 2 に含めます。

```
#!/usr/bin/env python3
# -*- coding: utf-8 -*-
import sys,os
from datetime import datetime
import paho.mqtt.client as mqtt
```

---

[11] https://www.eclipse.org/paho/

```
host = 'mosquitto01'
port = 1883
topic = 'mqtt-test'

client = mqtt.Client(protocol=mqtt.MQTTv311)

deviceid = "d001"

### センサー情報を取得する部分の疑似コード ###
sensor = SomeDevice("/dev/hidraw0")
co2 = sensor.get_co2()
temperature = sensor.get_temperature()
##############################################

now = datetime.now().strftime("%s")

client.connect(host, port=port, keepalive=60)
client.publish(topic, "{},{},{},{}".format(deviceid,now,co2,temperature))
client.disconnect()
```

上記のようなコードを cron 等を用いて定期実行させるだけでセンサーとして振る舞うエッジデバイスが Raspberry Pi で実現できます。

10.5.2 センサーデータの活用パターン

ここまででセンサーから出力されたデータを受領し、使用できるところまで加工する流れを紹介しました。ここでは、Kafka で受信したデータの活用例を考えてみましょう。IoT デバイスで取得可能なセンサー情報や本書中で示したいくつかのサンプルアプリも参考に、興味があればチャレンジしてみてください。

■ データの可視化

IoT データの活用としてまずイメージしやすいのはデータの可視化でしょう。DB に格納し、時系列のグラフで表示する例は第 8 章の InflaxDB と Grafana を使ったサンプルアプリケーションも参考になります。ヒートマップとして表示することで複数のセンサーから得られた情報を視覚的に把握しやすくすると同時に、Kafka を通じて収集された関連情報を付帯させて表示させることもできるでしょう。

■ イベント通知

センサー情報の値をもとに「3つ以上の地点の温度がXX度を超えたらアラート」のようなルールを作成し、ユーザーにメールやチャットで通知するという仕組みもイメージしやすいでしょう。単一のデバイスだけでは実現できない内容でも、Kafkaを通じてデータを集約することで実現できるようになります。応用として、機械学習アルゴリズムによるモデル作成と推論を組み合わせ、通知のルールをより高度化することも考えられます。

たとえば、何か大掛かりな機器を用いて物を生産しているケースにおいては、機器の故障が著しい支障になることがあります。もしあらかじめ故障の予兆を捉えられたら、計画的にメンテナンスすることができ、影響を限定できるかもしれません。多数のセンサーから得られるデータから予兆をモデル化し、リアルタイムに送られてくるデータに対してモデルを適用して予兆検知するという課題などは挑戦のしがいがあるでしょう。

■ デバイスへのフィードバック

より「IoTらしい」活用アイデアの応用として、エッジデバイスへのフィードバックを行い機器の制御を行うパターンも考えられます。デバイスから取得したデータをもとに、人の手を介さずにほかのデバイスの制御を行うM2M的な活用への発展も今回のデータハブの延長として実現可能でしょう。

実現する場合の構成例として、図10.13の右側のようにデバイスをMQTTのSubscriberとしても動作させることを考えます。デバイスに対して制御信号を送るためにKafkaからMQTT Brokerへメッセージを送信します。SubscriberとなるデバイスはMQTT Brokerを介してメッセージを受信し、メッセージの中身に応じた処理を行うという流れとなります。Kafkaをデータハブとして用いることで、大規模データを扱いながら、多対多のメッセージングおよび制御が可能になります。

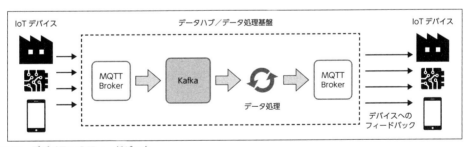

図10.13　デバイスへのフィードバック

10.6 高度なデータ連携基盤を実現する場合の課題とアイデア

本章のアプリケーションはシンプル化のために最低限の機能の実装としています。今回は実施していない、より洗練されたデータ連携基盤を目指すための課題とアイデアの例を以下に紹介します。

■ MQTT Broker の可用性とスケーラビリティの確保

サンプルアプリケーションでは、Kafka Broker がクラスタ構成を組めることに対し、MQTT Broker（Mosquitto）が1台構成となっており、単一故障点や性能上のボトルネックとなるリスクが存在します。Kafka のスループットを最大限に発揮するには上流から下流まで含めた可用性やスケーラビリティの確保が重要となります。たとえば MQTT Broker を複数台構成にし、センサーデバイス側で振り分けることによりロードバランシングを行うといった改善の余地があります。

■ Message のシリアライゼーション

デバイスから送信されるメッセージのフォーマットは実装のシンプルさ、確認の容易性の観点で送信データ、マスターデータともにテキスト型の CSV 形式としました。しかし、センサー情報やタイムスタンプのような情報をテキスト型で送受信することは計算機にとってはオーバーヘッドも大きいといえます。

デバイス側の計算リソースをより効率化するために、データの内容に合わせたシリアライゼーションを行うことで、ペイロードのサイズの削減に伴う I/O の削減や計算コスト削減にもつながると考えられます。

■ Message のエラーハンドリング

Kafka Streams を用いたエンリッチメント処理のサンプルでは、データが正常に処理されることを前提とし例外処理が想定されていません。実際のセンサーデータ収集を想定すると、「センサーデバイス側の問題により指定したフォーマットでデータが送信されない」「データは届いたが、エンリッチメント処理のためのマスター情報が存在しない」などさまざまな例外パターンが考えられます。データ内容に問題があった場合にアプリが停止してしまうようでは非常に使いづらいシステムとなります。

マスター情報と結合できずに Null 情報が含まれるまま下流システムに連携してもデータハブ側で問題を検知することが難しくなります。だからといってエラーが発生したメッセージを捨てるのは問題です。これを解決するひとつのアイデアとしては、エラーレコード用の Topic を作成し、例外が発生したデータはそちらに分岐させ、エラー検知／分析用の Consumer アプリを用意するというものがあります。

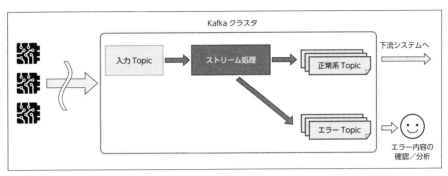

図 10.14　エラー Topic

10.7　本章のまとめ

　本章では、IoT に求められるシステム要求とそれを実現するための仕組みとして、Kafka を中心としたサンプルアプリケーションを紹介しました。IoT の文脈でのセンサーデータ向けデータハブとして、MQTT プロトコルの受信機能の実現と Kafka Streams でのエンリッチメント機能の実装例を示しました。

　本章を参考に、IoT のデータ活用のためのデータハブとしても Kafka をご活用いただけると幸いです。

Chapter 11

さらに Kafka を使いこなすために

CHAPTER 11 さらに Kafka を使いこなすために

11.1 本章で行うこと

ここまで Kafka のユースケースやいくつかのサンプルを紹介してきましたが、実際の利用シーンではここまで紹介してきたこと以外にも知っておくべき知識がいくつかあります。本章ではそのようなトピックのうちの次のものを紹介します。

- Consumer Group
- Offset Commit
- Partition Reassignment
- Partition 数の考慮
- Replication-Factor の考慮

11.2 Consumer Group

11.2.1 Consumer Group とは

Kafka では Consumer が Kafka クラスタから Message を取得して処理を行います。このとき、Consumer は「Consumer Group」と呼ばれる 1 つ以上の Consumer からなるグループを形成して Message

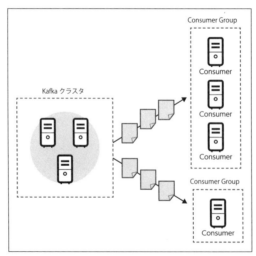

図 11.1 Consumer Group の例

の取得を行います。Consumer Group は Group ID と呼ばれる ID で区別されます。この Group ID は KafkaConsumer の生成時に指定するオプションに `group.id` というパラメータで指定します。Kafka-Consumer やオプションの指定方法については第 4 章で説明していますので、そちらを参照してください。図 11.1 のように、Consumer Group は Group ID が同じ Consumer 同士で形成されます。なお、ある Consumer は複数の Consumer Group には属せず、常に 1 つの Consumer Group に属します。

Kafka クラスタから受信する Message は Consumer Group のなかのいずれか 1 つの Consumer が受信します。言い換えると、Kafka クラスタから受信する Message を同じ Consumer Group に属する Consumer 間で分散して受信します。

この性質から、Consumer Group は 1 つの処理を複数の Consumer で分散処理するために利用されます。第 8 章で紹介した Kafka Streams は Consumer Group の仕組みを利用して分散処理を行います。

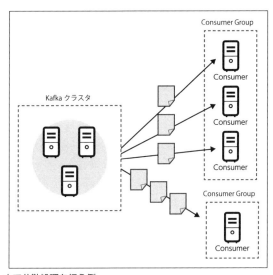

図 11.2　Consumer Group 内で分散処理を行う例

11.2.2　各 Consumer への Partition の割り当て

ある Message を Consumer Group 内のどの Consumer が受信するかの割り当ては、受信する Topic に存在する Partition とグループ内の Consumer を対応付けることで行われます。図 11.3 にその様子を示します。Kafka クラスタで扱われる Message は、いずれかの Topic のいずれかの Partition に必ず含まれます。Message は、Consumer Group 内で各 Partition に対応付けられている Consumer が受信することになります。

CHAPTER 11 さらに Kafka を使いこなすために

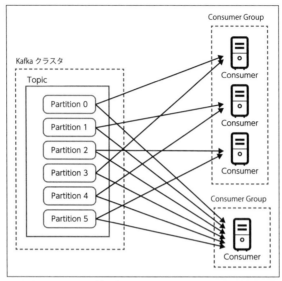

図 11.3 Consumer Group における Partition の割り当て

　Consumer と Partition の対応付けでは、各 Partition につき必ず 1 つの Consumer が対応付けられます。逆に、Partition の数によっては 1 つの Consumer に複数の Partition が割り当てられることがあります。ある Partition に記録された Message は対応付けられた Consumer が処理することになるため、Consumer Group 内のいずれか必ず 1 つの Consumer が処理をすることになります。そのため、Message を受信する Topic の Partition よりも Consumer のほうが多い場合、Partition が割り当てられない Consumer が生じることになります。

　各 Partition を Consumer Group 内のどの Consumer に対応付けるかは、その Consumer Group に新たな Consumer が加入した場合など、必要に応じてその都度決定されます。この決定は Consumer が設定されている Assignor のロジックに基づいて行われます。Assignor は標準で表 11.1 の 3 種類が提供されており、それぞれ対応付けの方法が異なります。

表 11.1 標準で用意される Assignor

Assignor	クラス	割り当て方法（概要）
RoundRobin	org.apache.kafka.clients.consumer.RoundRobinAssignor	対応付ける Partition を Consumer に 1 つずつ順番に対応付ける
Range	org.apache.kafka.clients.consumer.RangeAssignor	対応付ける Partition を並べ、Consumer の数で領域を分割して割り当てる
Sticky	org.apache.kafka.clients.consumer.StickyAssignor	極力バランスよく、再割り当ての際に元の対応から変更がないように割り当てる

このAssignorはKafkaConsumerを生成するときのオプションに`partition.assignment.strategy`として設定できます。このとき、パラメータには上記の表のクラスの値を指定します。各Assignorのロジックについては KafkaのJavadoc[1]を参照してください。

11.3 Offset Commit

11.3.1 Offset Commit とは

Kafkaを用いるシステムではConsumerがKafkaクラスタからMessageを取得し、処理を行います。このとき、Kafkaクラスタ[2]にConsumerがどのMessageまで処理を完了したという記録を残すことができます[3]。この記録を残す処理を「Offset Commit」といいます。このOffset Commitは各ConsumerがKafkaクラスタに記録のリクエストを要求することで行います。

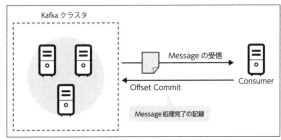

図 11.4 Offset Commit の概要

Offset Commitの記録はConsumer Group単位で行われます。Consumer Groupごとに各Topicの各PartitionにおいてどのOffsetまで処理が完了したかという情報を記録します。Offset Commitは、処理が完了したかどうかをMessageごとに記録するのではなく、処理が完了したMessageのなかで最大のOffsetを記録するかたちで行われます。これはKafkaがランダムにMessageを処理するのではなく、Partition内のMessageを連続的に処理することを想定しているためです。

Offset Commitの情報により、ConsumerはKafkaからのMessage受信処理を再開する際に、どのMessageから処理を再開すればよいか分かるようになります。これにはメンテナンスなどの想定された停止からの再開時のほか、障害などによる異常な停止からの再開時も含まれます。再開後に新しいMessageのみが処理されることで、処理されないMessageや同一Messageの再処理を防いだり、その影響を小さ

---

[1] http://kafka.apache.org/20/javadoc/index.html
[2] 以前のKafkaではOffset Commitの情報はZooKeeperに記録していました。
[3] 正確には次に受信および処理すべきメッセージのOffsetを記録します。

CHAPTER 11 さらに Kafka を使いこなすために

くできます。なお、後述の Offset Commit の方法によって影響の程度は異なります。

Commit された Offset の情報は`__consumer_offsets`という専用の Topic に記録されるようになっています。この Topic は通常の Topic と同じように Partition と Replica の構造を有しています。この機構により、Kafka クラスタは Offset Commit の処理を分散して行うことができ、また数台の Broker が停止しても[4]データを失わずに処理を継続できるようになっています。

なお、Offset Commit の方法には「Auto Offset Commit」と「Manual Offset Commit」があります。それぞれメリットとデメリットがあり、どちらを利用すべきかは要件などによって異なります。

11.3.2 Auto Offset Commit

Auto Offset Commit は一定間隔ごとに自動で Offset Commit を行う方式です。Consumer のオプションの `enable.auto.commit` を `true` に設定することで利用できます。Offset Commit の間隔は KafkaConsumer のオプションの `auto.commit.interval.ms` で指定でき、デフォルトは 5 秒です。Auto Offset Commit では、設定されたタイミングで、Kafka クラスタから取得が完了している Message について Offset Commit を行います。図 11.5 に Auto Offset Commit の処理の流れを示します。

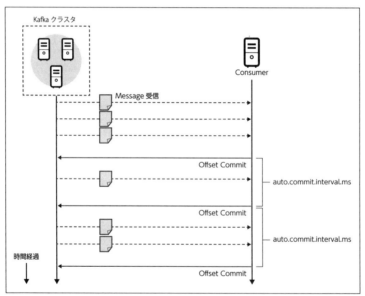

図 11.5 Auto Offset Commit の処理の流れ

---

[4]デフォルトの設定ではこの Topic の Partition 数は 50、Replication-Factor は 3 に設定されています。

Auto Offset Commit のメリットは Consumer アプリケーションで Offset Commit を明示的に行う必要がない点です。Manual Offset Commit ではいずれかのタイミングで Offset Commit の処理を記述する必要がありますが、この方法ではその必要がなく Consumer のアプリケーションが簡潔になります。

一方、デメリットは Consumer に障害が発生した際に、Message が失われたり（Message ロスト）、複数の Message の再処理（Message の重複）が発生する可能性がある点です（図 11.6 および図 11.7）。

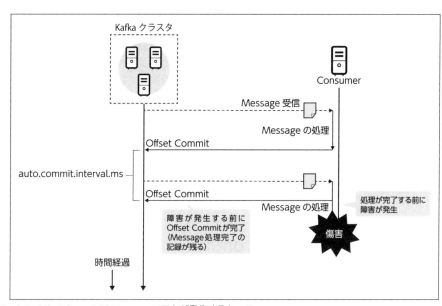

図 11.6　Auto Offset Commit で Message ロストが発生するケース

この方式では Offset Commit が一定間隔で行われるため、図のように障害の発生タイミングによっては Offset Commit された Message の処理が完了していなかったり、複数の Message の処理が完了しているものの Offset Commit が行われていなかったりする場合があります。

このうち、前者では障害が発生した際に処理中だった Message まで Offset Commit が行われているため、処理を再開させた際に障害が発生した際の Message が処理されないことになります。一方、後者では障害発生時に処理が完了していた複数の Message について Offset Commit が行われていないため、処理を再開させた際には同一 Message を複数回処理することになります。

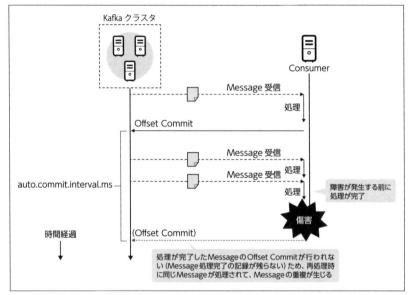

図 11.7　Auto Offset Commit で Message の重複が発生するケース

11.3.3 Manual Offset Commit

　Consumer アプリケーション中で KafkaConsumer の `commitSync` または `commitAsync` というメソッドを利用して Offset Commit を行います。このメソッドの利用方法などについては第 4 章で紹介していますので、そちらを参照してください。また、ストリーム処理のフレームワークなどを利用している場合はこれらのメソッドを直接利用しないケースがあります。

　Manual Offset Commit のメリットは、仕組みを理解して適切に利用することで Message ロストを発生させないようにできる点です。

　この方式では、アプリケーション中の任意のタイミングで Offset Commit を実施できます。そのため、Kafka クラスタからの Message の取得後、Message への処理が完了したタイミングで Commit することができます。当該の Message の処理は必ず完了しているため、Message ロストは発生しません。

　また Manual Offset Commit では Consumer の障害発生時の Message の重複を最小限に留められます。Auto Offset Commit では Consumer に障害が発生した際に複数の Message が Commit されていないケースがあり、それにより複数 Message の重複が発生します。Manual Offset Commit では障害発生時に処理中の Message については重複の可能性が残るものの、すでに処理が完了していた Message を含む複数 Message の重複を避けることができます。

　Message の流量にも依存しますが、Manual Offset Commit のほうが頻繁に Commit 処理を行うことになるので、Kafka クラスタへの負荷が高まることに注意してください。

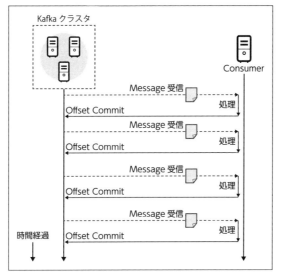

図 11.8　Manual Offset Commit で Message の処理完了のたびに Offset Commit を行う

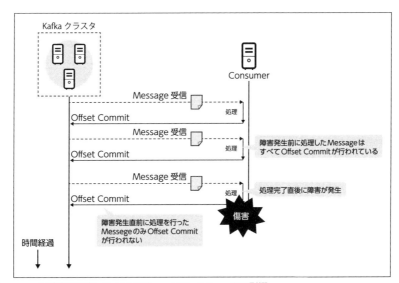

図 11.9　Consumer に障害が発生したときの Manual Offset Commit の影響

　ここまでの説明のとおり、Kafka の仕組みを正しく利用することで、Message の重複は発生する可能性はあるものの Message ロストの発生を防ぐことができます。言い換えれば、Kafka に送信されたすべての Message は必ず 1 回以上 Consumer で受信されることが保証されているということです。Kafka のこ

のような性質を「At Least Once」といいます。

11.3.4 Auto Offset Reset

Consumer は先述の Offset Commit の情報を参照し、処理を開始する Offset を決定します。しかし、初回起動時など Offset Commit の記録が存在しない場合や記録されている Offset が有効でない場合[5]は指定されたポリシーに基づいて初期化を行い、処理を開始する Offset を決定します。この初期化の処理が「Auto Offset Reset」です。

Auto Offset Reset は Consumer のアプリケーションで KafkaConsumer を生成する際に指定する `auto.offset.reset` というオプションで指定します。Auto Offset Reset のポリシーには表9.2の3種類があります。

表 11.2 Auto Offset Reset のポリシー

ポリシー	Auto Offset Reset の動作
latest	当該の Partition の最も新しい Offset に初期化される。そのため、Kafka クラスタにすでに存在している Message は処理されない
earliest	当該の Partition に存在する最も古い Offset に初期化される。Kafka クラスタにすでに存在している Message すべてに対して処理を行う
none	有効な Offset Commit の情報がない場合に例外を返す

Auto Offset Reset が none の場合、有効な Offset Commit の記録が存在しないときには例外が返されるため、KafkaConsumer の seek メソッドなどで明示的に Offset を指定する必要があります。たとえば、独自のポリシーに基づく Offset 再設定を行いたいケースなどで有用でしょう。

適切なポリシーは処理の目的などによって異なるため、要件などを踏まえ適切なものを設定してください。

11.4 Partition Reassignment

11.4.1 Partition Reassignment とは

Kafka では Partition は 1 つ以上の Replica を持ち、Kafka クラスタ中のいずれかの Broker で保持されています。通常、この Replica は作成された際に配置された Broker で保持され続けますが、何らかの

---

[5] Consumer の停止中に古いログが削除され、当該の Offset を持つ Message がすでに存在しなくなった場合などが該当します。

理由でこの配置を変更したくなる場合があります。

Replicaの配置を変更するおもな理由はKafkaクラスタのBrokerを増減させるケースです。Kafkaでは、計画的な停止／障害による停止を問わず、Brokerが保持していたReplicaがほかのBrokerに自動で移動されることはありません[6]。そのため、Broker数を恒常的に減らす場合[7]には削減するBrokerが保持しているReplicaをあらかじめほかのBrokerに移動させ、必要なReplica数を確保する必要があります。

また、Brokerを追加してクラスタをスケールアウトさせる場合でも、新たに追加したBrokerに一定のReplicaを配置し、Messageの送受信の負荷が均等になるようにする必要があります。このようにPartitionの各Replicaを任意のBrokerに再配置させる操作を「Partition Reassignment」といいます。

Partition ReassignmentでReplicaを別のBrokerに配置させる場合には、先に新たにReplicaを配置するBrokerにReplicaを作成して同期し、同期が完了（新たに作成したReplicaがISRに加入）したあとに不要となるReplicaを削除します。そのため、Reassignment中には通常のMessageの送受信に必要な処理[8]に加え、Reassignmentで新たに作成されるReplicaへの同期処理が必要となります。

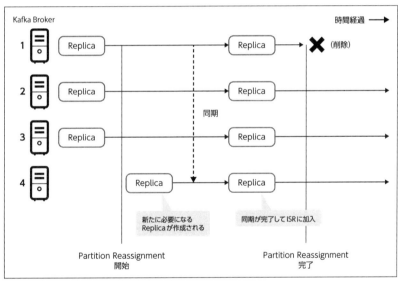

図 11.10　Partition Reassignmentの処理の流れ

---

[6] HadoopのHDFSなどでは障害が発生してReplica数が規定数を下回った際に自動でほかのサーバーにReplicaを再作成しますが、Kafkaではこのような処理は自動では行われません。

[7] 一時的なメンテナンスの場合でも移動させることがありますが、メンテナンス期間中にReplicaがReplication-Factorより少なくなることを理解したうえで移動させないケースもあります。メンテナンス停止中にほかのBrokerに障害が発生した際の影響を考慮して決定します。

[8] この仕組みのおかげで、Partition Reassignmentの処理中にもMessageの送受信を続けることができます。

CHAPTER 11 さらにKafkaを使いこなすために

Partition Reassignmentを実施する際は通常よりもKafkaクラスタ負荷が上がることに注意が必要です。なお、Partition Reassignmentに伴う同期処理で利用されるネットワーク帯域には制限をかけることができます。詳細はKafkaのドキュメントまたはコマンドのヘルプを参照してください。

11.4.2 Partition Reassignmentの方法

Partition Reassignmentを実行するにはKafka付属のスクリプト`kafka-reassign-partitions`[9]を利用します。このコマンドをKafkaクライアントから実行することでPartition Reassignmentを実行できます。以降では、Partition Reassignmentを行う例を紹介します。

例として、`test1`というTopicのうち、Partition 0のReplicaがBroker 1、2、3[10]に保持されている状態からBroker 3、4、5に保持されている状態に、Partition 1のReplicaがBroker 3、4、5に保持されている状態からBroker 1、2、3に保持されている状態に変更するケースを説明します。このReassignmentの様子を図示すると図11.11のようになります。

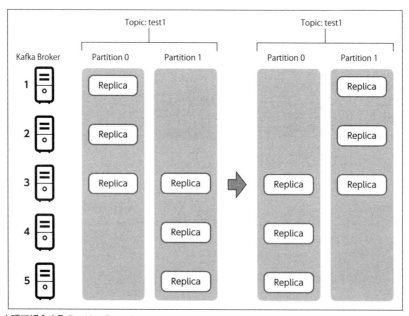

図11.11 本項で紹介するPartition Reassignment

---

[9] Kafkaのコミュニティ版では`kafka-reassign-partitions.sh`というスクリプトです。
[10] ここに記載されている番号はBroker IDです。Broker IDについては第3章を参照してください。

Partition Reassignment では、まず Replica を移動させる Partition の Replica 配置情報を記載した JSON ファイルを作成します。この JSON ファイルには Partition Reassignment 後の各 Partition の Replica の配置を記載します。

本項で行う Partition Reassignment の Replica の配置情報を記載した JSON ファイルは次のようになります。

```
{"version": 1,
 "partitions": [{"topic": "test1", "partition": 0, "replicas": [3,4,5]},
                {"topic": "test1", "partition": 1, "replicas": [1,2,3]}]
}
```

このファイルを Kafka クライアントのユーザーのホームディレクトリの直下に `reassignment.json` というファイル名で保存します。ファイルには Replica の移動を伴う Partition に関してのみ記載されていればよく、配置を変更しない Partition については記載の必要はありません。

記載の内容について見ていきましょう。

■ `"version": 1`

この Partition Reassignment の配置情報の記法のバージョンを表します。本書執筆時点では、バージョン1のみが存在しますので、このまま記載します。

■ `"partitions": [ ... ]`

Replica の再配置する Partition の情報を記載します。こちらは配列になっていますので、[ ] のなかに「,（カンマ）」で区切って必要な数だけ配置情報を記載することができます。

■ `{"topic": "test1", "partition": 0, "replicas": [3,4,5]}`

Replica の再配置の情報が記載されています。この記載では `"test1"` という Topic の Partition 0 の Replica を Broker 3、4、5 に配置するという意味になります。記載する際は新たな配置のみを記載すればよく、現在の Replica の配置がどのようになっているかを記載する必要はありません。複数の Partition について Replica の再配置を行う場合は、同様の記法で `partitions` のなかに併記します。

JSON ファイルの用意ができたら、Partition Reassignment を実行します。Kafka クライアント上で次のコマンドを実行します。

```
(kafka-client)$ kafka-reassign-partitions \
> --zookeeper kafka-broker01:2181,kafka-broker02:2181,kafka-broker03:2181 \
> --reassignment-json-file ~/reassignment.json --execute
  Current partition replica assignment
```

CHAPTER 11 さらに Kafka を使いこなすために

```
    {"version":1,"partitions":[{"topic":"test1","partition":0,"replicas":[1,2,3],"l
og_dirs":["any","any","any"]},{"topic":"test1",    "partition":1,"replicas":[3,4,5
],"log_dirs":["any","any","any"]}]}

    Save this to use as the --reassignment-json-file option during rollback
    Successfully started reassignment of partitions.
```

これで Partition Reassignment の情報が登録され、処理が開始されます。このコマンドに指定しているオプションについて見ていきましょう。

■ --zookeeper

Kafka クラスタを管理している ZooKeeper の情報を記載します。ほかの Kafka のコマンドなどと同じく、<ホスト名>:<ポート番号> の記法で記載し、複数サーバー存在する場合は「,（カンマ）」でつなぎます。上のコマンドでは第3章で構築した複数台のサーバーを用いた Kafka クラスタでの実行を想定したホスト名を記載しています。異なる環境で実行する場合は環境に合わせて変更してください。

■ --reassignment-json-file

あらかじめ作成しておいた Replica の配置情報を記載した JSON ファイルのパスを記載します。ここでは上の手順でホームディレクトリに作成した `reassignment.json` を指定しています。

■ --execute

指定した Replica の再配置情報で Partition Reassignment を実行します。`--execute` のほかに、情報を確認する `--verify` や 再配置案を作成する `--generate` があります。

ここまでの手順で Partition Reassignment を実行することができました。上記の Partition Reassignment を実行するコマンドは実行情報の登録のみを行って完了するため、コマンドが完了しても Partition Reassignment 自体は完了していないことがあります。現在の Partition Reassignment の実行の状態は次のコマンドで随時確認できます。

```
(kafka-client)$ kafka-reassignment-partitions \
> --zookeeper kafka-broker01:2181,kafka-broker02:2181,kafka-broker03:2181 \
> --reassignment-json-file ~/reassignment.json --verify
Status of partition reassignment:
Reassignment of partition test1-0 is in progress
Reassignment of partition test1-1 completed successfully
```

この実行結果のように、すでに完了した再配置と現在実行中の再配置の情報をそれぞれ確認することができます。

11.5 Partition 数の考慮

Kafka における Partition は、分散処理を実現するために必要な構造であると説明しました。また、ここまでに紹介してきた Kafka の機能などにも Partition の機構を利用しているものが多くありました。これらの機能を正しく利用し、Kafka の性能を引き出すには Partition の数を正しく設定することが重要です。しかし、適切な数は構成や要件などによって異なるため、各システムの設計時によく考慮する必要があります。本節では Partition 数の決定の参考となる情報として、とくに Partition 数の影響を受ける次の項目について確認していきましょう。

- Kafka クラスタの Message 送受信
- Consumer Group の割り当て
- Broker が利用するディスク

11.5.1 Kafka クラスタの Message 送受信

第 2 章などで説明したとおり、Producer と Consumer は各 Partition の Replica のうち 1 つだけ存在する Leader Replica のみと Message の送受信を行うことができます。そのため、Broker 数に対して Partition 数が少ないと、特定の Broker にのみ Leader Replica が存在することになります。

Leader Replica は Follower Replica に比べて負荷が上がりやすく、Leader Replica が特定 Broker にのみ存在していると、Kafka の特徴であるスケール性が損なわれます。図 11.12 には Broker6 台に対して Partition 数が 2 のときの様子を示します。

Leader Replica が Partition ごとに 1 つのみ存在することから、特定の Broker にのみ Leader Replica が存在している状態となっています。Leader Replica は Follower Replica と比べ行うべき処理が多いため、この図のような状態では特定の Broker にのみ負荷がかかっています。

Kafka のスケールアウトの性質を利用して Broker を増やす際には、新たに増える Broker にも Leader Replica を配置して各 Broker の処理を均等にするために、さらに多くの Partition が必要になります。Partition 数は Kafka クラスタの利用開始直後の Broker 台数のみではなく、将来的な拡張も考慮して検討する必要があります。

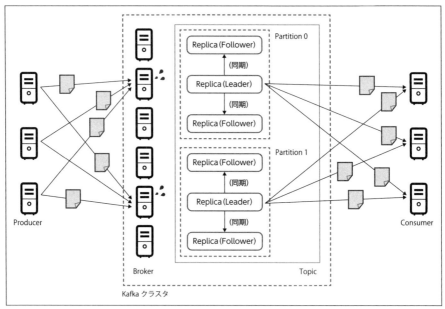

図 11.12　Broker に対して Partition 数が少ないときの Message 送受信の偏り

11.5.2 Consumer Group の割り当て

　本章の 11.2 節で Consumer Group の仕組みについて紹介しました。Consumer Group も Partition の構造に依存しており、各 Partition を Consumer Group 内のいずれかの Consumer に割り当てることで、負荷分散を実現しています（P. 292 の図 11.3 を参照してください）。

　そのため、Consumer Group 内で期待どおりに分散して Message を受信するためには Partition 数は少なくとも各 Consumer Group に属する Consumer よりも多く存在する必要があります。また、データ量の増加などに伴って Consumer Group 内の Consumer の増加が見込まれる場合にはそれも考慮して Partition 数を決定する必要があります。

11.5.3 Broker が利用するディスク

第 2 章で紹介したとおり、Broker は受け取った Message を最終的にディスクに永続化します。Kafka は効率よくディスクを利用するためにデータを極力シーケンシャルに記載しようとします[11]。そのため、Broker が利用するディスクは RAID や JBOD などの機構を介さずに直接利用することが望ましいとされています。この際、Broker は複数のディスクを使い分けて利用します。

Broker が複数台のディスクを利用する際、Replica の単位で利用するディスクを分ける仕組みになっています。そのため、Broker が保持している Replica が少ないと利用されないディスクが存在することとなります。1 台の Broker に同一 Partition の Replica が複数保持されることはないため、Broker が複数ディスクを利用するためにはその数以上の Partition が必要になります。

全台の Broker ですべてのディスクを有効に利用するためには、その数以上の Partition 数が Kafka クラスタ全体で必要になります。

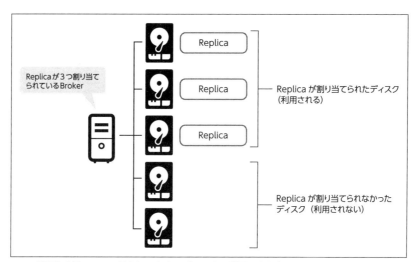

図 11.13　Broker が保持する Replica が少ないときのディスクの利用のされ方

---

[11]詳細は Kafka の公式ドキュメントを参照してください。http://kafka.apache.org/documentation.html

さらに Kafka を使いこなすために

11.6 Replication-Factor の考慮

第2章で Replica は耐障害性のための構造であると紹介しました。Replica 数（Replication-Factor）は Kafka クラスタがどの程度の障害（多重障害）に耐えられるかに影響する重要な設定です。Replication-Factor を決定する際は、次の点と Broker の障害許容台数[12]との関係を考慮する必要があります。

- `min.insync.replicas`
- Topic を作成する際の Live Broker の台数

11.6.1 min.insync.replicas の設定

`min.insync.replicas` は Producer が Message を送信する際に、送信先の Partition の Replica のうち、ISR に属している Replica が最低いくつ必要かを設定する Broker および Topic のコンフィグです。

Broker は Message を受信した直後にそれをディスクに Flush することを必ずしも保証しないため、たとえ受信直後にある Broker に障害が発生したとしても Message をロストしないための安全機構の意味合いがあります。本パラメータの詳細は第2章で説明していますので、そちらを参照してください。

障害許容台数ぶんの Broker に障害が発生した際に、Kafka クラスタが影響なくサービスを継続するためには、すべての Partition において ISR に属す Replica 数がこの `min.insync.replicas` 以上である必要があります。言い換えると、Replication-Factor は次のとおりである必要があります。

（Replication-Factor）≧（min.insync.replicas）+（Broker の障害許容台数）

11.6.2 Topic を作成する際の Live Broker の台数

Topic の作成時には Replication-Factor を指定しますが、この際正常に動作している Broker（Live Broker）が Replication-Factor 以上存在しないと Topic の作成に失敗します。そのため、Topic の作成時には Live Broker が Replication-Factor 以上存在している必要があります。とくに、Auto Topic Create[13] を利用する場合などで常に Topic を作成できる状況にしておくべきシステムでは、障害挙動台数ぶんの Broker に障害が発生した場合でも Live Broker が Replication-Factor を下回らないようにする必要があります。言い換えると、このような状況下では Replication-Factor は次の条件を満たす必要があります。

---

[12] ここでは同時に発生する Broker の障害台数が何台までであれば Kafka の動作を継続させることができるかを意味します。
[13] ある Topic に Message を送信した際にその Topic が存在しなければ自動で Topic を作成する機能です。詳細は Kafka のドキュメントを参照してください。

（Replication-Factor）≦（Broker 総数）-（Broker の障害許容台数）

これらの条件を満たす Replication-Factor、Broker 台数などでの運用が Kafka クラスタに期待する耐障害性の確保には必要です。なお、ここまで説明した考察は Kafka クラスタのサービスの継続という観点に絞った場合の考慮です。Kafka クラスタの耐障害性を考慮する場合は上記以外にも性能などの非機能面や ZooKeeper などのほかのコンポーネントとの兼ね合いなども考慮する必要があります。

11.7 本章のまとめ

本章では Kafka をより使いこなすためのいくつかのトピックを紹介しました。Kafka に限った話ではありませんが、プロダクトを正しく利用するためにはプロダクト自体を正しく理解する必要があります。

本章では代表的なトピックのみ紹介しましたが、Kafka を正しく理解し使っていただくための一助になれば幸いです。

Chapter

Appendix

Appendix A

■ Appendix A ▶▶▶ コミュニティ版 Kafka の開発中のバージョンの利用

A.1. 本項で行うこと

本章では、開発中の最新版の Kafka をビルドして利用する方法を紹介します。Kafka は OSS としてコミュニティで開発されており、開発途中の最新である trunk をビルドすることで、新しく追加された機能などを試すことができます。ただし trunk はリリース前の状態であるため動作が不安定であったり、不具合を含んでいる場合があるため、本番環境での利用は避けるべきです。なお、本項では CentOS 7 上でビルドすることを想定した手順を紹介します。

A.2. Kafka のビルド

A.2.1. ビルド環境の用意

Kafka の trunk のソースコードを入手し、ビルドするためには次のツールが必要になります。

- Git
- JDK
- unzip
- Gradle

また、ビルドに必要なソースコードやライブラリなどはインターネットから取得するため、ビルド環境がインターネットに接続している必要があります。

Git が環境にインストールされていない場合は次のコマンドでインストールします。

```
$ sudo yum install git
```

JDK については第 3 章で紹介している手順を参考に Oracle JDK 8 をインストールします。

このあとインストールする Gradle は zip 形式のアーカイブで配布されています。こちらを展開するには unzip が必要になりますので、次のコマンドでインストールします。

```
$ sudo yum install unzip
```

Kafka は Gradle[1] と呼ばれるビルドツールを用いてビルドを行います。本項では本書執筆時点で最新版であるバージョン 4.8 を利用します。なお、Kafka のビルドにはバージョン 2.0 以上が必要です。

---

[1] https://gradle.org/

まず、Gradle をダウンロードします。ここでは Kafka のビルドのみに利用しますので、binary-only のもので構いません。ここではダウンロードしたファイルは /tmp/gradle-4.8-bin.zip に配置されているとします。ダウンロードしたパッケージを次のコマンドで /opt/gradle に展開します。

```
$ sudo mkdir /opt/gradle
$ sudo unzip /tmp/gradle-4.8-bin.zip -d /opt/gradle
```

パッケージを展開したら、必要な環境変数を設定するために、/etc/profile.d/gradle.sh というファイルを作成し、次のとおり記載します。

```
GRADLE_HOME=/opt/gradle/gradle-4.8
PATH=$PATH:$GRADLE_HOME/bin
```

その後、次のコマンドで設定した環境変数を環境に反映させます。

```
$ source /etc/profile.d/gradle.sh
```

ここまででビルド環境の用意は完了です。

A.2.2. Kafka の trunk のソースコードを入手する

開発中の Kafka のソースコードは Apache Software Foundation で管理されており、同じものが GitHub[2] にもミラーリングされています。どちらからでも Kafka の trunk のソースコードを入手することができます。ここでは GitHub から Git を利用してソースコードを入手します。

まず、GitHub の Kafka のリポジトリ (https://github.com/apache/kafka) を開き、「Clone or download」から Git の Clone 用の URL を確認します（図 A.1）。

URL を確認したら環境に戻り、Kafka のソースコードを Git で取得します。ここではユーザーのホームディレクトリ直下にソースコードを Clone するため、カレントディレクトリをユーザーのホームディレクトリに移動しておきます。

次のコマンドでソースコードの Clone を行います。URL はさきほど GitHub で確認したものです。

```
$ git clone https://github.com/apache/kafka.git
```

このコマンドが正しく実行されると、ホームディレクトリに直下に kafka というディレクトリが作られ、そのなかに Kafka のソースコードが配置されています。これで Kafka のビルドに必要なソースコードが入手できました。

---

[2] https://github.com

Appendix **A**

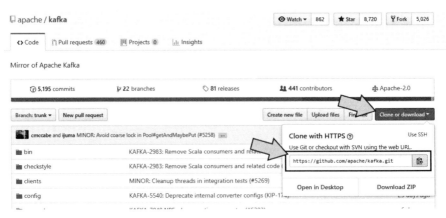

図 A.1　GitHub の Kafka リポジトリの Clone 用の URL を確認

A.2.3. Kafka のビルド

いよいよ Kafka のビルドを行います。まずはカレントディレクトリを取得したソースコードのルートディレクトリに移動します。ここまで紹介した手順どおりに実施した場合、ソースコードのルートディレクトリは `~/kafka` です。

次のコマンドを実行し、Gradle の `wrapper` スクリプトを取得します。

```
$ gradle
```

最後に次のコマンドを実行し、Kafka のビルドを行います。

```
$ ./gradlew jar
```

Kafka のビルドは必要なライブラリを取得しながら行われます。そのため、とくに初めての実行の場合はビルドに時間がかかることがあります。

ここまでの手順で Kafka のビルドは完了です。

A.2.4. ビルドした Kafka を起動させる

最後にビルドした Kafka を起動させましょう。コミュニティ版の Kafka では、付属のスクリプト[3]を利用して Kafka を起動させます。

コミュニティ版の Kafka の設定ファイルはソースコードのルートディレクトリ直下の `config` 以下に配置されています。第 3 章などの内容を参考に必要な設定を行っておきます。

---

[3] 第 3 章の手順では `systemd` を利用して Kafka を起動させましたが、コミュニティ版には `systemd` の設定ファイルは付属していないため、付属のスクリプトを用いて実行します。

312

再びルートディレクトリをソースコードのカレントディレクトリとし、次のコマンドで ZooKeeper、Broker を順に起動させます。

▌ZooKeeper を起動させる

```
$ bin/zookeeper-server-start.sh -daemon config/zookeeper.properties
```

▌Broker を起動させる

```
$ bin/kafka-server-start.sh -daemon config/server.properties
```

これで trunk をビルドした Kafka が起動しました。起動させた ZooKeeper と Broker を停止させるためには次のコマンドを実行します。停止させる際は Broker、ZooKeeper の順に停止させます。

▌Broker を停止させる

```
$ bin/kafka-server-stop.sh
```

▌ZooKeeper を停止させる

```
$ bin/zookeeper-server-stop.sh
```

Appendix B ▶▶▶ KSQL を利用したストリーム処理

B.1. 本項で行うこと

本項ではストリーム処理エンジン KSQL を利用して Kafka クラスタを利用したストリーム処理を行う方法を簡単なサンプルを交えて紹介します。KSQL は Kafka クラスタとは別のデーモンを起動させるため、環境構築の方法についても併せて紹介します。なお、本項で紹介する手順は CentOS 7 上で実行することを想定しています。

B.2. KSQL とは

KSQL は米 Confluent を中心に開発されている Kafka 向けのストリーム処理エンジンです。2017 年 8 月に Apache Kafka をテーマとしたカンファレンスである Kafka Summit で発表され、2018 年 4 月に Production Ready となりました。KSQL では Java や Python などのプログラミング言語を利用することなく、SQL に近い言語[1]を用いてストリーム処理を記述でき、フィルタリング、アグリゲーション、結合、タイムウィンドウ集計処理（以降、本章ではウィンドウ処理と呼びます）[2]などがサポートされています。現在 KSQL は Confluent Platform に含まれており[3]、第 7 章で紹介した Schema Registry などとも組み合わせて利用できるようになっています。

KSQL は KSQL サーバーと KSQL CLI から構成されています。

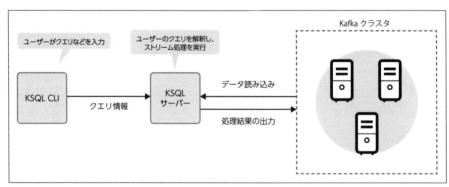

図 B.1 KSQL の構成要素

ユーザーが KSQL CLI 上で記述した SQL が、KSQL サーバー上で解釈され、ストリーム処理が実行されます。本書執筆時点では KSQL サーバーは KSQL CLI からのみクエリの実行を受けつけ、JDBC

---

[1] SQL の標準規格に準拠しているわけではなく、SQL ライクな独自の記法となっています。
[2] ストリーム処理において規定時間内に受け取った Message を束ねて集約処理などを行う処理方式です。
[3] コミュニティ版の Apache Kafka には同梱されていません。

接続などには対応していません。KSQL は内部的に Kafka Streams を利用しており、Kafka クラスタからデータを読み出して処理し、再び Kafka クラスタに書き出すストリーム処理を行います。KSQL サーバー上で解釈された SQL は最終的に Kafka Streams の処理に置き換えられて実行されます。このとき、フィルタリングなど一部の処理は KSQL 内部でソースコードが生成され、コンパイルされて処理に利用されます。

B.3. KSQL の環境構築と起動

B.3.1. 本項で構築する KSQL の環境

KSQL サーバーは 1 台または複数台で構成することができます[4]。本項で構築する KSQL の環境はサーバー 1 台に KSQL サーバーと KSQL CLI を同居させる構成とします。KSQL の動作のためには KSQL サーバー、KSQL CLI のほかに Kafka クラスタが必要になります。Kafka クラスタは、第 3 章で紹介した手順で構築された `kafka-broker01`、`kafka-broker02`、`kafka-broker03` の 3 台のサーバーから構成されるものを想定します。また、簡単なサンプルの実行のために Kafka クライアントと Producer サーバーを利用します。

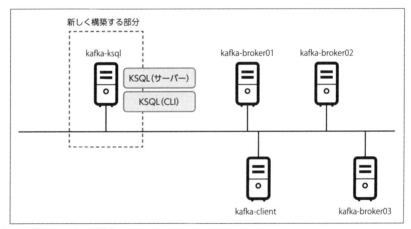

図 B.2　本項で構築する KSQL の構成

KSQL 環境を構築するサーバー（`kafka-ksql`）にはあらかじめ次の作業を行っておいてください。

- OS のインストール
- JDK のインストール
- Confluent Platform のリポジトリの登録

---

[4]詳しくは Confluent Platfrom のドキュメントを参照してください。

各々の方法は第 3 章で紹介していますので、参考にしてください。

インストールの作業中に必要なパッケージなどの取得を行うため、インターネットに接続された状態になっている必要があります。また、ストリーム処理実行のために Kafka サーバーと互いに通信でき、各自のホスト名の名前解決ができるようになっている必要があります。

B.3.2. KSQL のインストールと設定

KSQL サーバーで次のコマンドを実行し、KSQL をインストールします。

```
(kafka-ksql)$ sudo yum install confluent-ksql
```

KSQL 実行のために、KSQL の設定を行います。本項では動作させるために最低限の設定のみを行います。それ以外の設定などは Confluent Platform のドキュメントを参照してください。/etc/ksql/ksql-server.properties を開き、次のとおり修正します。このファイルの修正は root 権限で行う必要があります。

```
bootstrap.servers=kafka-broker01:9092,kafka-broker02:9092,kafka-broker03:9092
↑ すでに記載されているものを修正する
```

Kafka クラスタへの接続情報を指定しています。Kafka Console Consumer などのオプションに指定するものと同じく、< ホスト名 >:< ポート番号 > の形式で指定します。複数のサーバーが存在する場合は「,（カンマ）」でつなげます。利用している Kafka クラスタの構成が異なる場合は適宜修正してください。

次に KSQL の内部で利用される Kafka Streams の状態を保存するためのディレクトリを作成します。本項の手順では KSQL は `cp-ksql` というユーザーで実行されるため、ディレクトリの所有者もそれに合わせて変更します。

```
(kafka-ksql)$ sudo mkdir /var/lib/kafka-streams
(kafka-ksql)$ sudo chown cp-ksql:confluent /var/lib/kafka-streams
```

最後に KSQL CLI のログを出力するためのディレクトリを作成します。ここではユーザーのホームディレクトリ直下に `ksql-cli-logs` というディレクトリを作成し、そこに KSQL CLI の実行ログを記録することとします。

```
(kafka-ksql)$ mkdir ~/ksql-cli-logs
```

ここまでで KSQL を実行させるための環境構築は完了です。

B.3.3. KSQL サーバーの起動と KSQL CLI の実行

次のコマンドで KSQL サーバーを起動します。

```
(kafka-ksql)$ sudo systemctl start confluent-ksql
```

次に、KSQL CLI を起動し、KSQL サーバーに接続します。環境変数の `LOG_DIR` には KSQL CLI の実行ログを記録するディレクトリを指定します。

```
(kafka-ksql)$ LOG_DIR=~/ksql-cli-logs ksql http://localhost:8088

                  ===========================================
                  =      _             _             _       =
                  =     | | __ // ____|/ __ \| |     =
                  =     | |/ /| (___ | |  | | |     =
                  =     |   <  \___ \| |  | | |     =
                  =     | . \ ____) | |__| | |____ =
                  =     |_|_____/ _____|=
                  =                                         =
                  =   Streaming SQL Engine for Apache Kafka? =
                  ===========================================

Copyright 2017 Confluent Inc.

CLI v4.1.1, Server v4.1.1 located at http://localhost:8088

Having trouble? Type 'help' (case-insensitive) for a rundown of how things work!

ksql>
```

これで KSQL サーバー及び KSQL CLI が起動し、クエリなどを入力できる状態になりました。KSQL CLI を終了する際は［Ctrl］＋［D］を入力します。

```
(kafka-ksql)$ LOG_DIR=~/logs ksql http://localhost:8088
（省略）
ksql> ← [Ctrl] + [D] を入力
Exiting KSQL.
```

KSQL サーバーを停止させる際は次のコマンドを実行します。

```
(kafka-ksql)$ sudo systemctl stop confluent-ksql
```

このあとのサンプルでは KSQL サーバーを利用しますので、手順が確認できたら再び起動しておきます。

B.4. KSQL によるストリーム処理
B.4.1. Stream と Table

KSQL の特徴的な概念の 1 つが Stream と Table[5]です。これらは KSQL で扱う構造化データのための入れ物ですが、両者は役割がすこし異なります。Stream は連続的に発生する構造化データを扱い、一方で Table は Stream やほかの Table に対して何らかの集計などを行ったものを扱います。別の言い方をすると、Stream はデータが生じたあとにそのなかの項目を更新をしないものを扱い、一方で Table は集計などの結果、各項目が更新される可能性のあるデータを扱います。

例として EC サイトのリアルタイムデータ分析を題材に、Stream と Table について具体的に説明します。ここでは EC サイトで扱っている各商品がどの程度注目されているかを調べるために、過去 10 分間に各商品のページが何度アクセスされたかを調べることとします。この処理で扱うデータは。集計対象となるアクセスログと集計結果である各商品の過去 10 分間のアクセス数の 2 種類です。

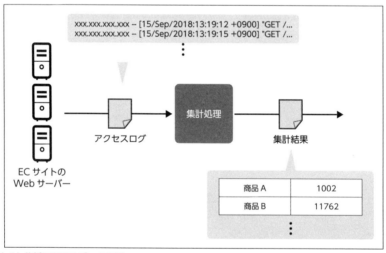

図 B.3　EC サイト分析におけるデータの例

このとき、アクセスログの情報はユーザーのアクセスに基づいて順次生成され、集計などによって更新されることはありません。一方で、集計結果はユーザーのアクセス情報に基づいた集計により順次更新さ

---
[5]これらの概念は Kafka Streams の KStream と KTable に基づいています。Stream と Table については次の記事が参考になります。https://www.confluent.io/blog/making-sense-of-stream-processing/、https://www.confluent.io/blog/introducing-kafka-streams-stream-processing-made-simple/

れていきます。そのため、これらの情報をKSQLで扱う際はアクセスログはStream、集計結果である商品ごとのアクセス数はTableで扱うものとなります。

B.4.2. KSQLによるストリーム処理の例

それでは実際にKSQLによるストリーム処理の例を見ていきましょう。ここでは前節で説明したECサイトの集計を簡素にした例を用いてKSQLの処理を説明します。アクセスログを模したデータとして、ここではアクセス元のIPアドレス、アクセスされた商品が「,（カンマ）」区切り（CSVデータ）で送られてくるものとします。これを集計し、過去10分間の商品ごとのアクセス数を算出します。

詳細の処理の流れを図B.4に示します。まず、外部からアクセスログを模したデータ（Message）がKafkaクラスタのあるTopicに送られます。この処理はKSQLの処理ではなく、Kafka Connectなどのほかの Producerが行うものです。本項ではこの処理はKafka Console Producerで行います。KSQLはこのTopicに送られたデータをStreamとして扱い、目的のアクセス数集計処理を行った結果を別のTableに格納します。

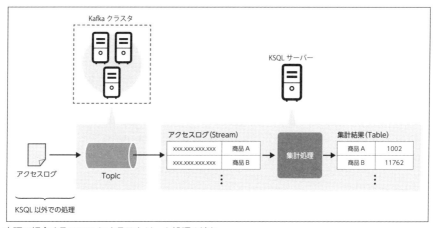

図B.4 本項で紹介するKSQLによるストリーム処理の流れ

まず、アクセスログを模したデータを外部から入れるためのTopicをあらかじめ用意します。Topic名は `ksql-sample-access-log` とします。Kafkaクライアントから次のコマンドを実行します。

```
(kafka-client)$ kafka-topics \
--zookeeper kafka-broker01:2181,kafka-broker02:2181,kafka-broker03:2181 \
--create --topic ksql-sample-access-log --partitions 5 --replication-factor 3
Created topic "ksql-sample-access-log".
```

ZooKeeperのホスト名やReplication-Factorなどはお使いの環境に合わせて変更してください。

次に KSQL でこのアクセスログを扱うための Stream を定義します。KSQL CLI を起動し、次の Stream を定義するクエリを実行します。

```
(kafka-ksql)$ LOG_DIR=~/ksql-cli-logs ksql http://localhost:8088  ← コマンドを実行
（省略）
ksql> CREATE STREAM access_log (address STRING, item STRING) \
> WITH (KAFKA_TOPIC='ksql-sample-access-log', VALUE_FORMAT='DELIMITED');  ← SQLを入力

 Message
-----------------
 Stream created
-----------------
```

ここでは `access_log` という Stream を作成しました。WITH 句には必要な Stream のプロパティを設定します。ここでは次の項目を設定しています。

- `KAFKA_TOPIC`
  Stream として扱うデータが送られる Kafka の Topic

- `VALUE_FORMAT`
  ストリームとして扱うデータのフォーマット。ここではカンマ区切りの CSV データを扱うため、DELIMITED を指定している。CSV 以外に JSON と Apache Avro フォーマットを扱うことができ、それぞれ `JSON`、`AVRO` と指定する

これでアクセスログを扱う Stream が定義できました。次にこの Stream を集計した結果を扱う Table を定義しましょう。同じく KSQL CLI 上で次のようなクエリを実行します。

```
ksql> CREATE TABLE item_access_count AS SELECT item, COUNT(*) AS access_count \
> FROM access_log WINDOW TUMBLING (SIZE 10 MINUTES) GROUP BY item;

 Message
---------------------------
 Table created and running
---------------------------
```

ここでは既存の Stream（`access_log`）を集計した結果を含む Table を作成するために、CREATE TABLE AS SELECT という構文を使用しています。SELECT 文はほかの Stream や Table を処理し、

その結果が Table に格納されます。ここでは各商品（`item`）ごとにレコード数を数える処理を記述した SELECT 文を指定しています。COUNT や GROUP BY などは一般的な SQL と同様です。

このクエリには WINDOW 句[6]が含まれます。この処理は過去 10 分のデータを集約するウィンドウ処理を行うため、その時間幅を指定しています。本書執筆時点で KSQL がサポートしているウィンドウ処理は 3 種類[7]あり、ここでは Tumbling と呼ばれる方式を利用しています。これは規定時間内（ここでは 10 分ごと）に受け取った Message を対象に処理を行い、規定時間を超えた際に一度結果がリセットされ、新たに集計が行われる方式です。

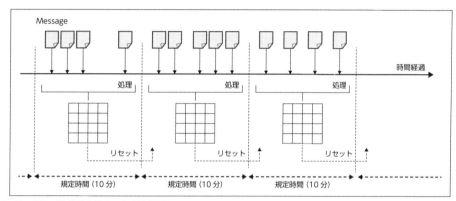

図 B.5　Tumbling 方式によるウィンドウ処理

目的の集計処理を行うための Stream と Table の定義がこれで完了しました。最後に実際に集計されている結果を表示するためのクエリを実行します。KSQL CLI で次のクエリを実行します。

```
ksql> SELECT item, access_count FROM item_access_count;
```

この SELECT 文は一般的な SQL と同じ構文のため、説明は割愛します。このクエリはユーザーが実行を停止させるまで実行され続け、指定した Table（ここでは `item_access_count`）に追加または更新が発生するたびにそのレコードを表示します。

それでは実際にデータを入れて動作を確認してみましょう。Producer サーバー上で Kafka Console Producer を次のコマンドで実行します。KSQL CLI と Producer サーバーが同居している場合は別のコンソールを開いてから次のコマンドを実行してください。

---

[6] SQL の構文である Window 関数とは異なるものです。
[7] Tumbling、Hopping、Session の 3 種類です。

Appendix B

```
(producer-client)$ kafka-console-producer \
> --broker-list kafka-broker01:9092,kafka-broker02:9092,kafka-broker03:9092 \
> --topic ksql-sample-access-log
```

この Kafka Console Producer からアクセスログを模したデータを Kafka に送信します。KSQL CLI であらかじめ実行した SELECT 文の結果を確認して、期待どおりに集計が行われているかを確認します。
まず、Kafka Console Producer でアクセスログを模したデータを 1 レコードだけ送信します。

```
(producer-client)$ kafka-console-producer --broker-list （省略）
> 192.168.0.7,foo ← 入力して Enter
```

すると、KSQL CLI で実行している SELECT 文に更新があったことが示されます

```
ksql> SELECT item, access_count FROM item_access_count;
foo | 1
```

続けて複数のレコードを送信します。

```
(producer-client)$ kafka-console-producer （省略）
> 192.168.0.7,foo ← （先に実行したもの）
> 192.168.0.7,bar ← 入力して Enter（以下同様）
> 192.168.0.8,foobar
> 192.168.0.2,bar
> 192.168.0.9,foo
```

データに合せて Table が更新されていき、実行中の SELECT 文にも結果が表示されます。

```
ksql> SELECT item, access_count FROM item_access_count;
foo | 1 ← （先に出力されていた結果）
bar | 1 ← Message を送信するたびに更新された情報が表示される（以下同様）
foobar | 1
bar | 2
foo | 2
```

同様の商品へのアクセスがあった場合、数が加算されていくのが確認できます。
10 分経過したあとの結果を確認します。10 分が経過するまでしばらく間をあけ、再度レコードを送信します。

```
(producer-client)$ kafka-console-producer （省略）
> 192.168.0.7,foo
> 192.168.0.7,bar
> 192.168.0.8,foobar
> 192.168.0.2,bar
> 192.168.0.9,foo ← (先に実行したもの)
> 192.168.0.7,foo ← 10 分経過後に入力して Enter
```

さきほどまでの集計結果の続きではなく、新たにカウントが始まっているのが確認できます。

```
ksql> SELECT item, access_count FROM item_access_count;
foo | 1
bar | 1
foobar | 1
bar | 2
foo | 2 ← (先に出力されていた結果)
foo | 1 ← 1 からのカウントに戻っていることが確認できる
```

KSQL により簡単な集計を行うストリーム処理が実行できていることが確認できました。

確認できたら、確認用に KSQL CLI 上で実行していた SELECT 文を [Ctrl] + [C] で終了させます。

```
ksql> SELECT item, access_count FROM item_access_count;
foo | 1
bar | 1
foobar | 1
bar | 2
foo | 2
foo | 1 ← 実行中に [Crtl] + [C] を押す
Query terminated
ksql>
```

B.4.3. 本項のまとめ

本項ではストリーム処理を SQL ライクな言語で記述するための KSQL を紹介しました。

本書執筆時点では Production Ready になってからまだ日が浅く、採用例も少ない段階ですが、活発に機能追加などが行われており、今後の発展と利用の広がりが期待されます。

索 引

A
Access Token 232
Ack 22, 45, 81
ActiveMQ 8, 21
aggregate メソッド 211
Amazon Kinesis 24
Apache Kafka 4
Apache Software Foundation 53, 218, 311
Arduino 282
Assignor 292
At Least Once 21, 39
At Most Once 21
Athena 115
Auto Offset Commit 294
Auto Offset Reset 298
Avro 123, 131, 172
AWS 24, 141
AWS CLI 166

B
Beam 184
bootstrap.servers 160
Broker 14, 17, 29
Broker のログ 60
Broker ID 59

C
Callback クラス 80
Cassandra 115
CentOS 54, 310, 314
changelog stream 267
ChatWork 113
close メソッド 82
Cloudera 10
Command 109
Commit Offset 34
commitAsync メソッド 88
commtSync メソッド 88
Confluent Hub Client ツール 272
Confluent Platform 53, 71, 144
Connect API 20
Connector 21
Connector インスタンス 137
Connector Developer Guide 136
Consumer 14, 29, 31
Consumer アプリケーション 82
Consumer API 30
Consumer Group 18, 34, 215, 290
Consumer Key 232
ConsumerRecords オブジェクト 87
Cosminexus 11
Counter 214
cp-ksql 316
CQRS 109, 113
CSV 97, 145, 276, 319
Current Offset 34

D
Data Auditing 116
Data Lineage 116
DataFrame/Dataset 221
Dataset 221, 240
DataStage 11
DataStreamWriter 249
DefaultPartitioner 41
dependency 192
Distributed モード 146
Distributed Hash Join 268
Driver Program 220
DStream 221

E
earliest 298
Eclipse Paho 283
Elasticsearch 101, 115
EPEL 272
ETL ツール 11
Event time 209
Exactly Once 21
Executor 220

F
Facebook 5
Fat JAR 72
FileStream Connectors 143
filter メソッド 204
flatMapValuse メソッド 205
Flink 31, 115, 125, 184
fluent-plugin-influxdb 198
fluent-plugin-kafka 31
Fluentd 10, 31, 123, 126, 186, 189
Flume 10, 31, 102
flush.size 167

F
Follower 43

G
Gauge 214
GCP 24
GitHub 25, 196, 311
GlobalKTable 268
Google Pub/Sub 24
Gradle 310
Grafana 198
grafana.ini 198
Group ID 291
groupByKey メソッド 211

H
Hadoop 7, 122
HBase 114
HDFS 21, 230
High Watermark 44
Histogram 214
Hive 248

I
IBM 265
IBM MQ 8, 21
Idempotent Producer 23
In-Sync Replica 44, 63
influx 196
InfluxDB 195
Informatica PowerCenter 11
Ingestion time 209
Input Table 222
Interstage 11
IoT 107, 122, 260
IoT デバイス 260
ISR 44, 306
Isr 63

J
Jackson 205
Java API 68
JDBC 21, 162
JDBC Connector 143, 158
JDK 54, 68
JMS 8, 21

JMX 187	M	PostgreSQL 141, 152
JMX MBean 188	M2M 285	Processing time 209
Job 220	MacOS 54	Processor API 213
Jolokia 187	Manual Offset Commit 86, 296	Producer 14, 29, 30, 121
jq 147	map メソッド 204	Producer アプリケーション 73
JSON 123, 131	MariaDB 141, 155	Producer インターフェイス 79
json.tool 147	MariaDB Connector/J 158	Producer API 30
JSONPath 記法 246	Maven 68	ProducerRecord オブジェクト 80
JsonSerializer 209	measurement 197	psql 153
	Memcached 115	Pub/Sub メッセージングモデル 15, 96
	Mesos 219	Publisher 15, 96
K	Message 29, 35	PULL 型 32
Kafka 4	Message ロスト 295	PUSH 型 32
Kafka クライアント 32	Meter 214	
Kafka クラスタ 33, 50	Meter 型 214	
Kafka クラスタの停止 65	Metrics ライブラリ 214	**Q**
Kafka Appender 30	min.insync.replicas 306	Query 109
Kafka Connect 20, 123, 126, 127, 136, 266	Mosquitto 266, 272	
Kafka Console Consumer 60, 64, 76	MQTT 108, 122, 265	**R**
Kafka Console Producer 60, 63	MQTT Proxy 266	RabbitMQ 8
Kafka output plugin 190	mvn 191	Range 292
Kafka REST Proxy 123	myid 58	Raspberry Pi 282
Kafka Sink 31	MySQL 115	RDBMS 141
Kafka Streams 21, 127, 184, 315		RDD 219
Kafka Summit 26, 314		reassignment.json 301
kafka-avro-console-consumer 173	**N**	record stream 267
Kafka-Connect-MQTT 266, 272	NAS 144	record_transformer filter plugin 190
kafka-console-consumer 149, 195	NFS 144	Redshif 115
kafka-reassign-partitions 300	none 298	Replication-Factor 62, 306
kafka-run-class 195	NOT NULL 制約 178	REST API 146
KAFKA_OPTS 187		RESTful API 123
KafkaConsumer オブジェクト 85		Result Table 222
KafkaProducer オブジェクト 78	**O**	RoundRobin 292
Key-Value ストア 267	oauth 237	
Kibana 101, 216	Offset 34	
KSQL 127, 314	Offset Commit 22, 35, 293	**S**
KStream クラス 204	OpenJDK 54	S3 .... 115, 141, 159
KTable 211, 267	OpenTSDB 216	S3 Connector 143
Kubernetes 219	Oracle 54	Samza 31
	Oracle JDK 54, 310	Scala 218
		Schema Registry 133, 170, 314
L		SchemaRDD 221
latest 298	**P**	Scribe 10, 102
Leader 43	Paastorm 115	send メソッド 81
Leader Replica 63	Parquet 115	SF Pride 228
LEO 34, 44	Partition 33, 62, 303	Sink 136
LinkedIn 5	Partition Reassignment 299	Source 136
Linux 54	Partitioner インターフェイス 41	Spark 31, 115, 122, 218, 228
Live Broker 306	poll メソッド 87	Spark Shell 239
Log4j 30	POM 192	Spark SQL 221
Logstash 31, 101	pom.xml 71, 192	Spark Streaming 184, 221
logstash-output-kafka 31	POS 155	

SQL	127
SQLite	198
Standalone	219
Standalone モード	146
start メソッド	205
Sticky	292
Storm	31, 184
Stream	318, 320
Streams API	21, 204
Streams DSL	204, 213
Structured Streaming	221
subscribe メソッド	87
Subscriber	15, 96
systemctl	65

T

Table	318, 320
Talend	11
Task	220
td-agent-gem	196
td-agent.conf	189
Timer	214
TimestampExtractor インターフェイス	208
to メソッド	205
Topic	15, 29, 61, 76
Topic 名	62
toStreams メソッド	212
Transformation	220
trunk	310
Tumbling	321
Twitter API	225
Twitter4J	234

U

Uber	111
Under Replicated Partitions	44
UnixTime	132

W

WAL	109
Watson	116
Web アクティビティ分析	103
Web サイト改善	103
Web UI	166
WebSphere MQ	8
windowedBy メソッド	211
Windows	54
wrap メソッド	207

Y

YARN	219, 220
Yelp	114
Yum リポジトリ	55

Z

ZooKeeper	32, 52, 171
ZooKeeper アンサンブル	32
ZooKeeper のログ	60

あ

アクセスキー	159
アクセスパターン	114
アクセスログ	120
アプリケーションログ	120

い

異常値検知	103
イベントソーシング	109, 113
イベントタイムウィンドウ集約処理	221
イベントドリブン	222

う

ウィンドウ処理	207
ウォーターマーク	256

え

エッジ	261
エッジコンピューティング	107
エラートピック	286
エラーハンドリング	206, 286
エンリッチメント	262, 267, 276

お

オープンソースソフトウェア	5
オフセットログ	253

か

可視化	101
家電	260
カリフォルニア大学	218
完全互換性	169

き

キューイングモデル	15

く

クラスタマネージャ	219
クラスパス	73
グラフ	202
クレデンシャル	159

け

携帯電話	260

こ

構造化データ	318
後方互換性	169
互換性	169
コミットログ	253
コンバージョン率	103
コンパクション	42

さ

在庫情報	139
サイロ化	99, 138

し

時刻	209
指数移動平均	214
自動発注	137, 140
シャッフル	256
集計ロジック	211
順序保証	43
準リアルタイム処理	7
ジョブ	184
シリアライズ	78
シリアライゼーション	286
シングルトンインスタンス	234

す

スキーマ	131
スキーマエボリューション	131, 169
スキーマの進化	131
スケーラビリティ	286
スケールアウト	9
スケジューラ	220
ステートソーシング	109
ストリーム処理	5, 106, 184, 314

ストレージインタフェース ... 165
ストレージシステム ... 19
スループット ... 6, 214

せ
セマンティクス ... 142
センサーデバイス ... 122, 260
前方互換性 ... 169

そ
送達保証 ... 9, 21

た
ターミナル ... 143
タイムウィンドウ集約処理 ... 207
タイムスタンプ ... 87, 198, 208
タグ ... 198
ダッシュボード ... 199

て
ディストリビューション ... 53
データウェアハウス ... 7
データ仮想化 ... 99
データ型 ... 129
データキュレーション ... 116
データコレクタ ... 189
データストア層 ... 141
データディクショナリ ... 115
データディレクトリ ... 57
データの可視化 ... 284
データパイプライン ... 120
データハブ ... 97, 99, 114, 136
データハブアーキテクチャ ... 136
データベース ... 7
データベース統合 ... 99
データ保持期間 ... 41
データマネジメント ... 115
データリネージュ ... 116
データレイク ... 99
テーブル ... 154
デシリアライズ ... 86
デフォルト値 ... 176

と
同報配信 ... 96
トランザクション ... 9
トランザクションログ ... 109

トリガー ... 35, 222

ね
年齢情報 ... 169

は
バークレイ校 ... 218
パーティショニング ... 39
パイプライン ... 95, 120
バケット ... 159
ハッシュ値 ... 39
バッチ処理 ... 7, 35, 184
販売予測 ... 137, 139

ひ
ビッグデータ ... 5
ビルド情報 ... 71

ふ
フィールド ... 198
不正検出 ... 103
分散メッセージング ... 33

ま
マイクロバッチ ... 222
マイクロバッチ ID ... 253

め
メタデータ ... 230
メッセージキュー ... 8
メッセージロスト ... 142
メッセージングモデル ... 14
メトリクス ... 185

も
モノのインターネット ... 260

ら
ラウンドロビン ... 39
ラムダ式 ... 192, 204

り
リアルタイム ... 6, 104

リアルタイムダッシュボード ... 103
離反防止 ... 105

れ
例外処理 ... 286
レコメンデーション ... 103
レプリケーション ... 42

ろ
ロイヤル顧客 ... 103
ローカルファイル ... 141, 144
ローカルモード ... 227
ロードバランシング ... 286
ロールバック ... 37
ログ ... 5, 109
ログ収集 ... 100

執筆者／監修者プロフィール

執筆者

■ 佐々木 徹（ささき とおる）
株式会社 NTT データ

これまでに大規模クラスタでの Apche Spark の性能検証などに関わった。OSS コミュニティでの開発活動も行っており、これまでに Apache Hadoop、Apache Spark、Apache Kafka に貢献してきた。

■ 岩崎正剛（いわさき まさたけ）
株式会社 NTT データ

Kafka をはじめとするオープンソースソフトウェアの技術的ななんやかやに従事。NO RICE, NO LIFE. 麺類も好きです。

■ 猿田浩輔（さるた こうすけ）
株式会社 NTT データ

2009 年から Hadoop をはじめとした OSS の並列分散処理基盤の導入支援や技術開発などを行い、2014 年からは Hadoop を補完するプロダクトの候補として Spark に取り組みはじめる。技術調査や案件支援などを経て明らかになった Spark の課題に取り組み、コミュニティへのフィードバックを続けてきた。2015 年 6 月に日本人最初の Apache Spark コミッタに就任。

■ 都築正宣（つづき まさよし）
株式会社 NTT データ

CRM/SaaS サービスやクラウドサービスの開発・運用を経て、今は並列分散処理システムに携わる。国内外のお客様に、Hadoop や Spark などの OSS プロダクトを使いこなすための秘儀を伝える仕事をしている。Windows が好き。そのため、Spark の Windows 対応関連のパッチも多く書いていたが、自分の業務で恩恵を受けたことはない。

■ 吉田耕陽（よしだ こうよう）
株式会社 NTT データ

Hadoop/Spark/Kafka を始めとした並列分散処理 OSS を中心とした大量データ処理基盤のシステム開発やコンサルティングに従事。Kafka は 2012 年ごろに旧バージョンで一度評価していたものの、近年の進化に驚いている。

監修者

■ 下垣 徹（しもがき とおる）
株式会社 NTT データ

PostgreSQL を中心としたオープンソースの DBMS に取り組む。本体拡張機能の開発を経て、Oracle Database から PostgreSQL への移行案件に従事し、ミッションクリティカルな商用システムへの適用を実現してきた。近年、大規模なデータを処理するニーズに応えるかたちで Hadoop に取り組み始め、DBMS と Hadoop の両者の特徴を活かした効果的な組み合わせの実現に注力する。共著に『Hadoop 徹底入門』（第 1 版、第 2 版）、『Apache Spark 入門』（いずれも翔泳社）

■ 土橋 昌（どばし まさる）
株式会社 NTT データ

入社以来オープンソースを中心として大規模な分散処理システムの開発、運用、R&D に従事。Hadoop、Spark、Kafka は小規模なものから千台級の大規模なものまで携わり、関わった事例を国内外で情報発信してきた。Spark Summit、Kafka Summit、Strata Data Conference、DataWorks Summit、デブサミ等に登壇。

装丁　　　　森 裕昌（森デザイン室）
制作協力　　久保田 千絵

Apache Kafka
　　（アパッチ　カフカ）
分散メッセージングシステムの構築と活用

2018年 10月 30日　初版第 1 刷発行

著　者　　株式会社 NTT データ
　　　　　佐々木 徹（ささき とおる）／岩崎正剛（いわさき まさたけ）
　　　　　猿田浩輔（さるた こうすけ）／都築正宜（つづき まさよし）
　　　　　吉田耕陽（よしだ こうよう）
監修者　　下垣 徹（しもがき とおる）／土橋 昌（どばし まさる）
発行人　　佐々木 幹夫
発行所　　株式会社 翔泳社（https://www.shoeisha.co.jp）
印刷・製本　株式会社 シナノ

© 2018 NTT DATA Corporation

本書は著作権法上の保護を受けています。本書の一部または全部について、
株式会社 翔泳社から文書による許諾を得ずに、いかなる方法においても無断
で複写、複製することは禁じられています。
ソフトウェアおよびプログラムは各著作権持者からの許諾を得ずに、無断
で複製・再配布することは禁じられています。

本書へのお問い合わせについては、ii ページに記載の内容をお読みください。

落丁・乱丁はお取り替えいたします。03-5362-3705 までご連絡ください。

ISBN978-4-7981-5237-0　　　　Printed in Japan